光纤器件制造理论与技术

帅词俊　刘德福　刘景琳　高成德　著

科 学 出 版 社

北　京

内 容 简 介

针对目前光纤器件损耗大、性能一致性差、生产效率和成品率低等问题，本书介绍了典型光纤器件的制造原理、工艺、装备要素与器件光学性能的量值关系。全书共分两部分，第一部分（1～6 章）以熔融拉锥流变成形技术制备光纤器件为代表，重点介绍光纤器件的熔融拉锥制备理论、流变制造工艺参数（如熔融温度）及其扰动对流变制造成形过程、微观结构与器件光学性能的影响，以及一种新型的电阻加热系统和熔融拉锥机的研制；第二部分（7～10章）以光纤连接器端面研磨抛光为代表，重点介绍研磨抛光工艺和影响光纤连接器光学性能的关键因素、连接器端面研磨加工时光纤材料的去除机理与测试方法，以及光纤端面研磨变质层形成的理论机理。

本书可供从事光纤通信和光纤传感研究的科研院所、设计部门、工程施工单位和生产企业的技术人员参考，也适合高等院校通信工程、机械工程等专业的师生使用。

图书在版编目（CIP）数据

光纤器件制造理论与技术/帅词俊等著. —北京：科学出版社，2014. 10
ISBN 978-7-03-042009-1

Ⅰ. ①光… Ⅱ. ①帅… Ⅲ. ①光纤器件-制造 Ⅳ. ①TN253

中国版本图书馆 CIP 数据核字（2014）第 223764 号

责任编辑：陈　婕 / 责任校对：张小霞
责任印制：肖　兴 / 封面设计：陈　敬

科学出版社 出版
北京东黄城根北街 16 号
邮政编码：100717
http://www.sciencep.com

北京凌奇印刷有限责任公司 印刷
科学出版社发行　各地新华书店经销
*
2014 年 10 月第　一　版　　开本：720×1000 1/16
2014 年 10 月第一次印刷　　印张：14 3/4
字数：290 000

POD定价：　80.00元
（如有印装质量问题，我社负责调换）

前　言

光纤器件在光纤通信、光纤传感等技术领域不可或缺，且随着技术的不断发展，器件性能要求不断提高。而我国关于制造光纤器件的技术准备不足，其相关的制造装备几乎全部依赖进口。目前，普遍使用的制造工艺与技术难以制备高性能的光纤器件，迫切需要更深层次地认识光纤器件制造过程中的关键科学问题，以期在制造技术和装备上取得突破。

光纤器件的制造是光学原理融合于制造科学的高精度、高难度的特殊制造技术，器件的功能由光学设计和制造精度确定。目前光纤器件的种类、结构形式十分丰富，各种不同功能的器件不断推陈出新，但有关器件制造过程的诸多机理性、规律性科学问题尚未得到充分认识，尚未形成连续、自动化的集成制造工艺流程，相应的装备水平也不能反映复杂的工艺原理，造成器件损耗偏大、性能一致性欠佳、生产效率和成品率低、生产成本较高。因此，对器件光学性能与制造过程参数的相关机制以及制造工艺与装备的运动、能量输运规律进行深层次研究是当前光学器件制造从技艺走向科学的必由之路。

熔融拉锥法是制造光纤耦合器、滤波器和波分复用器等光纤器件的通用制造方法；端面研磨则是光纤连接器、光纤器件对接的通用制造工艺。本书以光纤器件的光学性能与制造过程参数的结合点为核心，以提升光纤器件制造中具有代表性的制造技术为切入点，结合熔融拉锥法和端面研磨这两项共性技术，分别以光纤耦合器和光纤连接器为代表，以提高器件性能及其一致性为目的，系统阐述光纤器件制造界面的多过程耦合行为与亚微米精度生成机理、光波传输界面与制造界面的融合机制、光纤器件功能品质—制造精度—制造工艺—制造能量与运动状态的相关规律，并介绍新一代用于提升光纤器件性能的典型制造技术与装备。

本书由中南大学“高性能复杂制造国家重点实验室”中长期从事光纤器件亚微米制造领域相关教学和研究工作的教师撰写而成。其中，第 1、2、5、6 章由帅词俊撰写；第 7～10 章由刘德福撰写；第 3 章由刘景琳撰写；第 4 章由高成德撰写。

在撰写本书过程中，作者参阅了大量的国内外文献，在此向这些文献的作者表示感谢。另外，感谢韩子凯、曹弋远、黄伟等研究生为本书撰写所进行的插图、编排和录入等工作。

光纤器件制造技术发展日新月异，本书内容若有不妥之处，恳请专家学者以及使用本书的教师、学生和工程技术人员提出宝贵意见，以便今后不断改进。

目　录

第 1 章　光纤器件制备导论

光纤器件是当今光纤通信技术中的研究热点。自 20 世纪 80 年代以来，光纤通信以其频带极宽、信息容量巨大等显著优点带来了通信业革命性的大发展，光纤已成为通信网的重要传输媒介，现在世界上大约有 90% 的通信业务经光纤传输[1,2]。在目前对频宽需求不断提高的情况下，为满足广大用户对通信网宽带容量进一步扩大的要求，光纤通信正朝着密集波分复用技术（在同一根光纤内传输多路不同波长的光信号，以提高单根光纤的传输能力）结合光放大器（可将光信号直接放大，具有输出功率高、噪声小、增益带宽等优点）的高性能、大容量、灵活的全光网络发展。实现全光网络的主要关键器件有光波分复用器（WDM）、光开关、波长交换器、带宽可调滤波器、宽带 $1\times N$ 分/合光器、光放大器、可调 LD 或 LD 光源阵列以及多路光接收机阵列等光纤器件[3,4]。

光纤器件的另一重要应用领域是光纤传感技术。光纤传感技术是以光波为载体，光纤为媒质，感知和传输外界被测信号的新型传感技术。光纤传感器具有传统传感器无法比拟的优势：绝缘性好、无电火花、安全度高、抗干扰力强等。光纤传感实际上就是将外界信号按照其变化规律对光纤中光波的物理特征参数，如强度（功率）、波长、频率、相位和偏振态进行调制，然后通过解调后进行数据处理。因此，光纤传感和信号处理的基础是光纤本身以及由其制造成的各种光纤器件，如光纤耦合器、光纤延迟线、光纤马赫-曾德尔（Mach-Zehnder）光纤干涉仪、光纤法布里-珀罗（Fabry-Perot）干涉腔和光纤陀螺仪等。同时，光纤传感技术也正在向时分复用、波分复用网络的方向发展。光纤器件已广泛应用于光纤传感和信号处理等系统[5~10]。

总之，光纤器件不仅是光纤通信设备的重要组成部分，也是光纤传感和其他光纤应用领域不可缺少的器件，其重要性日益突出。世界上许多研究机构和光通信公司都投入巨大的人力和物力来开发光纤器件，并建立相关的产业——光电子产业。现在，光电子技术已成为世界各国在 21 世纪战略必争的前沿领域。据美国光电子产业发展协会预测，从 2003 年的全球光电子产品近 2000 亿美元，到 2010 年超过 4500 亿美元，到 2020 年将超过 2 万亿美元。美国商务部曾指出，“谁在光电子产业取得主动权，谁就在 21 世纪尖端科技较量中夺魁”。光电子产业是 21 世纪最具魅力的朝阳产业已是不争的事实，其在国家安全与经济竞争方面有着深远的意义和巨大的潜力。目前，世界上已形成以美国、欧洲和日本为中心的光电子产业发展格局。其中光电子技术主要方面的突破产生于美国，而光电子产业形成在日本，日本国内光电子生产规模几乎占了世界市场的1/3[11~14]。我国在光电子技术方面几乎与世界同时起步，1986年经中央批准的863计划中将光电子器件及其集成技术选为信息领域的三大主题之一。据中国光学光电子行业协会的数据统计，2006年我国光电产值超过1100亿元。我国光电子产业近年来发展速度也很快，每年以20%左右的速度增长。目前，我国光电子产业已占全球市场10%左右的份额，但技术与产业水平与大国的地位还很不相称[15,16]。因此，努力开发新的制造工艺和研制新的光纤器件也是我国光通信产业发展的重点。

1.1　光纤器件的分类

光纤器件按功能主要分为光有源器件和光无源器件[17~20]，具体类型见表1.1。

表1.1　光纤器件类型

<table>
<tr><td rowspan="23">光纤器件</td><td rowspan="16">光无源器件</td><td rowspan="2">光纤耦合器</td><td>分路器</td></tr>
<tr><td>合路器</td></tr>
<tr><td rowspan="2">光波分复用器</td><td>窄带波分复用器</td></tr>
<tr><td>密集波分复用器</td></tr>
<tr><td rowspan="2">光开关</td><td>机械式光开关</td></tr>
<tr><td>非机械式光开关</td></tr>
<tr><td rowspan="2">光衰减器</td><td>固定光衰减器</td></tr>
<tr><td>可变光衰减器</td></tr>
<tr><td rowspan="3">光隔离器</td><td>块状型光隔离器</td></tr>
<tr><td>光纤型光隔离器</td></tr>
<tr><td>波导型光隔离器</td></tr>
<tr><td rowspan="2">光纤连接器</td><td>固定连接器</td></tr>
<tr><td>活动连接器</td></tr>
<tr><td>光纤光栅</td><td></td></tr>
<tr><td rowspan="5">光有源器件</td><td rowspan="2">光源</td><td>发光二极管</td></tr>
<tr><td>激光器</td></tr>
<tr><td rowspan="2">光放大器</td><td>半导体放大器</td></tr>
<tr><td>掺杂稀土放大器</td></tr>
<tr><td>光电探测器</td><td></td></tr>
</table>

熔锥型光纤器件是光纤器件中最具代表性也是构成其他器件的一种基础器件，在光纤通信中得到了广泛应用，其相应的制造工艺已经成为一门对光纤器件的开发具有举足轻重的技术——熔融拉锥技术。从理论上讲，除了光非互易器件以外，

熔融拉锥技术可以开发所有其他各类光无源器件，如光纤耦合器、光波分复用器、光开关、光衰减器、光纤光栅等。其中，光纤耦合器是光纤通信中使用量位居第二位的光纤器件[21～25]，针对光纤耦合器进行器件制造的基础研究具有普遍意义。

1. 光纤耦合器

光纤耦合器是光纤网络中的关键无源器件，其作用是实现光信号的分路/合路，一般是对同一波长的光功率进行分路与合路，因此相应的又称分路器与合路器。现常用熔融拉锥法制作，其制作过程是将两根单模（或多模）除去涂覆层的光纤以一定的方式靠拢，在高温下加热熔融，同时向两侧拉伸，最终产生一段双向圆锥结构，入射的光功率在这个双锥体结构的耦合区发生光功率再分配，一部分光功率从“直通臂”继续传输，另一部分光从“耦合臂”传输到另一光路，实现光功率的分配（见图 1.1）[26,27]。

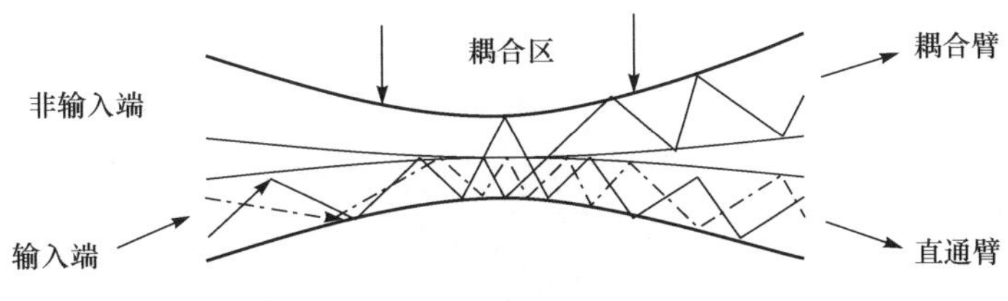

图 1.1　光纤耦合器示意图

近年来，随着光纤通信、光纤用户网、光纤传感技术等领域的迅猛发展，光纤耦合器的应用也越来越广泛。以往只应用在骨干网络中的光纤耦合器，如今已广泛地应用到小区通信网络中。现在光纤耦合器已形成门类齐全、品种繁多的产品系列，成为用量上仅次于连接器的关键光无源器件。不仅如此，对于近在咫尺的光纤到家(FTTH)时代，其显著的程度更扮演着超高速全光网络缔造者的关键角色[28～30]。光纤通信系统未来的发展趋势是“宽带化”，因此对光通信器件的工作带宽提出了越来越高的要求，相应的器件技术也将实现向宽带技术的过渡，光纤耦合器也不例外。全波耦合器的带宽覆盖了光通信系统的 O+E+S+C+L 波段，在即将全面展开的应用全波光纤的 CWDM 城域网建设中会被广泛应用。

2. 光波分复用器

光波分复用器是指通过调谐波源的调制，将几路不同的信号用不同波长的光波在同一根光纤中传输，执行把不同波长光波合在一起，以及在终端分开任务的器件。利用熔锥型光纤器件对波长敏感的特性，制作双波长的复用，如 1310nm/1550nm 的 WDM 系统、掺铒光纤放大器（EDFA）应用的 980nm/1550nm（如图 1.2 所示）和 1480nm/1550nm WDM 系统、光学监控系统应用的 1510nm/1550nm WDM（其中

1550nm 为信号光波长，1510nm 为监控光波长）。

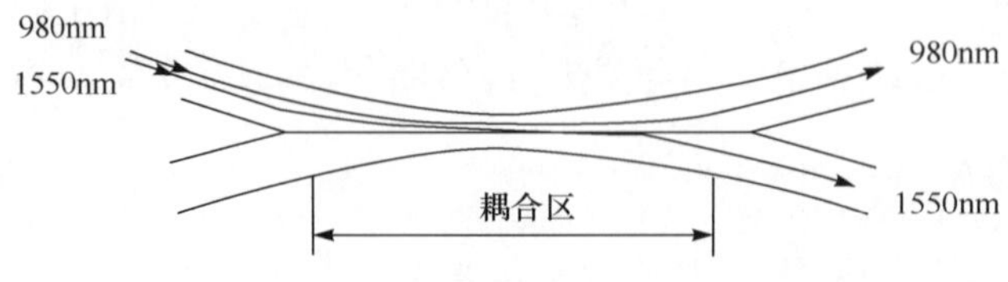

图 1.2　双窗口 WDM 光纤耦合器示意图

1.2　光纤器件的制作方法

光纤器件按制作方法可分为微光元件型、全光纤型（含腐蚀法、研磨法和熔锥法）和平面波导型，以光纤耦合器为例来说明。

1. 微光元件型

制作光纤耦合器，早期采用的是微光元件（如棒透镜、反射镜、棱镜等）的组合、拼接等。微光元件型光纤耦合器采用两个四分之一焦距的渐变折射率圆柱形透镜（GRIN），中间夹有半透明涂层镜面（也可以在 GRIN 圆柱透镜端面直接涂上这种介质）构成，见图 1.3(a)。

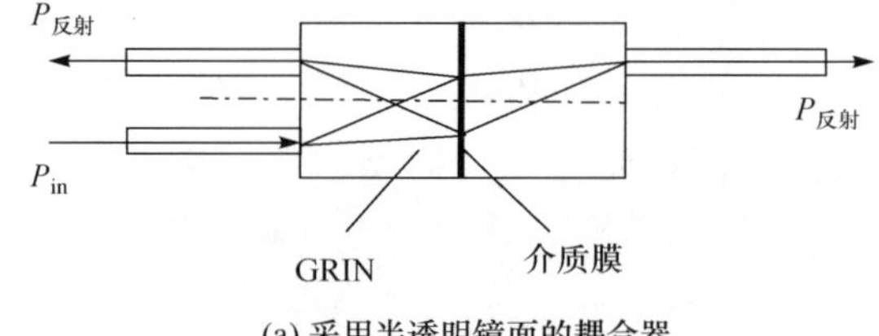

(a) 采用半透明镜面的耦合器

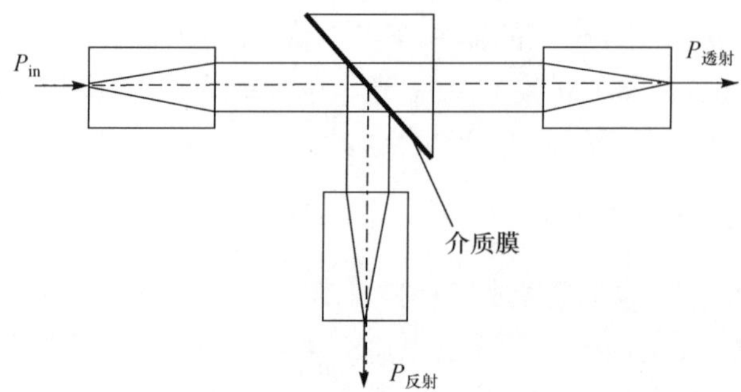

(b) 采用45°半透明棱镜的耦合器

图 1.3　微光元件型光纤耦合器

输入光束(功率 P_{in})投射到第一个GRIN圆柱形透镜,其中部分光被半透明镜面反射回来耦合进第二根光纤,而透射光则聚焦在第二个GRIN圆柱透镜并耦合进第三根光纤。这种微光元件型光纤耦合器结构紧凑、简单、插入损耗较低(<0.3dB),对模功率分配不敏感,也得到了很多应用。如果将半透明介质膜涂在插入两个GRIN透镜间的45°的棱镜表面,见图1.3(b),可以构成另一种微光元件型光纤耦合器。这类方法耦合机理简单,直观,可由一般的几何光学方法进行描述,但存在环境稳定性较差、与光纤传输线路耦合困难等缺点[31,32]。

2. 全光纤型

1) 腐蚀法

腐蚀法后来逐渐发展到全光纤器件,即直接在两根(或以上)光纤之间形成某种形式的耦合。这类方法最先出现的是由Sheem和Giallorenzi[33]发明的蚀刻法,即将两根裸光纤扭绞在一起,浸入氢氟酸中,腐蚀掉光纤四周的涂覆层和包层,从而使光纤纤芯相接触,实现两根光纤间的耦合。这种方法虽然简单,但制作出来的耦合器不仅不耐用,而且对环境温度的变化很敏感,缺乏实用价值。

2) 研磨法

Bergh等[34]发明的光纤研磨法采用机械和光学加工的方法,将光纤用光学黏合树脂胶合于玻璃等材料基板上的V形槽中,然后用光学研磨抛光的方法对埋有光纤的基板进行研磨抛光,使光纤覆层的厚度能最大限度地减薄,同时监视光通量,研磨结束后,便可以将两块研抛成光学平面的埋有光纤的基板拼合,并让受到研磨的光纤段平行相邻,若在两块基板之间填以折射率相匹配的介质,便可产生有效的光功率耦合。这种方法克服了分立元件法的一些缺点,并可做成分光比可调的耦合器,器件的实用性也有所提高,但这种方法的工艺复杂,制作困难,成品率低,并且所制作出的耦合器性能容易受到环境因素特别是温度的影响,插入损耗大,一般只在实验室和特定场合使用,无法适用于商业应用。

3) 熔锥法

第一个熔锥型光纤耦合器是1977年Kawaski制作的2×2多模光纤耦合器[35]。随后,Kawaski等于1981年用熔锥法制出了单模光纤耦合器[36]。1983年,Bures和他的科研团队对光纤耦合器的应用做了深入的研究,利用熔锥法和其他一些特殊工艺研制出了光波分复用器和密集波分复用器(DWDM)等[37]。由于这种技术具有明显的优势,已成为当前制作耦合器的主要方法。熔融拉锥法是将两根或多根光纤去掉外包层,平行靠拢后置于高温火焰或其他加热器件中熔合并拉伸,两根光纤置于高温区的部分熔融并受到拉伸发生流变变形,形成双锥体结构。当光纤纤芯之间的距离减小到可以产生导波光相互耦合的距离时,便可制成光纤耦合器。由于熔融形成的双锥体角度很小,纤芯与包层之间的模态转换基本上不会有任何损失，因此使得熔锥的耦合器比其他的技术有更小的附加损耗(excess loss)。除此之外，全光纤的元件的光纤结构不会与其他结构一样有界面或是不连续的情况，因此内部不会有反射损耗，有很高的方向性。熔锥法由于制作工艺简单，在商业上得到了广泛的应用。

3. 平面波导型

集成化是未来光纤通信发展的必然趋势，集成光学在通信器件方面的应用会越来越广泛。光波导是光集成的核心，是为光波的传播所规定的通道。光集成中的光波导是用溅射、镀膜、扩散、光刻或离子注入等在某种半导体衬底上加工出适合于某种波长的光传输通道。利用平面波导原理制作的光纤耦合器具有体积小、分光比控制精确、易于大批量生产等特点，但这种技术还不完善。与之比较，熔融拉锥法更加灵活，在目前更为实际。

1.3 光纤器件的熔融拉锥流变制备方法

1. 光学原理

早期的耦合器采用分立光学元件组合拼接而成，其耦合机理简单、直观，用一般的几何光学方法进行描述即可。20 世纪 50 年代后期，人们开始利用电磁场理论对光纤耦合器的机理进行广泛的研究[38~48]，其中 H-S 理论、V-P 理论和标量场理论最为普遍。这些理论假设组成光纤耦合器波导结构的两根光纤的各个模相互正交，但实际上各个模相互之间并不一定正交，因此这种方法并不精确。特别是对于熔融拉锥型光纤耦合器，在耦合作用的腰部导波模变成包层模，普通耦合理论是无效的。随后，人们提出了耦合模理论，把光纤耦合器简化成平行波导的近似模型，作弱导近似和弱耦合近似，把一根光纤看作另一根光纤的微扰动，互相耦合的两波导中的场各保持了该波导独立存在时的场分布和传输系数，耦合的影响表现在场的复数振幅的沿途变化。

熔锥型光纤耦合器的理论分析要比腐蚀型和磨抛型两种光纤耦合器的分析复杂，这是因为熔锥区的典型结构呈连续缓变的双锥形状，再加上锥区和耦合区复合波导的结构不同，所以导致了耦合区和锥区功率耦合具有不同的特点：①耦合强弱不同，在锥区，两熔锥纤芯虽然很靠近，但仍有微米级的间隙，它们之间的耦合属于弱耦合；而在耦合区，两纤芯之间相互接触，属于强耦合；②传输的基模场分布不同，当传导模进入耦合区域后，由于纤芯很细，大部分光功率渗入光纤包层中，原来在独立光纤中传输的基模场(零阶贝赛尔函数分布)变为由包层作为芯，纤外介质(一般为空气)作为新的包层的复合波导传输。由于纤芯折射率的影响，两光纤中的模场可近似为三角形分布。由于光纤被熔融拉锥后的波导和场分布以及传输特性与拉锥前相比发生了很大的变化，严格的数学分析需要求解纤芯、包层和周围介质所构成的复合波导区域内的矢量波动方程。为了简化分析，很多学者针对不同类型的光纤耦合器提出了不同的近似模型，如弱耦合波导模型和强耦合波导模型[38～48]。

1985年，Hardy等[49]提出了统一耦合模理论，它能够对波导中的频谱特性进行精确分析。这种理论把波导中的场分布展开成一组完整的正交模，每一个单独波导的导模加上辐射模形成一组完备的基。这一组完备的基可用来表示其他波导的模结构及整个波导结构的场，再求解麦克斯韦方程组。用这种理论能对平面波导型光纤耦合器进行精确的分析。由于统一耦合模理论是由麦克斯韦方程组直接推导出来的，因而所得到的方程组更方便更直观。

2. 流变成形

光纤耦合器的性能主要由熔锥区的微观结构、显微形貌与几何形状参数等决定。围绕这些，国内外的学者开展了一定的研究，但从研究现状来看，对光纤耦合器的光学原理分析与结构设计较多，对耦合器的光场耦合机理虽然提出了很多种理论，但这些理论都是对理想状态下的光纤耦合器进行光学性能研究，没有考虑流变制造工艺过程中产生的流变缺陷对耦合器性能的影响。从制造科学角度来看，对流变制造过程的力学行为规律研究不够，对制造过程的机理与规律研究不足，尤其对熔融拉锥工艺参数与器件光学性能的相关机制认识不够，基本上处于一种基于经验的技艺阶段，生产耦合器也基本处于手工操作阶段，自动化程度低[50～53]。

现阶段对光纤以及光纤玻璃高温状态下流变的行为和理论的研究主要是针对光纤生产。而这些理论主要研究的对象为在熔化温度以上呈液相状态的光纤玻璃，不适合对制造光纤耦合器中呈黏弹状态的光纤玻璃进行研究。光纤耦合器的这种熔融温度状态的流变行为更适合用黏弹松弛理论进行分析。针对光纤耦合器的黏弹流变行为，Cummings曾建立过一个流变数学模型，但是模型中对温度场进行了简化的假设，并且数学模型计算复杂，缺乏实际应用的价值[54]。随后，Eliopone对Cummings的模型进行了改进，对数学模型进行了简化[55]。但此模型仅适合计算出光纤耦合器的截面曲线形状，不能得到光纤耦合器在制造过程中应力、应变等其他力学参数，应用范围较窄。

3. 微观结构

光纤耦合器由光纤熔融拉锥而成，而光纤是由高纯度的石英玻璃制作。石英玻璃是一种非晶体材料。一般认为非晶体材料是一种内部结构近程有序、远程无序的无定形“过冷液体”，即硅氧四面体在空间无规则的排列。硅离子与四个相邻氧离子结合，形成四面体结构单元；硅离子处于四面体的中心，而氧离子处于四个顶角上，见图 1.4。

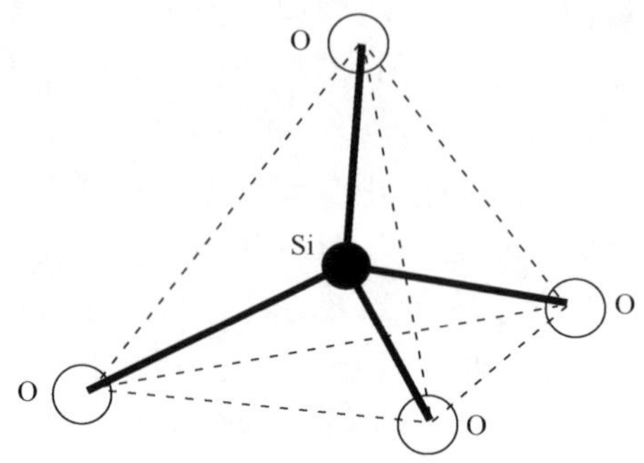

图 1.4 硅氧四面体结构单元

在二氧化硅中，相邻的四面体共用一个氧离子，这相邻两个四面体的相对位置可以有一定的挠度，即在连接两个四面体时，如图 1.5 所示，连接硅离子与共用顶角氧的 SiO 与 Si′O 这两条线，所构成的夹角 θ 可以存在一定变动。当石英玻璃受外力作用时，单个硅氧四面体比较稳定，变化极小，而相邻硅氧四面体间的位置不是很稳定，会发生明显的变化，相应地导致 Si—O—Si′夹角 θ 发生明显的变化。

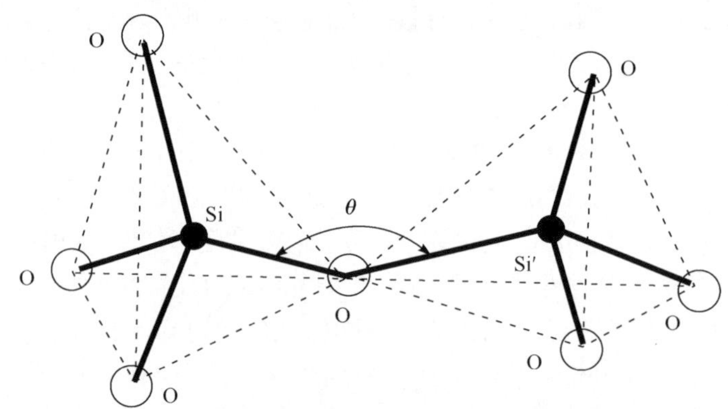

图 1.5 共用一个角氧离子的相邻结构单元

红外光谱法作为一种测定材料结构特征和光学性能的有效方法，经常被用于研究石英玻璃的结构松弛、羟基含量、掺杂离子对网络结构的改性等。红外光谱包括红外透射、红外吸收和红外发射光谱三种方式。对无机物而言，这三种方式的特征峰位置大致相同。围绕着玻璃结构这个中心，国内外的许多专家学者以红外光谱法为分析手段，展开了很多的研究，取得了许多令人满意的成就。

在工艺条件方面，Chmel 和 Eranosyan[56]、Agarwal 和 Tomozawa[57]、Magrude 等[58]研究了合成石英玻璃的红外反射光谱；周永恒和顾真安[59]用红外反射光谱研究了不同制备工艺条件下的石英玻璃，了解到制备石英玻璃时降温速率不同导致结构上的差异，高温热处理使石英玻璃结构趋向一种平衡状态，可缩小不同工艺制得的石英玻璃的结构差异。

在二氧化硅的不同结构形式方面，Barber[60]研究了无定型和石英晶相的红外光谱；国内陈宏善等[61]通过红外光谱实验了解到当无定型氧化硅向 α-方石英转化时，它的光谱发生明显的变化，并有新的振动峰出现。

在石英玻璃物理性质方面，Agarwal 和 Tomozawa[57]总结了红外频率与石英玻璃各物理性质间的关系，发现随着 1100cm^{-1} 特征峰波数的降低，石英玻璃的密度、折射率、热膨胀系数和杨式模量等参数变大，而黏度、剪切模量等参数变小。

此外，Williams 等[62]研究了 α-石英、磷石英和石英玻璃在高压下的红外光谱；Tomozawa 等[53]通过红外光谱分析了轴向应力对石英玻璃结构的影响，并利用测得的红外频率估算了退火玻璃表面的假想温度。

红外光谱应用在光纤研究上的报道很少，只发现 Peng[63]的论文。他测试了不同工艺条件下拉制的光纤的截面，发现光纤表面的特征峰波数最小，且随着离光纤中心距离的缩小，特征峰波数逐渐增大，在距离中心 $20\mu\text{m}$ 的位置，特征峰达到最大值。红外光谱在熔融拉锥耦合器方面的应用，只发现 Hirotoshi[64]的报道，他用红外测试了光纤耦合器熔锥区不同位置的特征峰波数。而关于熔融拉锥制造工艺参数对光纤耦合器的微观结构的影响规律没有报道。

4. 熔融拉锥设备

目前，国内外普遍采用的熔融拉锥工艺主要有两种分类方法：按加热熔融拉锥的方式和按过程控制方式。

按加热熔融拉锥的方式可分为：直接加热法、间接加热法和介于两者之间的部分直接加热法。

(1) 直接加热法是使火焰直接与光纤接触。其优点在于热量的利用效率较高，加热速度快，装置简单。但在熔融拉锥过程中，火焰与光纤熔融拉锥区直接接触，有许多不利之处。例如，来自用于燃烧气体的气流有时会使光纤熔锥区弯曲或变形，光纤的过热熔融会使操作者难以控制熔锥区外径从而不能达到给定的设计值，影响成品率，对室内清洁条件要求高等。

(2) 间接加热法是把欲拉锥的光纤套在石英毛细管中，火焰通过加热石英套管使光纤熔化。此方法可以克服上述缺点，但得提高加热温度，增设石英管及其相应的转动装置。

(3) 部分直接部分间接加热法是让火焰在开槽石英管内对光纤耦合区加热，与常用的直接加热法相比，其热场的均匀性得到改善，由于石英管壁对热流压力的反作用和热气流流向的对称性，避免了气流对熔锥区变形的影响。此方法的优点在于避开了常规直接加热方法的许多不足，且比间接加热方法简单。

但无论是用哪种方法，都不可避免地存在以下缺点：

(1) 火焰加热不稳定，易受环境的干扰，容易飘移，从而造成光纤器件的性能一致性差；还受罐内气体压强的影响，需经常调节两种气体的百分比。

(2) 火焰的温度调节范围狭窄且难以控制，经常达不到预期的要求。

(3) 火焰加热会产生 OH^-，它进入光纤会造成光纤器件的损耗加大，降低可靠性。

(4) 高纯气体不安全，且价格昂贵。

由于火焰加热本身存在的缺陷，必定影响产品的性能，因此需要设计一种新型的加热方式以获得所需的温度场。

按过程控制方式分为有人工控制和微机控制。人工控制手段要求操作者有熟练的技巧，因而导致产量低，成本高，可在研制阶段采用。自动化生产方式通过微机控制熔融拉锥和调节耦合比等过程。

拉锥技术最早是人工控制拉锥，后来用电脑软件控制，自动化程度有所提高，但光纤的剥覆、打结、清洁均用手工操作。因为自动化会对提高产品效率和质量有重大意义，所以作为光纤技术的代表——光纤耦合器的制造技术的自动化是必经之路。

熔融拉锥光纤耦合器的制造是光学原理融合于机械科学的高精度、高难度的特殊制造技术，拉锥工艺过程中的熔融温度、张力、拉伸速度必须精确匹配协同，才能使光导纤维连续流变成形达到亚微米精度，才能制作出有优良性能的光纤耦合器，因此最好用自动化程度高的设备来生产。在这方面，日本、美国等发达国家对光纤耦合器制造装备的研究开发较早，已研制出计算机控制的熔融拉锥机。但由于制造工艺的离散，光纤等柔性微细零件不易自动装夹，使得装备比较分散，目前还是以单体设备为主，自动化程度不高。

参考文献

[1] 宋金声. 光纤无源器件技术的发展方向. 现代通信，2002，(1)：14-17.

[2] 廖先炳. 我国光纤通信用光器件产业的现状和发展. 半导体光电，2002，23(1)：1-4.

[3] 秦大甲. 我国光纤光缆及光无源器件产业的现状与发展. 世界电子元器件，2001，(10)：51，52.

[4] 佘祥林. 光纤通信系统. 北京：国防工业出版社，2000.

[5] 曾毅，侯国章. 一种新型光纤传感器在精密产品加工中的应用研究. 光学精密工程，2001，9(2)：139-141.

[6] 吴晨，李荣玉，殷宗敏，等. 单模光纤耦合器耦合系数影响因素的研究. 光纤与电缆及其应用技术，2003，2：14-16.

[7] 李川，张以谟，刘铁根，等. 熔锥光纤耦合器的温度响应. 传感技术学报，2001，(3)：196-199.

[8] Tekippe V J,Moore D R,Paul D K. Production,performance andreliability of fused couplers. SPIE,1998,(3666):56-61.

[9] 寥延彪. 光纤传感器的今日与发展. 传感器世界,2004,(2):6-12.

[10] 于浩. 光纤通信元件前景展望. 光机电信息,2003,4(4):34-36.

[11] 王志和. 光无源器件的现状及其发展方向. 光纤与电缆及其应用技术,1996,(3):7-13.

[12] 孙圣和,王延云,徐影. 光纤测量与传感技术. 哈尔滨:哈尔滨工业大学出版社,2000.

[13] 杨伟. 光纤无源器件技术发展趋势. 宽带世界,2003,3:38-40.

[14] 宋金声. 我国光无源器件的技术进展和发展趋势. 世界宽带网络,2002,9(11): 16-18.

[15] 杜良桢,谢红,卓壮. 无源光器件的技术与市场发展动向. 电信科学,2001,8:67,68.

[16] 张绎. 单模光纤耦合器技术现状及应用. 半导体光电,1989,1(1):61 67.

[17] 林学煌. 光无源器件. 北京:人民邮电出版社,1998.

[18] 阎永志. 光纤耦合器开发现状. 压电与声光,1995,6:12-16.

[19] Djafar K M,Lowell L S. Fiber-Optic Communications Technology. 北京:机械工业出版社,2002.

[20] 王青林,吴小顺,张秋华. 1310nm、1550nm 全光纤型双窗口宽带耦合器. 光通信研究,1996,(1):38-40.

[21] 张瑞锋,葛春风,王书慧. 熔锥型全波耦合器. 物理学报,2003,2(2):390-393.

[22] 向东辉. 熔融拉锥技术的新发展. 光电子,2002,5:34,35.

[23] 魏道平,赵玉成,张劲松. 新型 2×2 单模双锥光纤耦合器的研制. 北方交通大学学报,1998,6(3):35-38.

[24] Pal B P,Chaudhuri P R,Shenoy M R. Fabrication and modeling of fused biconical tapered fiber couplers. Fiber and Integrated Optics,2003,22(2):97-117.

[25] Pone E,Daxhelet X,Lacroix S. Refractive index profile of fused-tapered fiber couplers. Optics Express,2004,12(13):2909-2918.

[26] Chen Z Y,Shen Y Q. Super flat wideband single mode optical fiber couplers ranged from 1250nm to 1650nm. Acta optica Sinica,2004,24(5):663-667.

[27] 吴曦敏. 光纤耦合器的主要技术指标. 光纤通信,2002:41-43.

[28] 阎永志. 光纤耦合器的开发现状. 压电与声光,1995,17(3):12-16.

[29] 胡智勇,张瑞锋,葛春风. 熔锥型光纤耦合器在光通信中的最新应用. 光耦合器,2003,(3):29-31.

[30] 余守宪. 导波光学. 北京:北方交通大学出版社,2002.

[31] 敖晖军. 全球光纤耦合器市场浅析. 光纤通信,2001,23(2):41-43.

[32] Georgiou G,Boucouvalas A C. Low-loss single-mode optical couplers. IEEE Proceedings,1985,132(5):297-302.

[33] Sheem S K,Giallorenzi T G. Single-mode fiber-optical power divider:Encapsulated etching technique. Optics letters,1979,4(1):29-31.

[34] Bergh R A,Kotler G,Shaw H J. Single-mode fibre optic directional coupler. Electronics Letters,1980,16(7):260,261.

[35] Kawasaki B S, Hill K O. Low-loss access coupler for multimode optical fiber distribution networks. Applied Optics, 1977, 16(7): 1794, 1795.
[36] Kawasaki B S, Hill K O, lamont R G. Biconical-taper single-mode fiber coupler. Optics Letters, 1981, 6(7): 327, 328.
[37] Bures J, Lacroix S. Analysis of fused sing-mode optical fiber bidirectionalcouplers. Applied Optics, 1983, 22: 1918-1922.
[38] Payne F P, Hussey C D, Yataki M S. Modeling fused single-mode-fibre couplers. Electronics Letters, 1985, 21(11): 461, 462.
[39] Rodrigues J M, Maclean T S M, Gazey B K. Completely fused tapered couplers: Comparison of theoretical and experimental results. Electronics Letters, 1986, 22(8): 402-404.
[40] 顾炳生，章介伦，沈文达，等. 熔锥型光纤耦合器的模型研究. 应用科学学报，1995，13(1)：14-20.
[41] Takeuchi Y. Thermodynamic analysis of WDM fiber couplers fabricated by using a microheater. Journal of Non-Crystalline Solids, 1996, 202: 272-278.
[42] Villarrruel C A, Moeller R P. Fused single mode fiber access couplers. Electronics Letters, 1981, 17(6): 243-249.
[43] 鄢达，李铮，唐丹. 2×2 熔锥型单模光纤耦合器的模型. 光子学报，2003，32(11)：1316-1320.
[44] Govind P A. 非线性光纤光学原理与应用. 北京：机械工业出版社，2002.
[45] 宋金声. 光无源器件理论研究进展. 光通信技术，1995，19(2)：137-141.
[46] 叶培大. 光纤理论. 上海：知识出版社，1985.
[47] Wolf H F. Handbook of Fiber Optics Theory and Applications. New York: Garland STPM Press, 1979.
[48] Bell R J, Hibbins-Butler D C. Infrared activity of normal modes in vitreous silica, germania and beryllium fluoride. Journal of Physical Chemistry C, 1976, 9(3): 1171-1175.
[49] Hardy A, Shakir S, Streifer W. Coupled-mode equations for weakly guiding single-mode fibers. Optics Letters, 1986, 11(5): 324-326.
[50] 曹介元，韶强，徐盈光. 光纤耦合器的制造设备. 光通信研究，1994，(72)：50-54.
[51] Saito K, Ogawa N. Effects of aluminum impurity on the structural relaxation in silica glass. Journal of Non-Crystalline Solids, 2004, 270(2): 60-65.
[52] Haken U, Humbach O, Ortner S. Refractive index of silica glass: Influence of fictive temperature. Journal of Non-Crystalline Solids, 2004, 265(1): 9-18.
[53] Tomozawa M, Lee Y K, Peng Y L. Effect of uniaxial stresses on silica glass structure investigated by IR spectroscopy. Journal of Non-Crystalline Solids, 2003, 242(2): 104-109.
[54] Cummings L J, Howell P D. On the evolution of non-axisymmetric viscous fibres with surface tension, inertia and gravity. Journal of Fluid Mechanics, 1999, 389: 361-389.
[55] Gao Y, Guo N, Gauvreau B, et al. Consecutive solvent evaporation and co-rolling techniques for polymer multilayer hollow fiber preform fabrication. Journal of Materials Research,

2006,21(9):2246-2254.

[56] Chmel A, Eranosyan G M. Vibrational spectroscopic study of Ti-substituted SiO_2. Journal of Non-Crystalline Solids, 1992, 146(2):213-217.

[57] Agarwal A, Tomozawa M. Surface and bulk structual relaxation kinetics of silica glass. Journal of Non-Crystalline Solids, 2003, 209(3):264-272.

[58] Magrude R H, Morgan S H, Weeks R A, et al. Effect of ion implantation on intermediate range order: IR spectra of silica. Journal of Non-Crystalline Solids, 1990, 120(2):241-249.

[59] 周永恒,顾真安. 石英玻璃原料矿的流体包裹体特征. 矿物学报,2002,22(2):143-146.

[60] Barber S W. In the Physics of SiO_2. New York: Pergamon, 1978.

[61] 陈宏善,季生福,牛建中,等. 无定型氧化硅转变为 α-方石英的振动光谱. 物理化学学报,1999,15(5):454-457.

[62] Williams Q, Hemley R J, Kruger M B, et al. High-Pressure infrared spectra of α-quartz, coesite, stishovite and silica glass. Journal of Geophysical Research, 1993, 98(12): 22157-22170.

[63] Peng Y L, Agarwal A, Tomozawa M, et al. Radial distribution of fictive temperatures in sillica iptical fibers. Journal of Non-Crystalline Solids, 1997, 217(3):272-277.

[64] Hirotoshi N. Chemical properties of fused fiber coupler surface. Optical Fiber Technology, 2006, (2):324-328.

第 2 章　光纤器件熔融拉锥工艺实验

2.1　耦合机理及结构参数的影响

2.1.1　耦合机理

熔融拉锥型光纤耦合器的工作原理如图 2.1 所示[1]。严格地说，分析两波导中波的耦合，应把两平行波导看作一个统一的体系，来求解这一整体结构中的场，而后分析其耦合特性，但由于边界条件复杂，这样做很困难。一般情况下，可采用微扰法来使分析简化[2]，相应的理论称为耦合模理论，其基本思想是：相耦合的两波导中的光场各自保持了该波导独立存在时的场分布和传输系数，耦合的影响表现为场的复数振幅的沿途变化。

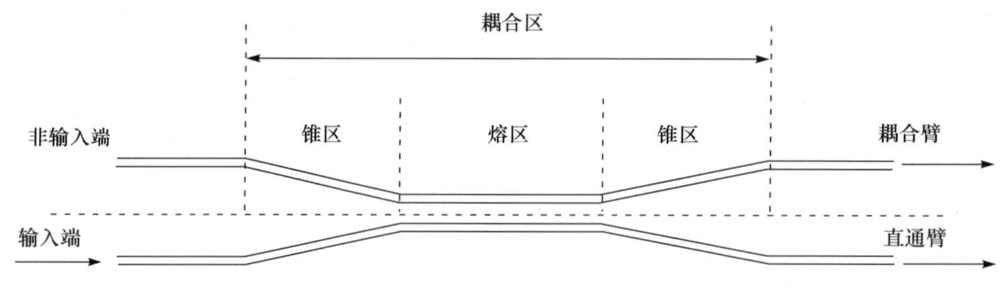

图 2.1　熔融拉锥型光纤耦合器的结构示意图

在单模光纤中，传导模是两个正交的基模（HE11）信号。当传导模进入熔锥区时，随着纤芯的不断变细，光纤的归一化频率 V 逐渐减小，有越来越多的光功率渗入光纤包层[3]。实际上，光功率是在以包层作为纤芯，以纤外介质（一般是空气）作为新包层的复合波导中传输的；在输出端，随着纤芯的逐渐变粗，V 重新增大，光功率被两根纤芯以特定的比例“捕获”。在熔锥区，两光纤包层合并在一起，纤芯足够逼近，形成弱耦合（见图 2.2）。

图 2.3 画出了平行放置的两耦合光纤。耦合波方程描述两光纤在横向耦合情况下，光纤中光场的复数振幅的变化。设两波导中的复数振幅为 $A(z)$，由于耦合作用，它们沿途变化，其变化规律可用联立的一阶微分方程组表示[4]：

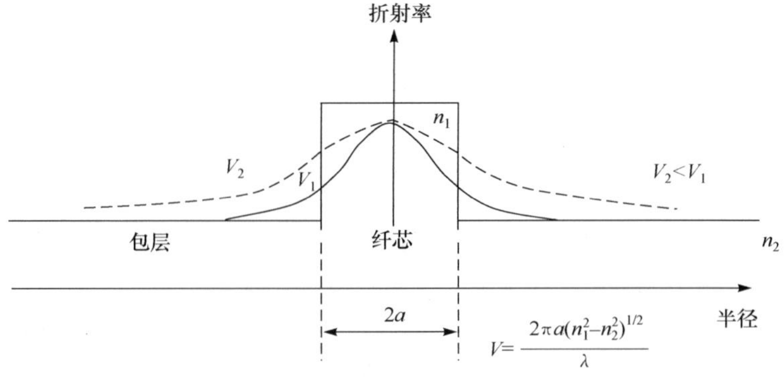

图 2.2　单模光纤耦合器的迅衰场耦合示意图

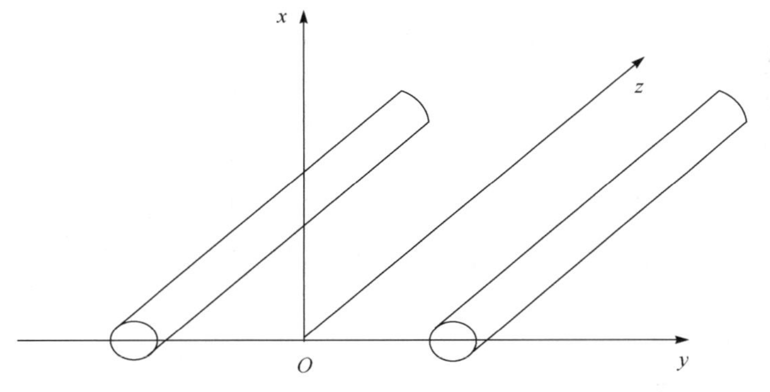

图 2.3　平行耦合波导

$$\begin{cases}\dfrac{\mathrm{d}A_1(z)}{\mathrm{d}z}=\mathrm{i}(\beta_1+c_{11})A_1+\mathrm{i}C_{12}A_2\\ \dfrac{\mathrm{d}A_2(z)}{\mathrm{d}z}=\mathrm{i}(\beta_2+C_{22})A_2+\mathrm{i}C_{21}A_1\end{cases}\tag{2.1}$$

式中，A_1、A_2 分别是两根光纤的模场振幅；β_1、β_2 是两根光纤在孤立状态下的传播常数，由于两根光纤相同，有 $\beta_1=\beta_2=\beta$；C_{12}、C_{21}是互耦合系数，C_{11}、C_{22}是自耦合系数，它们都是传播方向 z 的函数。实际上，自耦合系数相对于互耦合系数可以忽略，式(2.1)可简化为

$$\begin{cases}\dfrac{\mathrm{d}A_1(z)}{\mathrm{d}z}=\mathrm{i}\beta A_1+\mathrm{i}C_{12}A_2\\ \dfrac{\mathrm{d}A_2(z)}{\mathrm{d}z}=-\mathrm{i}\beta A_2+\mathrm{i}C_{21}A_1\end{cases}\tag{2.2}$$

通过求方程的微分并用方程消除 $\mathrm{d}A_2/\mathrm{d}z$，可得到下面关于 A_1的方程：

$$\frac{\mathrm{d}^2A_1}{\mathrm{d}z^2}+C_e^2A_1=0\tag{2.3}$$

式中，有效耦合系数 C_e 定义为

$$C_e=\sqrt{C^2+\beta^2},\quad C=\sqrt{C_{12}C_{21}}$$

同理，A_2 也满足同样的谐振型方程。

当使用连续光束注入一输入端口，此时入射的边界条件为 $A_1(0)=A_0$、$A_2(0)=0$，式(2.3)的解析解为

$$\begin{cases}A_1(z)=A_0[\cos(C_e z)+\mathrm{i}(\beta/C_e)\sin(C_e z)]\\A_2(z)=A_0(\mathrm{i}C_{12}/C_e)\sin(C_e z)\end{cases}\tag{2.4}$$

这样，即使最初在 $z=0$ 处的 $A_2=0$，光在光纤耦合器内传播时一部分能量也会转移到第二个纤芯，并且能量向第二个纤芯转移具有周期性[5]。具有最大能量转移的距离满足 $k_e z=m\pi/2$，其中 m 为整数。第一次最大能量转移到第二个纤芯的最短距离称为耦合长度，即 $L_c=\pi/(2C_e)$。

光纤耦合器输出端口输出的能量依赖于耦合长度和输入端口的注入能量。对于对称的耦合器，方程(2.4)的通解可以写为矩阵的形式：

$$\begin{bmatrix}A_1(L)\\A_2(L)\end{bmatrix}=\begin{bmatrix}\cos(CL) & \mathrm{i}\sin(CL)\\\mathrm{i}\sin(CL) & \cos(CL)\end{bmatrix}\begin{bmatrix}A_1(0)\\A_2(0)\end{bmatrix}\tag{2.5}$$

式中，L 为耦合区的有效相互作用长度；C 为耦合系数。式中右边 2×2 传输矩阵的行列式值为 1，这对应着无损耗的耦合器。通常，输入端口只有一束光入射。输出能量 $P_1=|A_1|^2$ 和 $P_2=|A_2|^2$，令 $A^2(0)=0$，由方程(2.5)可得

$$\begin{cases}P_1=P_0\cos^2(CL)\\P_2=P_0\sin^2(CL)\end{cases}\tag{2.6}$$

式中，$P_0=A_0^2$是第一个输入端口的入射能量。这样耦合器起到分束器的作用，分束比依赖于参数 CL。又因为耦合系数

$$C=\frac{2\Delta^{1/2}U^2K_0(Wd/r)}{rV^3K_1^2(W)}\tag{2.7}$$

其中

$$U=r(k^2n_{\mathrm{co}}^2-\beta^2)^{1/2},\qquad W=r(\beta^2-k^2n_{\mathrm{cl}}^2)^{1/2},$$

$$\Delta=(n_{\mathrm{co}}^2-n_{\mathrm{cl}}^2)/(2n_{\mathrm{co}}^2),\qquad V=krn_{\mathrm{co}}(2\Delta)^{1/2},\qquad k=2\pi/\lambda$$

将上式归一化处理，且令 P_1 为直通臂中的光功率，P_2 为耦合臂中的光功率，则有

$$\begin{cases}P_1=\cos^2\left[\dfrac{(2\Delta)^{1/2}U^2K_0L(Wd/r)}{rV^3K_1^2(W)}\right]\\P_2=\sin^2\left[\dfrac{(2\Delta)^{1/2}U^2K_0L(Wd/r)}{rV^3K_1^2(W)}\right]\end{cases}\tag{2.8}$$

式中，L 为耦合区的有效相互作用长度，也可以近似为熔融拉伸长度；C 为耦合系数；r 为光纤半径；d 为两光纤中心的间距；Δ 为相对折射率；U 和 W 分别为光纤的

纤芯和包层参量；V 为孤立光纤的归一化频率；K_0 和 K_1 分别为零阶和一阶修正的第二类贝塞尔函数。

耦合长度依赖于耦合系数 C，而耦合系数依赖于两纤芯间的距离 d，对于对称光纤耦合器，通常用下面简化的经验公式来计算：

$$\begin{cases} P_1 = \cos^2\left\{\dfrac{\lambda VL}{4n_0 r^2}\exp\left[-c_0+\dfrac{c_1 d}{r}+c_2\left(\dfrac{d}{r}\right)^2\right]\right\} \\ P_2 = \sin^2\left\{\dfrac{\lambda VL}{4n_0 r^2}\exp\left[-c_0+\dfrac{c_1 d}{r}+c_2\left(\dfrac{d}{r}\right)^2\right]\right\} \end{cases} \tag{2.9}$$

式中，λ 为入射光频率；V 为孤立光纤的归一化频率；L 为耦合区的有效相互作用长度；n_0 为纤芯折射率；r 为纤芯半径；d 为两光纤间的中心到中心的标准化距离；常数 c_0，c_1，c_2 依赖于 V，$c_0=5.2789-3.663V+0.384V^2$，$c_1=-0.7769+1.2252V-0.0152V^2$，$c_2=-0.075-0.0064V-0.0009V^2$。

2.1.2 结构参数对性能的影响

1. 拉伸长度与分光比

以康宁公司生产的单模光纤拉制的光纤耦合器为研究对象，利用式(2.9)可求得光纤耦合器的结构参数，如拉伸长度、光纤折射率以及两光纤间的实际中心距离等对分光比的影响规律。拉伸长度与分光比的理论关系曲线如图 2.4 所示，在熔融

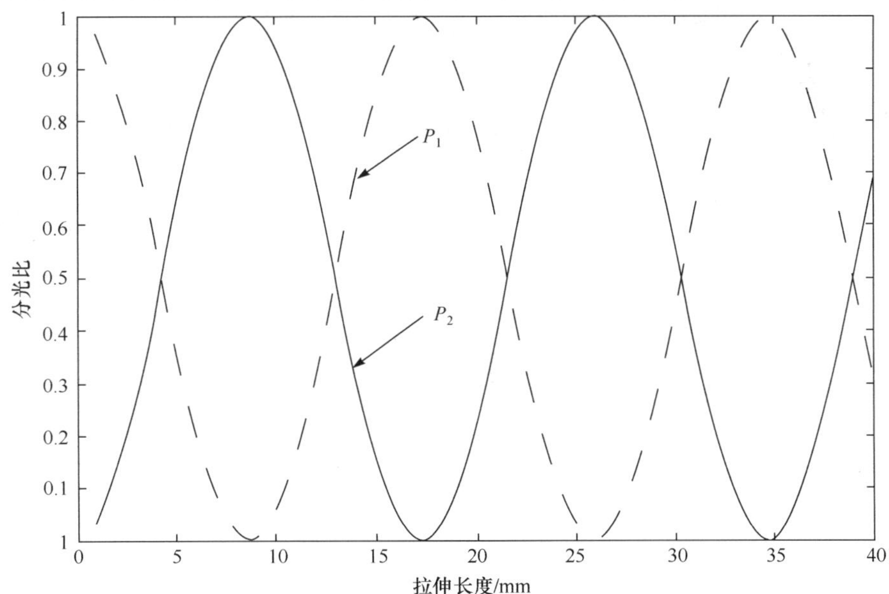

图 2.4 拉伸长度与分光比的关系

拉锥时，直通臂和耦合臂的输出功率，即 P_1 和 P_2 呈周期性变化。在实际拉锥过程中，由于附加损耗的存在，功率不断地被损失掉，直至光纤断裂，功率全部损失为止。对于 3dB 耦合器，当分光比为 50：50 时，也就是在拉锥过程中功率转换循环的第一个 3dB 点时停止为最佳。

2. 折射率与分光比

折射率与分光比的关系曲线如图 2.5 所示，分光比随着耦合区折射率的变化而周期性变化，且当折射率变大时，分光比变化周期不断增大。

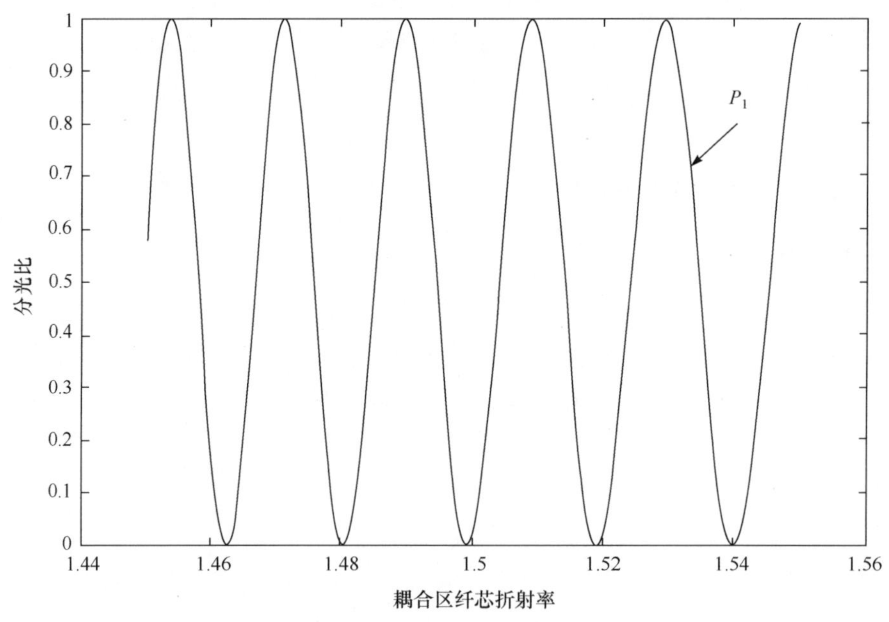

图 2.5 折射率变化与分光比的关系

3. 光纤间中心距离与分光比

光纤间中心距离与分光比的关系如图 2.6 所示，随着两光纤间实际中心距离的增加，直通臂和耦合臂的输出功率的振荡周期不断增大，当中心距离很小时，其变化的周期很快[6]。在制作耦合器时，应尽量选择在振荡周期的起始阶段设置停机点，这样可以保证耦合器拉锥区有足够大的半径，以便增大裸光纤耦合器的强度，提高封装后成品耦合器的环境可靠性。

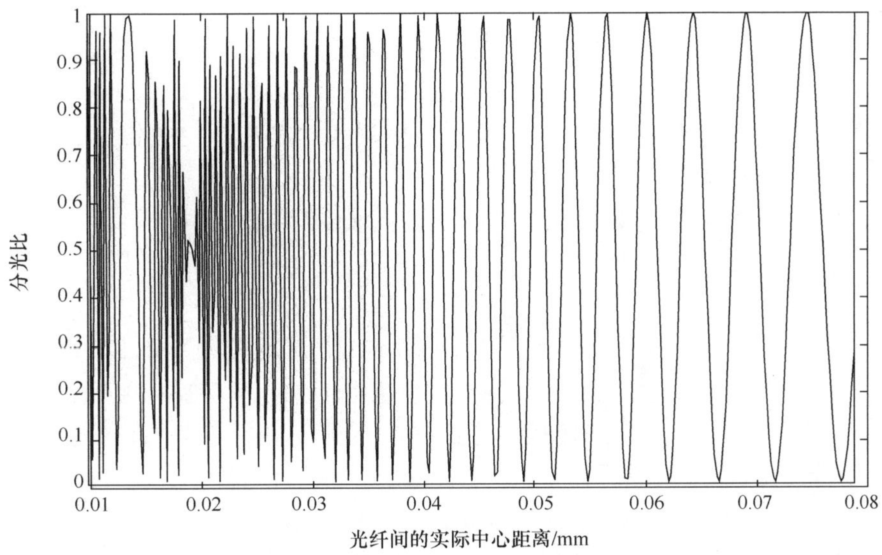

图 2.6 光纤间中心距离与分光比的关系

2.2 光纤器件的制备与性能测试

2.2.1 实验设备

实验采用 YGD-SA2002 型六轴光纤耦合机。该机采用高纯氧气和丙烷燃烧的火焰直接加热法熔融拉锥，在预设分光比、预热时间、拉伸速度等工艺参数设定以后，系统能自动完成拉锥过程，因而在一定程度上克服了手工操作的随机性，保证了产品指标的重复稳定性。设备的总体结构框图见图 2.7。

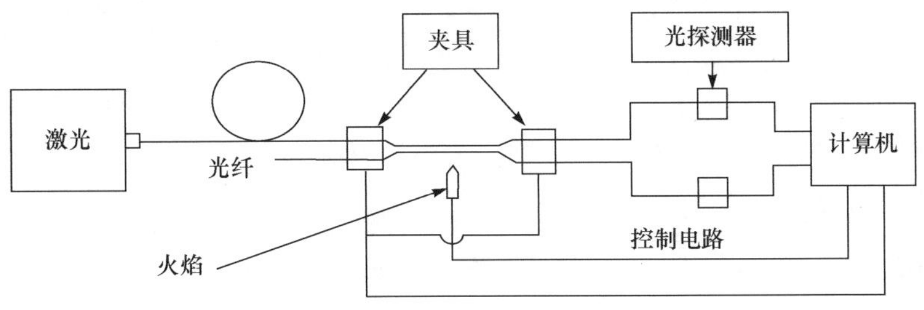

图 2.7 熔融拉锥系统结构示意图

该机由以下几个部分组成：

(1) 光源：采用 LD 光源，可提供 1310nm、1550nm 双波长的光。

(2) 熔融拉锥运动平台：对称拉锥装置，在步进电机驱动下沿导轨能以 150μm/s

左右的速度向两侧移动。

(3) 火焰加热装置:燃烧高纯 C_3H_6 与纯 O_2 以获得 1100℃以上的高温,通过流量计控制供气,从而产生火焰的温度。

(4) 控制系统:采用计算机控制,通过数据采集卡和串口对拉锥的分光比、损耗等性能参数进行在线监测与控制。

(5) 气动系统:对制作好的光纤耦合器进行吸附封装。

2.2.2 制作流程

光纤耦合器的制作工艺流程见图 2.8。其中光纤的剥覆、打结、清洁均用手工完成。在熔融拉锥过程中,光功率探测器将探测到的光功率转换成电信号,经过数模转换电路转换成数字信号并传送到计算机系统,计算机将这些数据处理后,计算出相应的分光比、插入损耗、附加损耗等光学性能参数,并实时地显示出来,当输出端达到操作者预先设定的分光比时,计算机发出停机指令,主拉锥平台自动停止拉锥,并且退出火焰,经冷却后进行封装[7]。这里取没有封装的耦合器作为测试样,改变拉伸速度等拉锥工艺,获得不同拉制工艺条件下的测试样品。

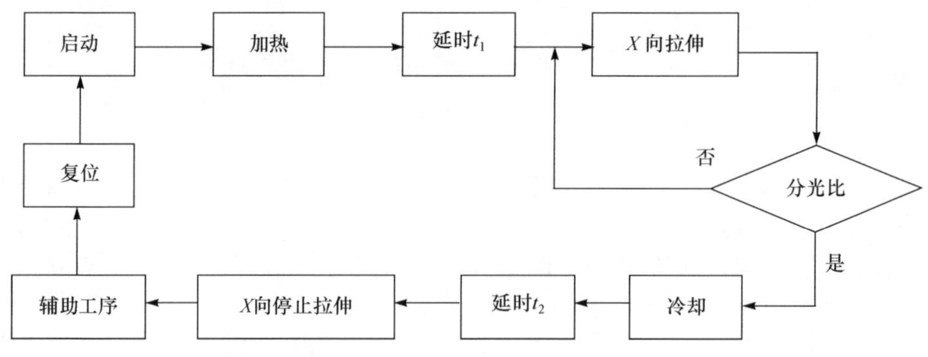

图 2.8 耦合器的制作工艺流程

2.2.3 性能指标及测试方法

耦合器的性能指标有很多,如插入损耗、附加损耗、分光比、均匀性等[8]。这些都是对光纤耦合器输入与输出的光功率作数学运算获得的。这里利用可调谐光源和光谱分析仪等所搭建的光无源器件测试系统,测试了熔锥型光纤耦合器的各项光学性能[9]。所用仪器为安捷伦科技公司生产的 Agilent 86142B 型光谱分析仪、86142B 型可调谐光源、81636B 型光功率计和 8169A 型偏振态控制器组成。可调谐光源输出端为被测耦合器提供输入光,利用光谱仪的内置功能可得出耦合器光学性能参数曲线。耦合器性能测试框图见图 2.9。

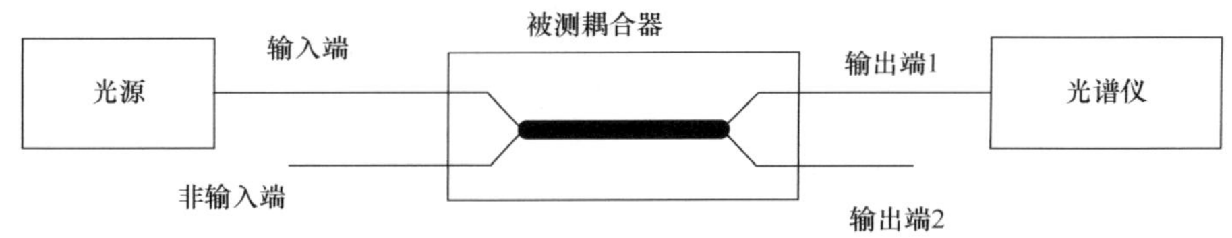

图 2.9　光纤耦合器光学性能测试框图

1. 附加损耗及其测试方法

附加损耗(excess loss,EL)是指各输出端输出功率总和对输入功率的损失,见图 2.10。

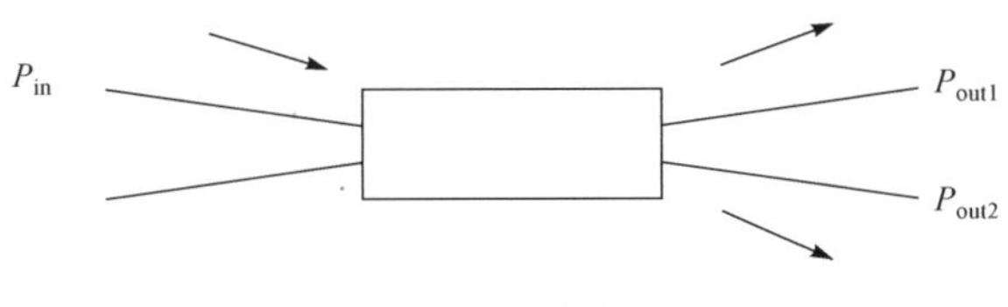

图 2.10　附加损耗

在理想状态下,输出功率之和应该等于输入功率。附加损耗给出了和理想状态下的差别。附加损耗也是器件最基本的技术指标,以分贝(dB)表示的数学表达式为

$$EL = -10\lg \frac{\sum P_{out}}{P_{in}} (dB) \tag{2.10}$$

其具体的测试方法为:首先在可调谐光源中设置输出光的波长和功率[10],作为耦合器的输入光,将其接入光谱仪,调试出合适的光谱轨迹,并保存,即 P_{in};将耦合器的输入端和输出端 1 分别接入可调谐光源和光谱仪,得到输出端 1 的光谱曲线,即 P_{out1},并保存;用同样的方法得到输出端 2 的光谱曲线,即 P_{out2},利用光谱仪的运算功能得到耦合器的附加损耗。

2. 插入损耗及其测试方法

插入损耗是指某一输出端口的光功率相对全部输入光功率的减少值,见图 2.11。

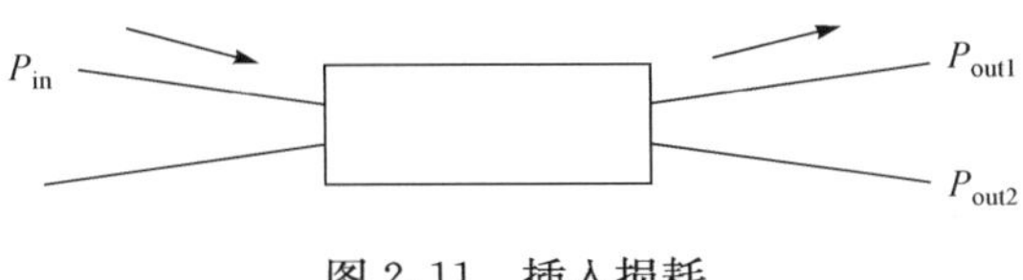

图 2.11　插入损耗

该值通常以分贝(dB)表示,数学表达式为

$$\mathrm{IL}_i = -10\lg \frac{P_{\mathrm{out}}}{P_{\mathrm{in}}} (\mathrm{dB}) \tag{2.11}$$

其中,IL_i 是第 i 个输出端口的插入损耗;P_{out}是第 i 个输出端口测到的光功率值;P_{in}是输入端的光功率值。

其具体的测试方法同上,将输入光 P_{in}保存在光谱仪中;然后将耦合器的输入端接入可调谐光源的输出端,耦合器的输出端接入光谱仪的输入端,在光谱仪中测试出其光谱轨迹,即 P_{out};最后调出 P_{in},利用光谱仪的运算功能得到耦合器的插入损耗曲线。

3. 分光比及其测试方法

分光比是光纤耦合器所特有的技术术语[11],它定义为光纤耦合器各输出端口的输出功率的比值,在具体应用中常常用相对输出总功率的百分比来表示:

$$\mathrm{CR} = \frac{P_{\mathrm{out}i}}{\sum P_{\mathrm{out}}} \times 100\% \tag{2.12}$$

例如,对于标准 X 形光纤耦合器,1 ∶ 1 或 50 ∶ 50 代表了同样的分光比,即输出为均分的器件。实际工程应用中,往往需要各种不同分光比的器件,这可以通过控制制作过程的停机点来得到。

其具体的测试方法为:将光纤耦合器的输入端和输出端 1 分别接入可调谐光源和光谱仪,得到输出端 1 的光谱曲线,即 P_{out1},并保存;同上,得到输出端 2 的光谱曲线,即 P_{out2},利用光谱仪的运算功能使得 $P_{\mathrm{out1}}/P_{\mathrm{out2}}$就可得到光纤耦合器的分光比。

4. 方向性及其测试方法

光纤耦合器方向性(directivity,DR)描述的是从某输入端进光经过器件对相邻输入端的影响程度,见图 2.12。

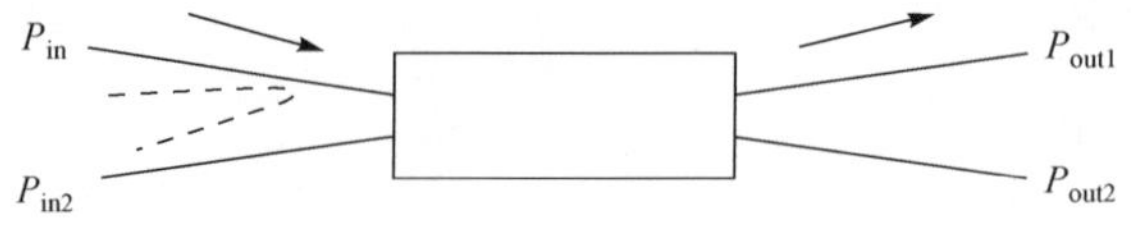

图 2.12 光纤耦合器方向性

以分贝(dB)为单位的数学表达式为

$$\mathrm{DR} = -10\lg \frac{P_{\mathrm{in2}}}{P_{\mathrm{in1}}} (\mathrm{dB}) \tag{2.13}$$

式中,P_{in1}代表输入端输入的功率;P_{in2}代表反射到非输入端的功率。

其具体的测试方法同上，获得光纤耦合器的输入光功率 P_{in}；将光纤耦合器的输入端接入可调谐光源，非输入端接入光谱仪，得到非输出端光功率曲线 P_{in2}；利用光谱仪的运算功能就可得到光纤耦合器的方向性。

2.3　工艺参数与器件性能的相关规律

2.3.1　拉伸速度对性能的影响

实验条件：预设分光比为 44%，火焰头与光纤耦合区距离保持在 1900μm，气体流量不变，耦合区打 2 个结。为防止引进不必要的误差，速度从 50μm/s 到 400μm/s 每隔 25μm/s 做一组数据，做完一组后，再重新做另一组，共做了 10 组近 150 个实验数据，并取平均值绘制表格，见表 2.1。

表 2.1　不同拉伸速度下的分光比与损耗

拉伸速度/(μm/s)	预设分光比/%	拉伸长度/μm	分光时间/s	实际分光比/%	分光比偏差/%	损耗/dB	损耗偏差
50	44	13704	286	50.98	0.91	0.45	0.15
75	44	13757	198	50.11	0.92	0.44	0.14
100	44	13700	154	50.12	0.48	0.42	0.16
125	44	13703	122	50.5	0.49	0.20	0.12
150	44	13723	114	51.17	0.59	0.11	0.07
175	44	13704	100	51.53	0.58	0.23	0.10
200	44	13710	95	52.52	0.56	0.48	0.18
225	44	13726	84	52.2	1.31	0.50	0.19
250	44	13718	76	53.1	1.64	0.73	0.24
275	44	13732	72	53.2	1.20	0.78	0.37
300	44	13716	68	53.13	1.23	0.98	0.49
325	44	13724	62	52.21	1.92	1.72	0.69
350	44	13728	60	52.7	1.67	1.32	0.71
375	44	13715	57	53.82	1.06	1.63	0.89
400	44	13734	55	51.74	2.34	1.71	0.85

1. 不同拉伸速度下的损耗

根据表 2.1 得到不同拉伸速度下的附加损耗、损耗偏差曲线如图 2.13 所示。由图 2.13 可知，拉伸速度对光纤耦合器损耗影响很大，一定的熔融温度条件一定要与拉伸速度精确匹配，才能获得性能最优的光纤耦合器。如在当前的熔融温度

(1200℃左右)下,与之相匹配的拉伸速度为 150μm/s。此时不但损耗最小,而且损耗偏差与分光比偏差也相对较小,即器件的光学性能一致性好。在当前的实验条件下,当拉伸速度小于 200μm/s 时,损耗变化较小,且偏差波动也较小,光纤耦合器性能相对较稳定。当拉伸速度大于 250μm/s 时,损耗增大很快,性能离散性也加大,耦合器性能迅速降低。

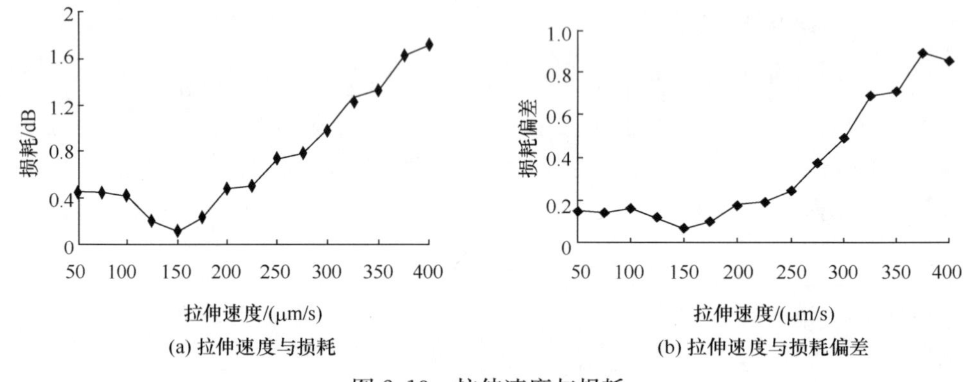

图 2.13　拉伸速度与损耗

2. 不同拉伸速度下的分光时间

拉伸速度越低,所用分光时间越多,见图 2.14。由图 2.4 可看出,曲线服从幂指数的下降规律,在速度大于 150μm/s 时,随着拉伸速度的增大,拉伸时间迅速减少,当速度大于 150μm/s 后,速度的增大对时间减少的影响较小。

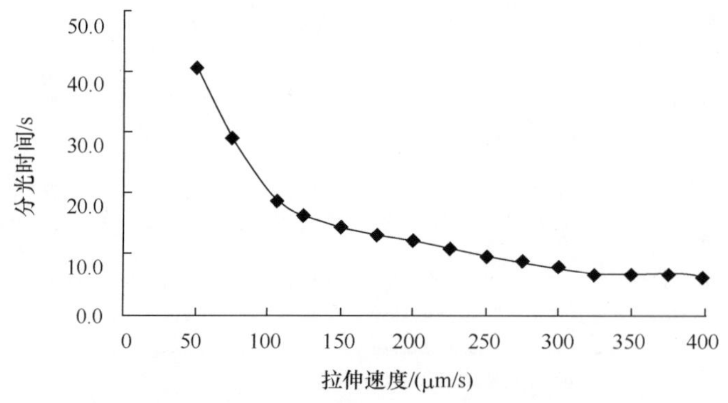

图 2.14　拉伸速度与分光时间

3. 不同拉伸速度下的拉伸长度

随着拉伸速度的增大,总拉伸长度变化不大,见图 2.15。

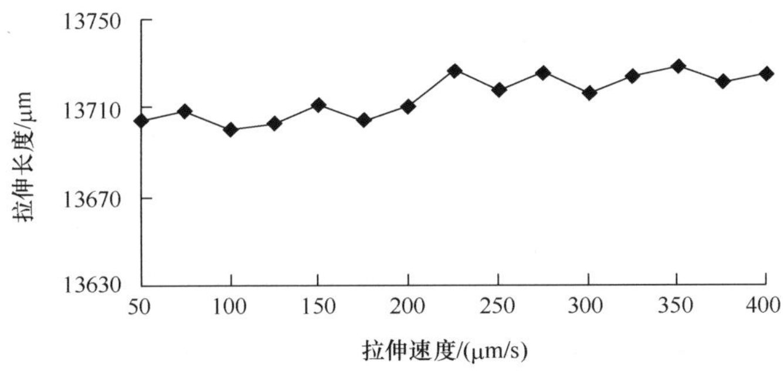

图 2.15　拉伸速度与拉伸长度

2.3.2　预设分光比对性能的影响

实验条件:拉伸速度 200μm/s,火焰头与光纤耦合区距离保持在 1900μm,气体流量保持不变。为防止引进不必要的误差,分光比从 5%～95%每隔 5%做一组数据,做完一组后,再重新做另一组数据,共做了 10 组近 200 个实验数据取平均值,工艺参数与器件性能见表 2.2。

表 2.2　不同预设分光比下实际分光比与损耗

序号	分光比/%		损耗/dB	分光比偏差/%	拉伸长度/μm
	预设	实际			
1	5	6.10	0.23	1.10	26282
2	10	12.03	0.15	2.03	14589
3	15	18.25	0.20	3.25	12474
4	20	24.08	0.39	4.08	15745
5	25	29.73	0.41	4.73	14360
6	30	35.20	0.06	5.20	11265
7	35	41.79	0.11	6.79	18893
8	40	46.30	0.39	6.30	13288
9	45	51.85	0.19	6.85	20508
10	50	58.21	0.56	8.21	18680
11	55	62.49	0.78	7.49	42184
12	60	66.98	0.22	6.98	19848
13	65	72.73	0.79	7.73	18122
14	70	76.90	0.53	6.90	22210
15	75	82.45	0.41	7.45	15943

续表

序号	分光比/%		损耗/dB	分光比偏差/%	拉伸长度/μm
	预设	实际			
16	80	86.65	0.40	6.65	23104
17	85	90.86	0.49	5.86	20852
18	90	95.26	0.36	5.26	27819
19	95	95.49	1.58	0.49	26270

1. 不同预设分光比时的实际分光比

实际分光比总是大于预设分光比，实际分光比与预设分光比差值之间的关系图见图 2.16。

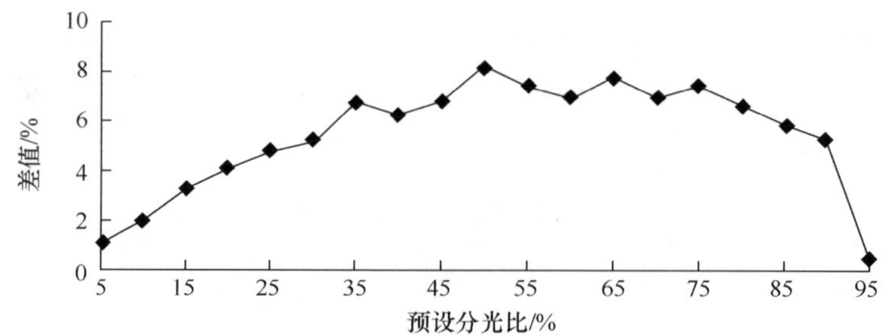

图 2.16 实际分光比与预设分光比的差值

分光比是光纤耦合器的基本性能参数，预设分光比是熔融拉锥过程中用于控制停机点的唯一参数[12]。因此期望能够精确达到所需的分光比，并在通光波长范围内保持恒定(即宽带一致性)。然而，熔融拉锥过程中根据预设分光比撤离火焰、并停止拉锥，待停机后，光纤耦合器的分光比并不稳定在预设分光比，而是继续增大，经过约 1s 时间达到实际分光比，即存在分光比残值。

由表 2.2 及图 2.16 可得出如下结论：实际分光比总是大于预设分光比；随着预设分光比的增加，实际分光比与预设分光比的差值呈递增的趋势；当预设分光比达到 60%左右时，差值又开始呈下降的趋势。

2. 不同分光比时的损耗

由表 2.2 得到预设分光比与损耗之间的关系曲线，如图 2.17 所示。随着预设分光比的增加，损耗也随之增加。

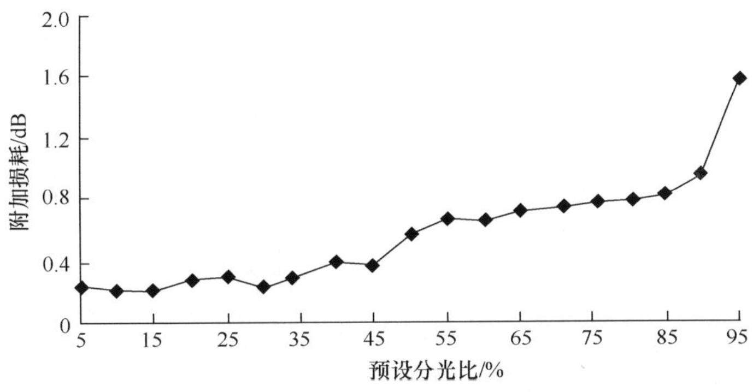

图 2.17　预设分光比与损耗

2.3.3　相同工艺参数条件下的性能

实验条件：预设分光比为 45，拉伸速度为 200μm/s，火焰头与光纤耦合区距离保持在 1900μm，气体流量不变。每次做实验都保证在相同的工艺参数下，共进行了近 100 次实验，通过比较、分析和整理，如表 2.3 所示。

表 2.3　相同工艺参数条件下分光比与损耗的不一致性

序号	分光比/%		损耗/dB	拉伸长度/μm	速度/(μm/s)
	预设	实际			
1	45	50.50	0.15	18354	200
2	45	52.45	0.21	19031	200
3	45	52.21	0.13	18241	200
4	45	51.10	0.12	18041	200
5	45	54.90	0.13	14521	200
6	45	49.65	0.04	21017	200
7	45	47.60	0.12	16411	20
8	45	50.30	0.35	18038	200
9	45	49.93	0.08	16153	200
10	45	50.00	0.21	19213	200
11	45	50.18	0.10	18928	200
12	45	47.5	0.16	19662	200
13	45	50.41	0.12	15924	200
14	45	52.43	0.31	21301	200
15	45	56.44	0.13	15082	200

续表

序号	分光比/%		损耗/dB	拉伸长度/μm	速度/(μm/s)
	预设	实际			
16	45	51.85	0.13	18121	200
17	45	51.29	0.21	18251	200
18	45	52.81	0.17	18261	200
19	45	51.3	0.14	15181	200
20	45	54.21	0.15	15331	200
21	45	52.36	0.12	19261	200
22	45	54.21	0.21	18000	200
23	45	48.07	0.13	15832	200
24	45	52.84	0.18	15871	200
25	45	51.55	0.17	11761	200
26	45	49.88	0.13	10091	200
27	45	52.37	0.15	19021	200
28	45	46.01	0.13	18801	200
29	45	50.03	0.12	13581	200
30	45	52.08	0.09	18091	200
31	45	52.19	0.15	16511	200
32	45	51.36	0.13	18925	200
33	45	54.12	0.12	20542	200

1. 相同工艺参数下的实际分光比

通过整理表 2.3 中的数据，得出相同工艺参数下的实际分光比分布曲线，如图 2.18所示。

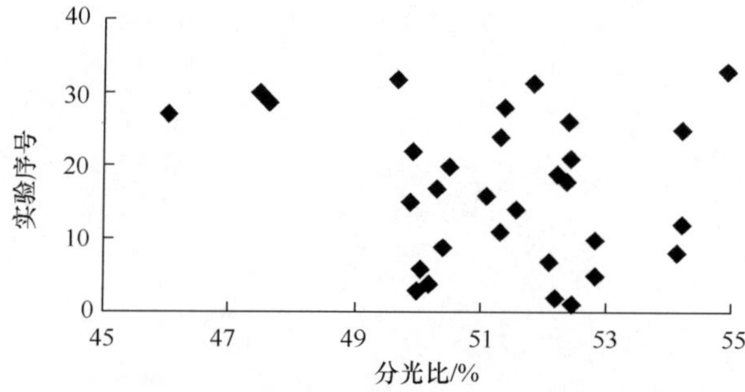

图 2.18 相同工艺参数条件下的分光比

2. 相同工艺参数条件下的损耗

通过整理表 2.3 中的数据，得出相同工艺参数下的损耗分布曲线，如图 2.19 所示。

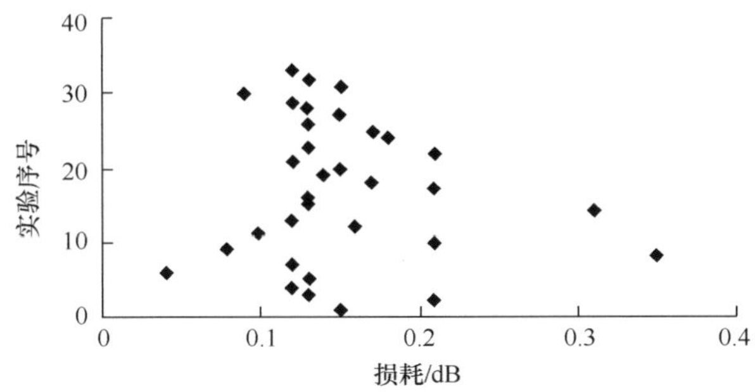

图 2.19　相同工艺参数条件下的损耗

3. 相同工艺参数条件下的拉伸长度

拉伸长度与实际分光比之间没有明显的对应关系如图 2.20 所示。

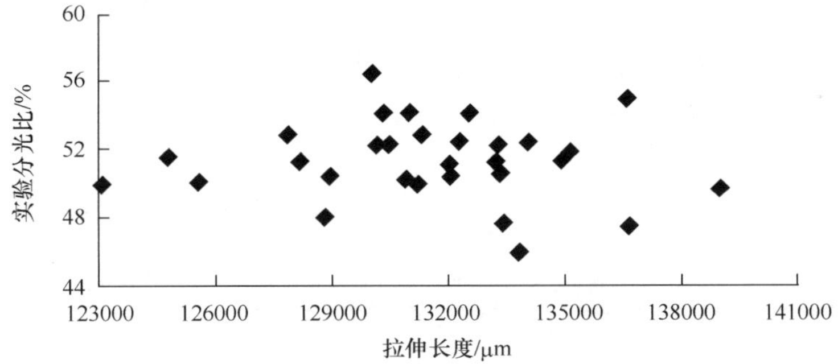

图 2.20　相同工艺参数条件下的拉伸长度

综上可见，在相同的工艺参数条件下，耦合器的性能有很大的差异，也就是说，在当前的熔融拉锥工艺条件下，光纤耦合器的性能离散性较严重。

2.4　工艺参数的测试

1. 火焰温度

光纤耦合器熔融拉锥过程中，温度是影响器件性能的关键因素之一[13]。实验中熔融火焰由高纯 C_3H_6 和纯 O_2 燃烧获得，利用双铂铑合金热电耦和 UJ-33 型电位差计对火焰温度场进行了实验测试，得到火焰中心和火焰边缘的温度变化曲线，分别如图 2.21(a)、(b)所示。

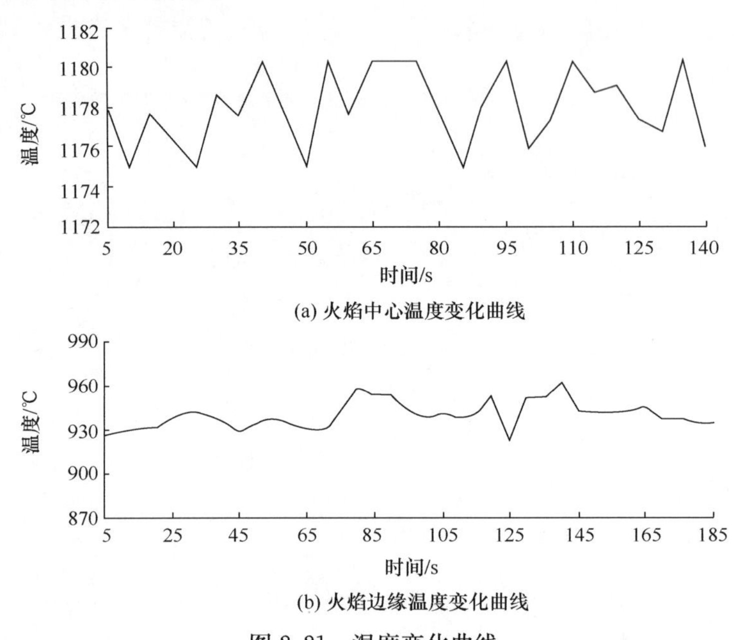

(a) 火焰中心温度变化曲线

(b) 火焰边缘温度变化曲线

图 2.21　温度变化曲线

由图 2.21 可见，采用气体燃烧方式产生的温度场不太稳定，其中火焰中心温度的波动相对较小，波动幅度在 5℃左右，而火焰边缘的温度变化很大，可达 30℃，很不稳定。

2. 拉伸速度

利用多普勒测振仪(Polytec DMS)测得拉伸速度为 0.15mm/s 时的位移与时间曲线，可见拉伸速度很稳定，偏差很小，见图 2.22。

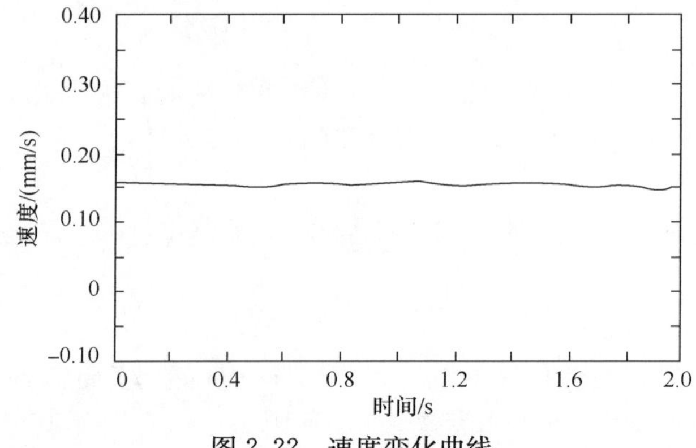

图 2.22　速度变化曲线

由实际测试表明，火焰中心的温度漂移约为 5℃，而火焰边缘的温度漂移高达 30℃。可见，燃烧气体的加热方式远不能满足高性能光纤器件的流变制造技术要求，亟待开发高稳定的特种加热技术。

2.5　典型流变缺陷

1. 表面节瘤

为查明光纤耦合器插入损耗的变化机理[14]，首先利用光学显微镜对光纤耦合器表面进行了显微形貌观察，发现光纤耦合器流变成形的正常形貌见图 2.23(a)，表面非常光滑，表明流变过程非常流畅，此时器件的功率损耗小于 0.05dB，性能优。但工艺参数匹配不良或工艺参数不稳定，使得流变过程受阻，常产生节瘤[如图 2.23(b)、2.23(c)所示]甚至堆积[如图 2.23(d)所示]等流变缺陷，此时器件的功率损耗大于 0.5dB 甚至高达 5dB，导致废品，大大降低了熔融拉锥工艺的成品率。

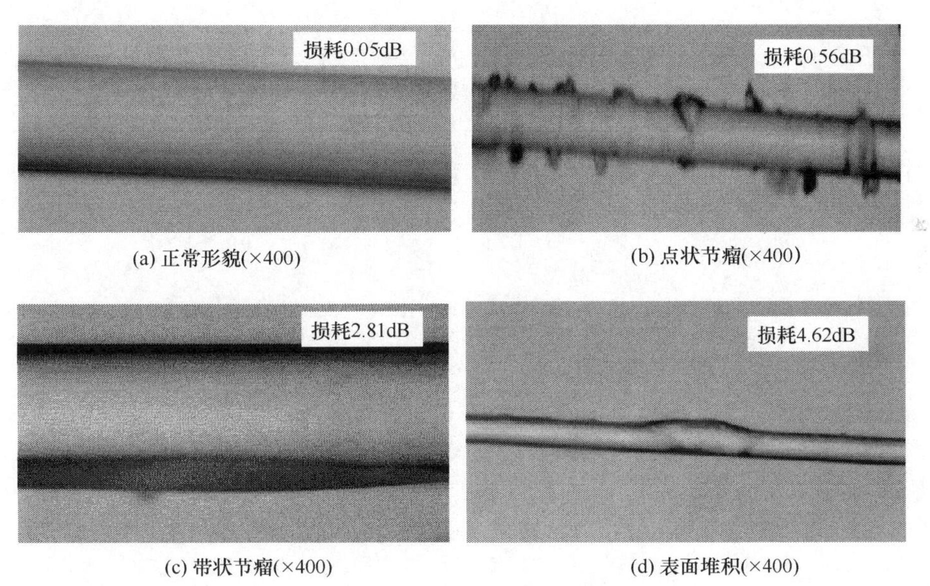

(a) 正常形貌(×400)　(b) 点状节瘤(×400)

(c) 带状节瘤(×400)　(d) 表面堆积(×400)

图 2.23　光纤耦合器的表面形貌与典型流变缺陷

2. 锥区微裂纹

熔融拉锥前去除涂覆层的裸光纤的表面扫描电镜图见图 2.24，其表面十分平滑。将光纤熔融拉锥制作耦合器后，利用扫描电镜，可在其锥区表面观测到微裂纹现象。不同拉伸速度下光纤耦合器的锥区表面形貌见图 2.25。

图 2.24　裸光纤表面

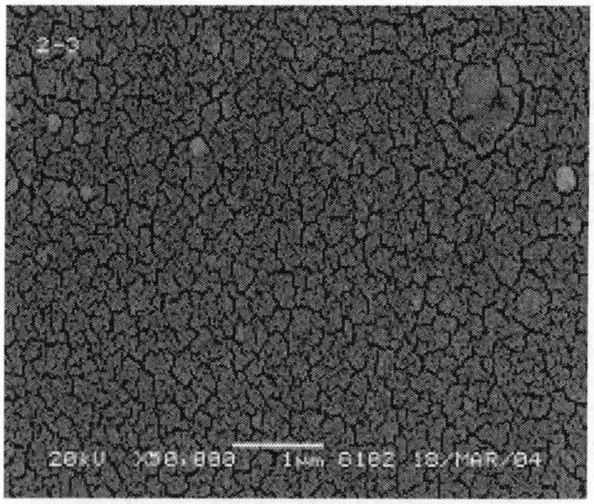

(a) 拉伸速度50μm/s

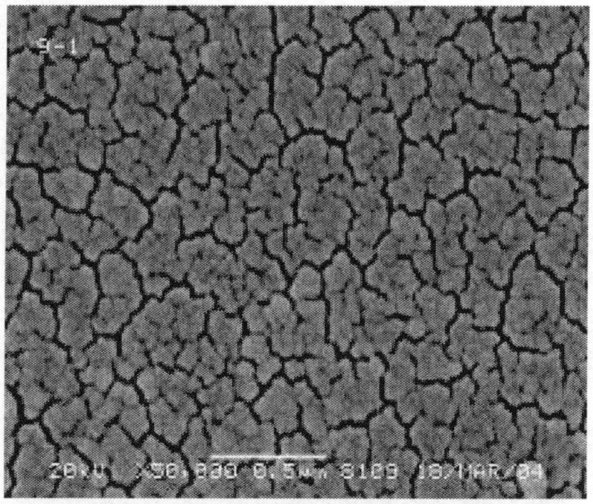

(b) 拉伸速度150μm/s

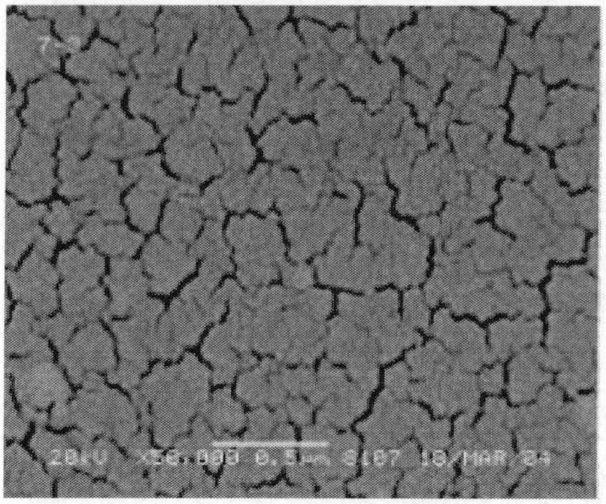

(c) 拉伸速度200μm/s

(d) 拉伸速度300μm/s

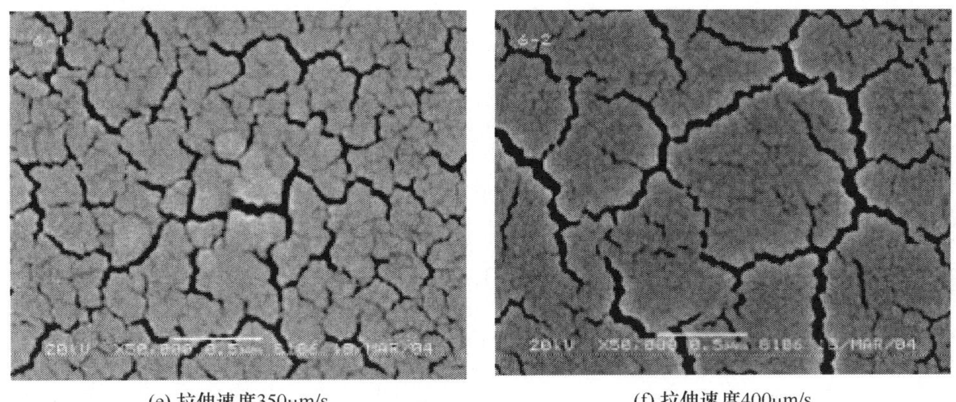

(e) 拉伸速度350μm/s　　(f) 拉伸速度400μm/s

图 2.25　不同拉伸速度下光纤耦合器的表面扫描电镜图

3. 熔区析晶

光纤耦合器熔区的表面扫描电镜图见图 2.26。

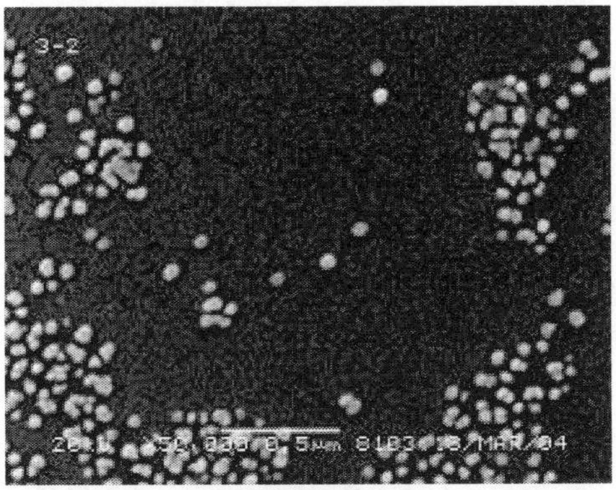

(a) 拉伸速度400μm/s 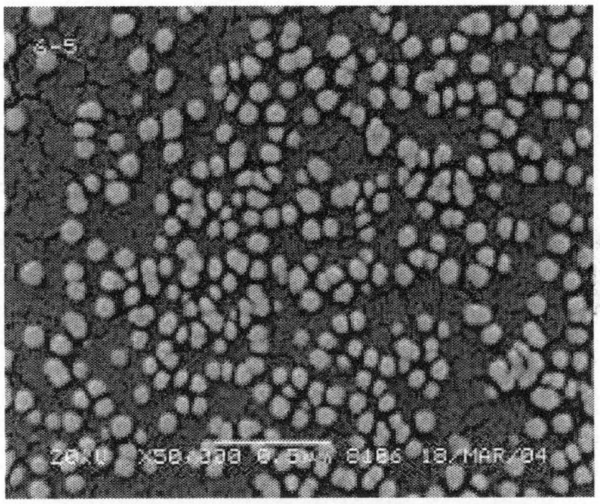　　(b) 拉伸速度350μm/s

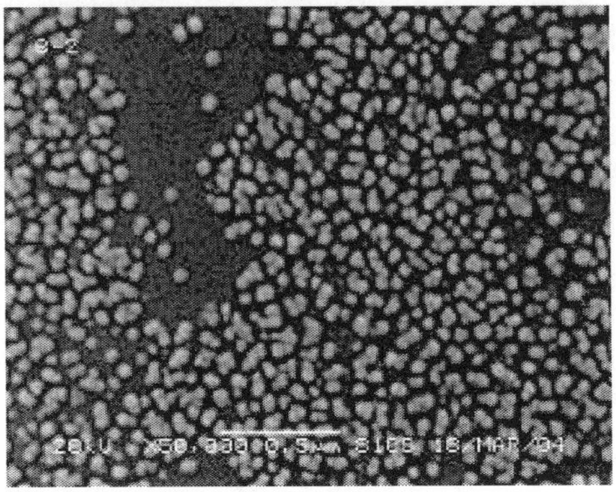

(c) 拉伸速度300μm/s 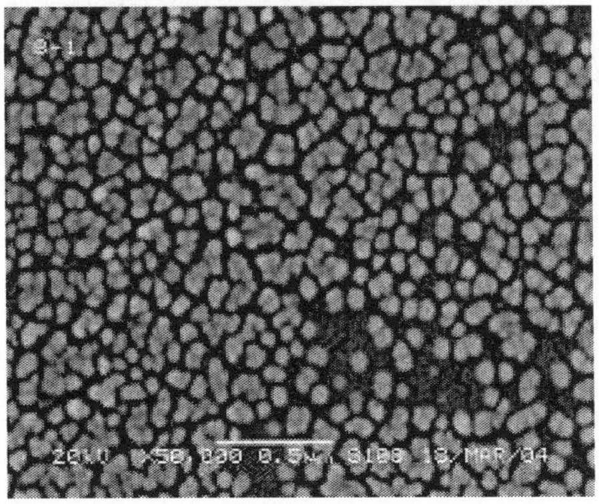　　(d) 拉伸速度200μm/s

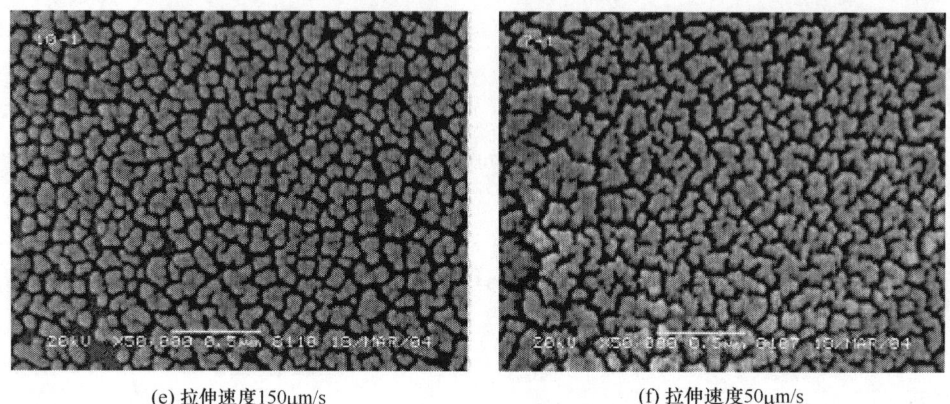

(e) 拉伸速度150μm/s (f) 拉伸速度50μm/s

图 2.26 光纤耦合器熔区的表面扫描电镜图

由图 2.25 可知,光纤耦合器的锥区容易产生表面微裂纹,且随着拉伸速度的增加,微裂纹越加严重,这直接影响到耦合器的附加损耗等性能,导致光纤耦合器的损耗增大,性能降低。由图 2.26 可知,光纤耦合器的熔区表面存在析晶现象,即析出了方石英晶体,且拉伸速度越低,析晶越严重。由于方石英不透明,不但对耦合器的光学影响很大,而且当方石英含量超过一定量时,会使得石英玻璃裂纹倾向增大,耐激冷激热性差,强度等使用性能降低,可靠性变差。锥区微裂纹和耦合区析晶这两类流变缺陷都与拉伸速度密切相关:当拉伸速度增大时,锥区微裂纹加剧;当拉伸速度减小时,耦合区析晶加剧;只有在适当拉伸速度下这两类缺陷都较小时,才能获得较小的器件损耗。这正是导致光纤耦合器损耗与拉伸速度间具有图 2.13所示关系的重要原因。

2.6 小 结

本章理论推导了光纤耦合器的耦合模方程,得到了耦合器的结构参数对分光比的影响;理论分析表明:随着拉伸长度的增加,直通臂和耦合臂的输出功率周期性变化;随着耦合区折射率的变大,功率发生周期性变化,且其变化周期不断地增大;随着两光纤间实际中心距离的增加,直通臂和耦合臂的输出功率也周期性变化,其变化周期不断增大。

通过实验测试发现现有气体火焰的加热方式的温度场很不稳定,温度飘移达到 5～30℃,而拉伸速度相对平稳。通过熔融拉锥工艺实验发现拉伸速度对光纤耦合器的性能影响显著。对于一定熔融温度场,存在一个使器件性能最优的拉伸速度。拉伸速度低于该值时,器件性能相对稳定,而拉伸速度高于该值时,器件损耗迅速增大,性能离散性加大。

利用电子扫描显微镜发现在光纤耦合器的锥区存在微裂纹，且微裂纹随着拉伸速度的加快而加大加深，而耦合区没有发现明显的微裂纹。在光纤耦合区表面发现存在析晶，且速度越低析晶越严重，即晶粒增多增大，但在耦合区没有发现明显的裂纹。锥区微裂纹和耦合区析晶这两类流变缺陷都与拉伸速度密切相关，拉伸速度增大时锥区微裂纹加剧，而拉伸速度减小时耦合区析晶加剧。只有在适当拉伸速度下这两类缺陷都较小时，才能获得较小的器件损耗。

参考文献

[1] 张瑞峰，葛春风，王书慧，等. 熔锥型全波耦合器. 物理学报，2005，52(2)：390-394.

[2] 王国金. 微扰法在微波谐振腔中的应用研究. 宁夏大学学报：自然科学版，2002，23(1)：50-52.

[3] 恽斌峰，陈娜，崔一平. 基于包层模的光纤布拉格光栅折射率传感特性. 光学学报，2006，26(7)：1013-1015.

[4] 俞宽新，赵启大. 声电光效应的耦合波方程理论. 光学学报，1998，18(4)：466-470.

[5] 程胜飞，彭景刚，李进延，等. 空芯光子晶体光纤表面模损耗控制的研究. 物理学报，2012，61(24)：244-207.

[6] 杨学礼，王学锋，张蔚. 单模光纤耦合器的偏振温度特性研究. 光子学报，2009，38(4)：841-846.

[7] 李双，吴浩宇，李照洲，等. 近红外高精度光辐射标准探测器的实验研究. 光学技术，2004，30(4)：498-501.

[8] 陈宇晓，鄞达，李铮，等. 光脉冲光纤周期复制技术研究. 激光技术，2005，29(6)：604-607.

[9] 彭勇，于清旭. 基于可调谐光纤激光器的 C_2H_2 气体光声光谱检测. 光谱学与光谱分析，2009，(8)：2030-2033.

[10] 牛生晓，王云才，贺虎成，等. 光注入半导体激光器产生可调谐高频微波. 物理学报，2009，58(10)：7241-7245.

[11] 王丽，陈江博，金绍兴，等. 全光纤无源耦合器件制作过程中的实践创新能力培养. 实验技术与管理，2006，23(5)：13-15.

[12] 曹介元，韶强，徐盈. 光纤耦合器的制造设备. 光通信研究，1994，4：50-54.

[13] 包华育，王廷云. 基于耦合分光可见度的光纤温度传感器. 光电子. 激光，2006，16(12)：1413-1416.

[14] 柳春郁，余有龙，高应俊. 单模与多模光纤耦合器的光束合波. 光学学报，2005，25(6)：743-745.

第 3 章　光纤器件微观结构测试与分析

3.1　测试方法——红外光谱

3.1.1　红外光谱基本原理

构成物质的分子处在不断运动中，其主要运动可分为分子本身绕其重心的转动、分子内原子在其平衡位置附近的振动及价电子运动。每种运动状态都属一定的能级，因此分子具有转动能级、振动能级和电子能级。分子吸收辐射能时受到激发，就要从原来能量较低的能级（基态）跃迁到能量较高的能级（激发态）而产生吸收光谱。这三种能级跃迁所需要的能量是不同的，因此相应地可产生三种不同的吸收光谱，即转动光谱、振动光谱和电子光谱[1~7]。

分子的转动能级跃迁需要能量很小，约小于 0.05eV。吸收辐射能小，波长就长，约为 50～1000μm，位于远红外区到微波区，这种光谱称为转动光谱或远红外光谱，这在分析化学上应用不普遍。

分子内原子的振动能级跃迁所需的能量较小，约在 0.05～1eV。吸收辐射能较小，波长就较长，约为 2～50μm，即 5000～200cm^{-1}，位于红外区，这种光谱称为红外光谱或振动光谱。绝大多数有机化合物和许多无机化合物的基频振动都出现在这个区域，而且所有的化合物在这个范围内的光谱互不相同，可用来鉴定不同的化合物，因此这个区域被大家称之为“指纹区”。

分子内电子跃迁所需能量最大，约在 1～20eV。吸收辐射能量大，波长短，位于可见与紫外光区，这种光谱称为电子光谱或可见与紫外吸收光谱。电子光谱同时伴随有分子的转动和原子的振动。

对于这三种光谱，分子吸收的光能都不是连续的，而是具有量子化的特征，即分子只能吸收等于二个能级之差的能量 ΔE。

$$\Delta E = E_2 - E_1 = h\nu \tag{3.1}$$

式中，E_1、E_2分别为分子在跃迁前（基态）和跃迁后（激发态）的能量。各种不同分子内部能级间能量差是不同的，因而分子的特定跃迁能与分子结构有关，所产生的吸收光谱形状取决于分子的内部结构，不同物质呈现不同的特征吸收光谱。根据分子的吸收光谱可以研究分子结构并进行定性及定量分析。

当然，并非每一个能级都能产生跃迁，跃迁是有一定规律的，分子跃迁的这个规律叫做选律。对于红外光谱来说，分子作为一个整体来看是呈电中性的，但构成分子的各原子的电负性各不相同，因此分子可显示不同的极性，其极性大小可用偶

极矩 μ 来衡量。偶极矩 μ 是分子中负电荷量的大小(δ)与正负电荷的中心距离(r)的乘积,即 $\mu=\delta r$。分子内原子在不停地振动,在振动过程中 δ 是不变的,而正负电荷的中心距离 r 会发生改变,因此分子的偶极矩也发生改变。

以双原子分子振动为例来说明红外光谱的测试原理。双原子分子可近似当作谐振子模型来处理,把两个原子看成小球,连接两个原子的化学键设想为无质量的弹簧,见图 3.1。设质量为 m_1 和 m_2 的两个原子在平衡位置附近做振动,其平衡核间距为 r_e,振动某一瞬间核间距为 r。附近用级数展开:

$$V(r)=V(r_e)+(r-r_e)V'(r_e)+\frac{(r-r_e)^2}{2!}V''(r_e)+\frac{(r-r_e)^3}{3!}V'''(r_e)+\cdots \tag{3.2}$$

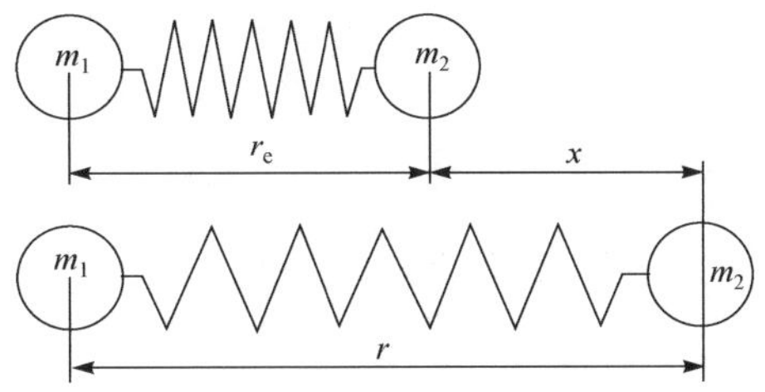

图 3.1　分子的谐振子模型

在平衡位置处有 $V'(r_e)=0$,对于振幅很小的振动可略去 $(r-r_e)^3$ 以上的高次项。这样,式(3.2)可简化为

$$V(r)=V(r_e)+\frac{1}{2}V''(r_e)(r-r_e)^2 \tag{3.3}$$

为了方便计算,取平衡位置处势能为 0,并以 $x=r-r_e$ 表示相对位移,则式(3.3)可写成

$$V(r)=\frac{1}{2}kx^2 \tag{3.4}$$

式中,$k=V''(r_e)$就是化学键力常数。这表明分子中原子间作用力为弹性力。

$$f=-\frac{\mathrm{d}V}{\mathrm{d}x}=-kx \tag{3.5}$$

式中,负号表示假设排斥力为正。

将 $a=\frac{\mathrm{d}^2x}{\mathrm{d}t^2}$代入 $F=ma$,得

$$m\frac{\mathrm{d}^2x}{\mathrm{d}t^2}=-kx \tag{3.6}$$

上式的解为

$$x=A\cos(2\pi\nu t+\Phi) \tag{3.7}$$

式中,A 为振幅;ν 为振动频率;t 为时间;Φ 为相位常数。

将式(3.7)对 t 求两次微分，再代入式(3.6)，化简得到

$$\nu=\frac{1}{2\pi}\sqrt{\frac{k}{m}} \tag{3.8}$$

在红外光谱中一般用波数 σ 作标度，波数和频率的关系为 $\sigma=\frac{\nu}{c}$，所以用波数表示为 $\sigma=\frac{1}{2\pi c}\sqrt{\frac{k}{m}}$。对于双原子分子来说，上式中的质量 m 可以折合两个原子的质量 μ 代替，$\mu=\frac{m_1 m_2}{m_1+m_2}$，所以

$$\sigma=\frac{1}{2\pi c}\sqrt{\frac{k}{\mu}} \tag{3.9}$$

同时利用量子力学可以证明，分子振动总能量 E_ν 为

$$E_\nu=\left(\upsilon+\frac{1}{2}\right)h\nu,\quad \nu=0,1,2\cdots \tag{3.10}$$

式中，υ 为振动量子数；ν 为振动频率。故有

$$E_\nu=\frac{h}{2\pi}\sqrt{\frac{k}{\mu}}\left(\upsilon+\frac{1}{2}\right) \tag{3.11}$$

如果体系从 υ 跃迁到 $\upsilon+1$ 时，吸收光子的能量为

$$\Delta E_\nu=\frac{h}{2\pi}\sqrt{\frac{k}{\mu}}(\Delta\upsilon) \tag{3.12}$$

用波数表示，$\Delta E=h\nu=hc\sigma_{光}$，其中 $\sigma_{光}$ 为物质吸收光波峰的频率：

$$\sigma_{光}=\frac{1}{2\pi c}\sqrt{\frac{k}{\mu}} \tag{3.13}$$

由式(3.9)与式(3.13)可知，当体系从 υ 跃迁到 $\upsilon+1$ 时，吸收光子的频率与体系分子振动的频率相等。即用一定频率的红外光照射分子，如果分子中某个基团的振动频率和它一样，则二者就会产生共振，光的能量通过分子偶极矩的变化而传递给分子，分子中某个基因就吸收了一定频率的红外光。分子就由原来的基态振动能级跃迁到较高的振动能级，产生红外光谱，并且分子的振动频率相当于分子所吸收红外辐射的频率，所以可以通过材料所吸收的红外辐射光的频率来获得分子内原子的振动频率，从而获得材料的微观结构参数。

3.1.2 分子的振动模式

双原子分子中只有沿核键轴之间的伸展和收缩的对称振动，但是要描述多于两个原子的分子所可能的振动，就必须首先确定各个原子的相对位置。在具有 N 个原子的分子中，因为每一个原子的位置要三个坐标才能确定，故要确定所有原子

的位置必须由 3N 个坐标或自由度决定。对于非线性分子来讲,除了三个平移自由度外还有三个旋转自由度,而对于线性分子来讲,除了三个平移自由度外只有两个旋转自由度,因此非线性分子有(3N－6)个振动自由度,线性分子有(3N－5)个自由度。N 为分子中的原子数。每一个自由度可视为分子的一个基本振动形式,基本振动即简正振动。如双原子分子 N＝2,故总自由度为 3N－5＝1,只有一个伸展振动形式,组成分子的原子越多,简正振动的数目就越多。但这些数目众多的振动,基本上可分为两类:一类为伸缩振动;另一类为弯曲振动。

1. 伸缩振动

伸缩振动是指原子沿键轴方向来回地运动,是键长改变的运动,键角不变。伸缩振动又可分为对称伸缩振动和非对称伸缩振动,见图 3.2。

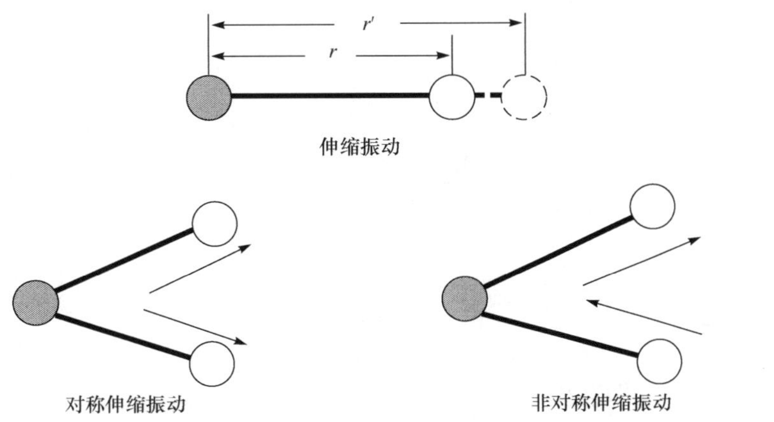

图 3.2　伸缩振动的型式

2. 弯曲振动

弯曲振动是指原子垂直于价键方向的运动,键角改变,键长不变,又称为变形振动。弯曲振动又可分为面内剪切振动、面内摇动、面外摇摆振动和面外扭摆振动等,见图 3.3。

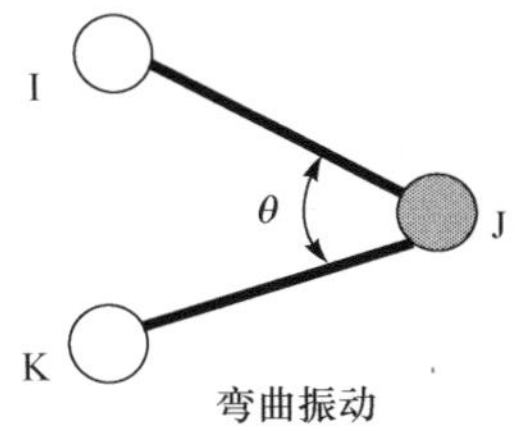

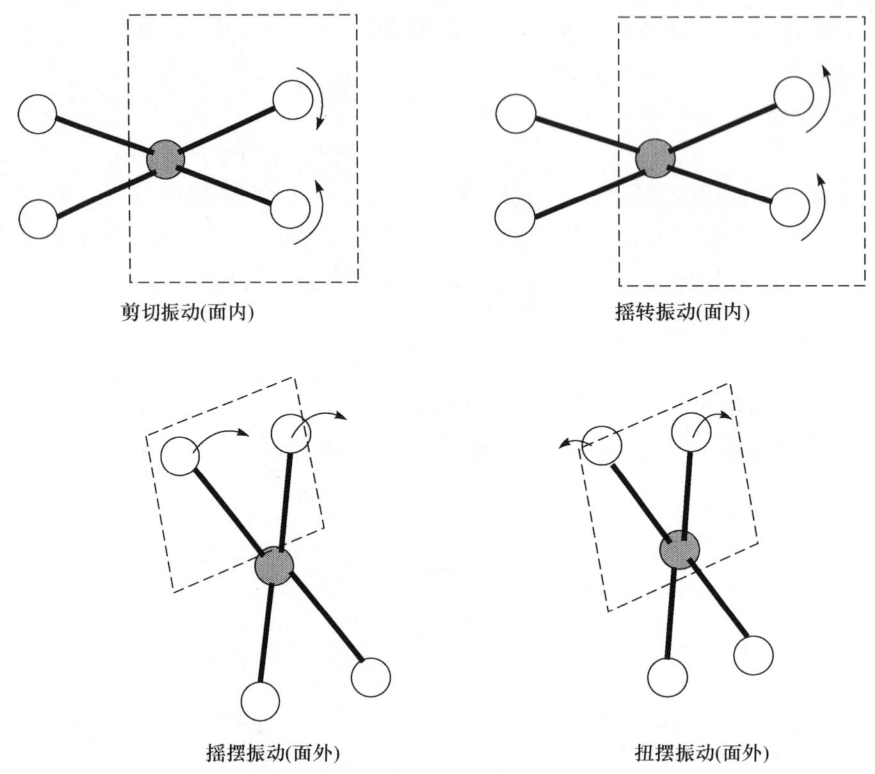

图 3.3　弯曲振动型式

3.1.3　Si—O—Si 振动模式

玻璃被普遍认为是一种长程无序，短程有序的非晶体物质，它的基本结构是[SiO_4]四面体相互连接的链状结构。为分析方便，选定包含一个 O 原子和两个 1/4 的 Si 原子组成的 Si—O—Si 键为基本单元，对于此基本单元，根据 3×3－6＝3，计算出来的三个振动频率对应的三种振动模式分别为反对称伸缩振动（asymmetrical stretching vibration，AS）、对称伸缩振动（symmetrical stretching vibration，SS）和弯曲振动（bending vibration，B），其具体振动形式见图 3.4。

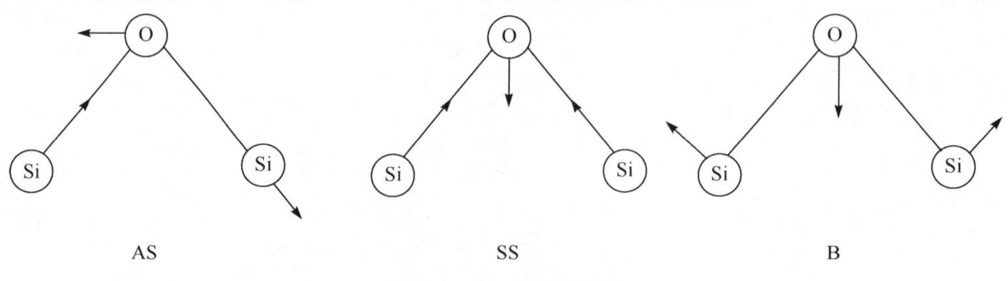

图 3.4　分子振动模式

对于以上三种振动形式，Bell 等把它们分别等价于 Si—O—Si 键的伸缩振动(S)、弯曲振动(B)和摇摆振动(R)，其具体的振动形式见图 3.5。

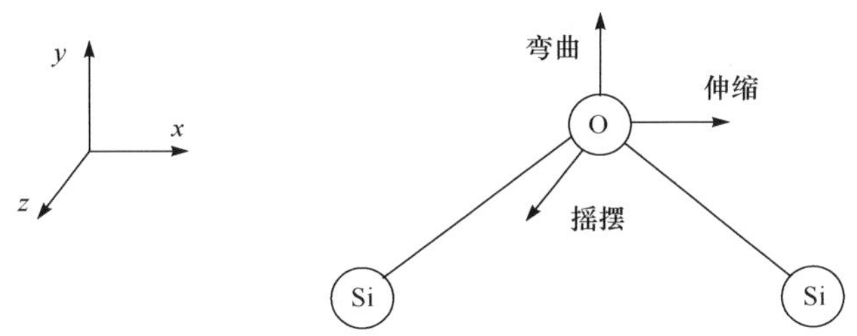

图 3.5　分子振动模式(Bell 等)

其实无论是根据简谐振动推出的三种振动模式，还是 Bell 等分析得到的振动模式，对于在伸缩振动($1100cm^{-1}$)和弯曲振动($800cm^{-1}$)左右的特征峰，这两种振动本质是一致的。因为 Bell 等认为当发生伸缩振动时，一个 Si—O 键伸长，另一个 Si—O 键缩短，Si—O—Si 键角变化，它所导致的变化与反对称伸缩振动导致的变化是相同的；对于弯曲振动，虽然在图示中的两种振动模式有所不同，但它们导致的键长、键角的变化是相同的，即两个 Si—O 键同时伸长或同时缩短，Si—O 键伸长时，键角变小，Si—O 键缩短时，键角变大[8~11]。

红外光谱对于玻璃的微观结构的微小变化是很敏感的，一般通过对红外光谱特征峰位置变化的研究来推断微观结构的变化。对于同一种物质而言，一定的红外光谱频率对应着一定的微观结构。本书将重点分析由 Si—O—Si 键的反对称伸缩振动引起的 $1100cm^{-1}$左右特征峰的有关信息。

3.2　红外频率与微观结构的关系

3.2.1　红外频率与键角的关系

对于图 3.5 所示的振动形式，为了更直观地分析其振动，在此采用直角坐标系，以 O 原子所在的平衡位置建立正交坐标系，则 O 的坐标为(x,y,z)，Si 的坐标为$(\boldsymbol{u},\boldsymbol{v},\boldsymbol{w})$，见图 3.6。

设 α,β 分别为 Si—O 之间的拉伸力常数与摇摆力常数，并假设 Si 与 O 是谐振动，即服从振动方程

$$q=A_1\cos(\nu t+\varphi) \tag{3.14}$$

解此方程，得

$$\nu=\sqrt{\frac{k}{m}} \tag{3.15}$$

因此有 $k=m\nu^2$。

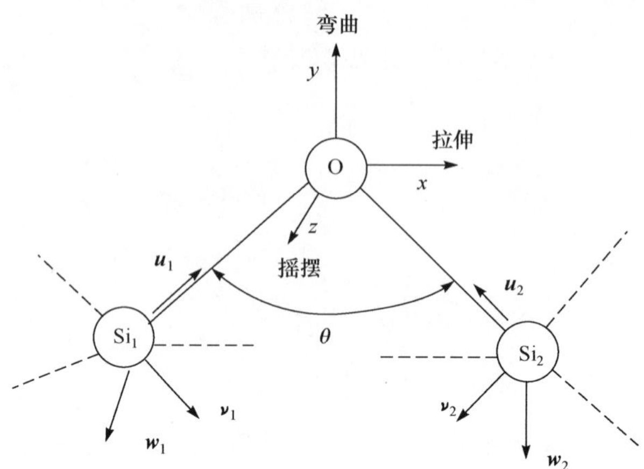

图 3.6　二氧化硅分子振动模型

在 x-y 平面内 O 原子的受力情况见图 3.7。

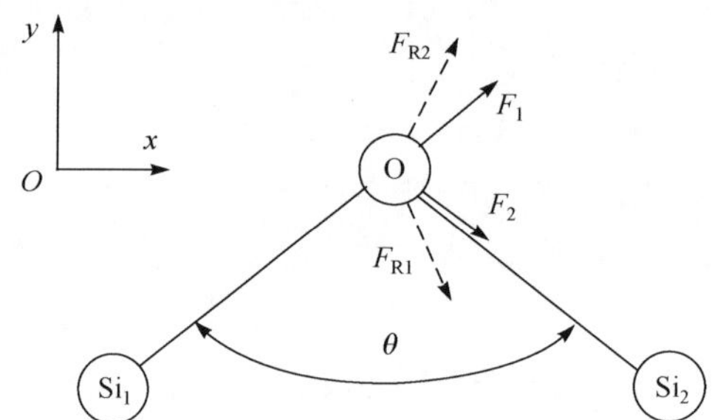

图 3.7　氧原子的受力图

$$
\begin{aligned}
F_x &= (F_1+F_2)\sin\frac{\theta}{2}+(F_{R1}+F_{R2})\cos\frac{\theta}{2} \\
&= \left(x\sin\frac{\theta}{2}+y\cos\frac{\theta}{2}-u_1\right)\alpha\sin\frac{\theta}{2}+\left(x\sin\frac{\theta}{2}-y\cos\frac{\theta}{2}+u_2\right)\alpha\sin\frac{\theta}{2} \\
&\quad +\left(x\cos\frac{\theta}{2}-y\sin\frac{\theta}{2}-\nu_1\right)\beta\cos\frac{\theta}{2}+\left(x\cos\frac{\theta}{2}+y\sin\frac{\theta}{2}+\nu_2\right)\beta\cos\frac{\theta}{2}
\end{aligned}
\tag{3.16}
$$

整理得

$$
\begin{aligned}
F_x = &\left[2\alpha\left(\sin\frac{\theta}{2}\right)^2+2\beta\left(\cos\frac{\theta}{2}\right)^2\right]x-\alpha u_1\sin\frac{\theta}{2}+\alpha u_2\sin\frac{\theta}{2} \\
&-\beta\nu_1\cos\frac{\theta}{2}+\beta\nu_2\cos\frac{\theta}{2}
\end{aligned}
\tag{3.17}
$$

根据简谐振子的模型

$$F_x = kx = m\nu^2 x \tag{3.18}$$

对比式(3.17)和式(3.18)得,x 方向的运动方程为

$$m\nu^2 x = \left[2\alpha\left(\sin\frac{\theta}{2}\right)^2 + 2\beta\left(\cos\frac{\theta}{2}\right)^2\right]x + \alpha u_1 \sin\frac{\theta}{2} + \alpha u_2 \sin\frac{\theta}{2} - \beta\nu_1 \cos\frac{\theta}{2} + \beta\nu_2 \cos\frac{\theta}{2} \tag{3.19}$$

同理,y 方向的运动方程为

$$m\nu^2 y = \left[2\alpha\left(\cos\frac{\theta}{2}\right)^2 + 2\beta\left(\sin\frac{\theta}{2}\right)^2\right]y - \alpha u_1 \cos\frac{\theta}{2} - \alpha u_2 \cos\frac{\theta}{2} + \beta\nu_1 \sin\frac{\theta}{2} + \beta\nu_2 \sin\frac{\theta}{2} \tag{3.20}$$

z 方向的运动方程为

$$m\nu^2 z = 2\beta z - \alpha w_1 \sin\frac{\theta}{2} + \beta w_2 \sin\frac{\theta}{2} \tag{3.21}$$

当 Si 原子不动时,$\boldsymbol{u}$、$\boldsymbol{v}$ 和 $\boldsymbol{w}$ 分别为 0,得到 O 原子的振动方程如下:

$$m\nu^2 = 2\alpha\left(\sin\frac{\theta}{2}\right)^2 + 2\beta\left(\cos\frac{\theta}{2}\right)^2 \tag{3.22}$$

$$m\nu^2 = 2\alpha\left(\cos\frac{\theta}{2}\right)^2 + 2\beta\left(\sin\frac{\theta}{2}\right)^2 \tag{3.23}$$

$$m\nu^2 = 2\beta \tag{3.24}$$

式(3.22)、式(3.23)、式(3.24)分别对应的是 O 原子的伸缩振动、弯曲振动、摇摆振动的振动方程,同时也揭示了红外特征频率与 Si—O—Si 键角的关系。在三个特征峰中,1100cm^{-1}波段的特征峰最重要,因为它不仅在红外光谱图中最为明显,而且还直接和石英玻璃的结构和物理性质相联系。下面将重点通过分析1100cm^{-1}特征峰的波数来获取有关微观结构的信息。

根据式(3.22)可推出 Si—O—Si 键的反对称伸缩振动频率和 Si—O—Si 键角的关系

$$\nu = a\sqrt{\frac{2}{m}\left(\alpha\sin^2\frac{\theta}{2} + \beta\cos^2\frac{\theta}{2}\right)} \tag{3.25}$$

式中,m 为 O 原子的质量,单位为 kg;α,β 分别为伸缩力常数和摇摆力常数,如果忽略键角的变化对这些力常数的影响,那么 α 和 β 可分别为 600N/m 和 100N/m;a 为常倍数,大小为 5.305×1012 s/cm;ν 为振动频率,单位为 cm^{-1};θ 为 Si—O—Si 键角(110°~180°)。在这范围内,键角与红外频率的关系见图 3.8。

在一般情况下,石英玻璃中 Si—O—Si 键的键角小于 160°。

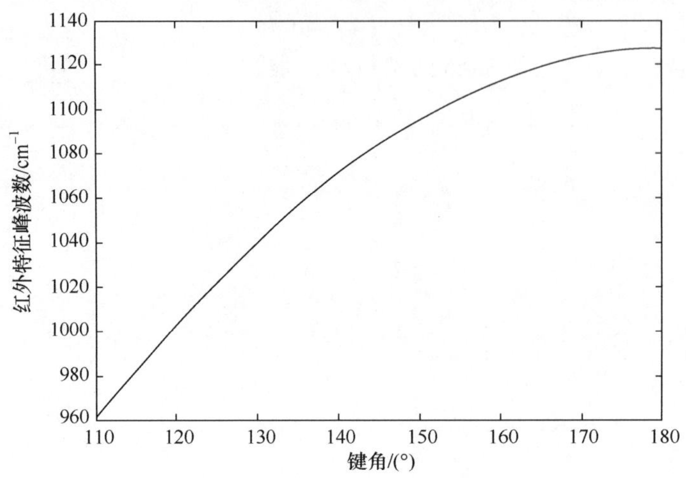

图 3.8　键角与红外频率关系图

3.2.2　键长与键角的关系

根据 Si—O—Si 键的几何结构关系，如图 3.9 所示，可得

$$2\langle d(\mathrm{Si—O})\rangle = d(\mathrm{Si\cdots Si})\Big/\sin\frac{\theta}{2} \tag{3.26}$$

式中，d(Si—O)是 Si—O 键的距离；d(Si⋯Si)是两个 Si 原子之间的距离。等式两边取对数，得

$$\lg 2\langle d(\mathrm{Si—O})\rangle = \lg d(\mathrm{Si\cdots Si}) + b\lg\sin\frac{\theta}{2} \tag{3.27}$$

式中，$b=-1.0$。

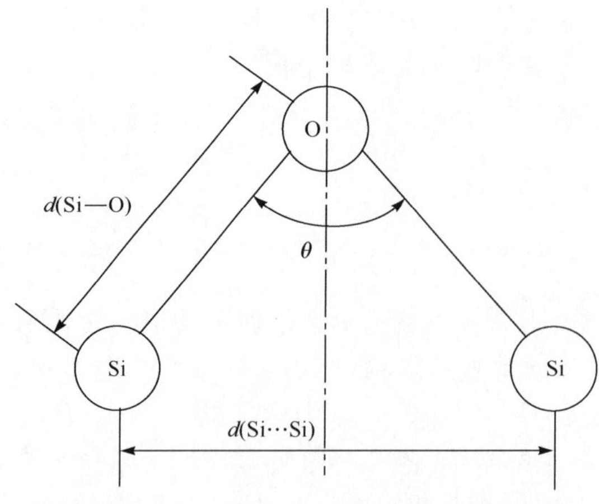

图 3.9　Si—O—Si 键几何结构图

Hill 和 Gibbs[12]通过大量的实验发现，Si—O—Si 键角在 117°～180°范围内，d(Si…Si)的变化是很小的，一般维持在 3.19×10^{-10} m 左右；随后他们对多面体结构的石英玻璃进行了深入的研究，测试了很多的数据，发现 $b=-0.212$ 时能很好地吻合实验数据。

因此这里取 $d(\mathrm{Si\cdots Si})=3.19$，$b=-0.212$，式(3.27)转换为

$$\lg 2\langle d(\mathrm{Si—O})\rangle=0.504-0.212\lg\sin\frac{\theta}{2} \tag{3.28}$$

国外许多学者的实验证实了式(3.28)不仅对光纤石英玻璃而且对很多的硅酸盐材料也是成立的。Si—O—Si 键的键长随着键角的增大而减小，见图 3.10。将式(3.28)代入式(3.25)，得到红外特征峰频率和键长的关系：

$$\left(\frac{\nu}{\alpha}\right)^2=\frac{2}{m}\left[(\alpha-\beta)\exp\left(\frac{0.504-\lg 2d}{0.106}\right)+\beta\right] \tag{3.29}$$

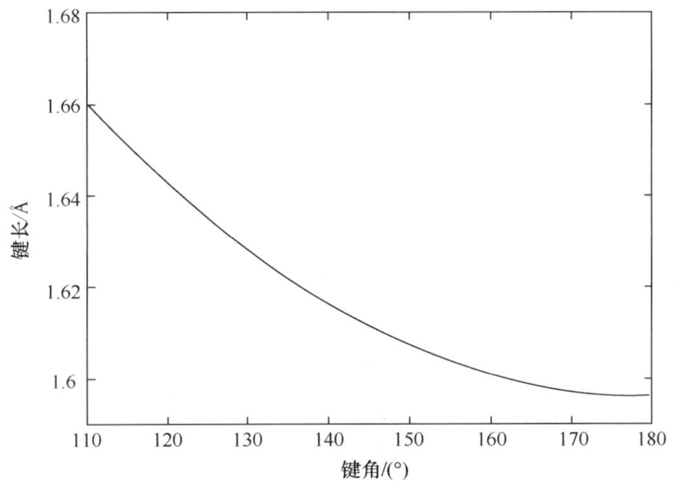

图 3.10 键角与键长关系图

由图 3.11 可见，当 Si—O—Si 键角在 110°～180°的范围时，ν_{1100} 特征峰的红外频率随着 Si—O 键长的增大而减小，并有着很好的线性关系。可以看出，键长与键角有着密切的联系，当一个发生变化时，另一个也跟着变化，但它们变化的幅度是不一样的。键长、键角的变化都能导致红外特征峰位置的移动，因此从特征峰位置的变化入手，推算键长、键角的变化幅度。

对式(3.25)两边微分，整理得

$$\frac{\Delta\theta}{\Delta\nu}=\frac{2\nu m}{a^2(\alpha-\beta)\sin\theta} \tag{3.30}$$

对式(3.29)两边微分，整理得

$$\frac{\Delta d}{\Delta \nu}=-\frac{0.106\nu md}{a^2(\alpha-\beta)\sin^2\dfrac{\theta}{2}} \tag{3.31}$$

从以上两式也可以看出，特征峰波数与键角有着正比关系，与键长有着反比关系，即当特征峰移向高频波数时，键角变大，键长变小。

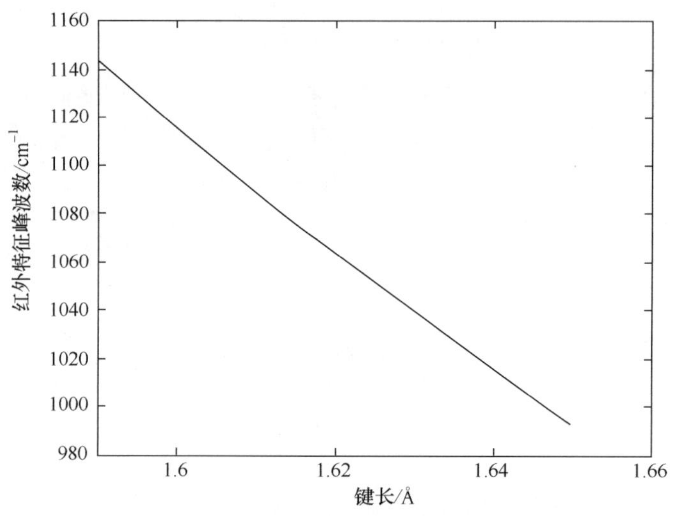

图 3.11 键长与红外频率关系图

石英玻璃的红外特征峰一般在 1110cm^{-1}左右，假设所要研究的石英玻璃的特征峰从 1110cm^{-1}移到了 1111cm^{-1}。根据式(3.25)和式(3.29)知，特征峰波数为 1110cm^{-1}时，键长、键角的数值分别为 1.6021Å，157.9840°。

当石英玻璃的特征峰从 1110cm^{-1} 移到了 1111cm^{-1} 时，根据式(3.30)和式(3.31)知，键长缩短 0.0004Å，键角增大 0.6503°。它们的变化幅度分别为

$$\frac{\Delta d}{d}\times 100\%=0.0250\% \tag{3.32}$$

$$\frac{\Delta \theta}{\theta}\times 100\%=0.4116\% \tag{3.33}$$

可见，微观结构变化时，键长、键角都发生了变化，但键角的变化幅度是键长变化幅度的 16 倍多，因此相对于键角的变化，键长的变化很小，所以对于特征峰波数移动的原因，与其说是微观结构的变化引起了特征峰波数发生移动，不如说是键角的变化引起了特征峰波数发生了移动，这与 Devine 等[13]、Agarwal 和 Tomozawa[14]的观点是一致的。

3.2.3 键角与分子体积的关系

分子体积是材料的一个重要的物理化学性质参数，它表征的是化合物分子所

占空间的大小。分子体积由组成它的分子固有体积和分子的空隙体积相加而成。分子本身体积取决于自身结构，而分子间的空隙体积则取决于分子间的引力和斥力相平衡时分子间的距离。

石英玻璃虽然在宏观上呈现出固体的特征，但它不像晶体那样呈有序排列或具有格子构造特征，也不具有周期性和对称性的特点，它的质点不规则排列，即硅氧四面体在空间无规则排列，因此它只具有“近程有序”而不具有“远程有序”的结构特征。对于这样一种无定形物质，要想用数学方法准确推导键长、键角与分子体积的关系确实有点困难，只能从大量的实验中总结它们的关系。根据上节所获得的认识，微观结构变化时，主要是键角发生了明显的变化，键长的变化可忽略，因此以下内容只研究分子体积和键角的关系。

本节以 Gaskell[15]、Murray 等[16]、Levien[17]等的实验为基础，总结了无定形石英玻璃 Si—O—Si 键角与分子体积的关系：

$$V=\frac{5460}{N_A\left[1301.2-a\sqrt{\frac{2}{m}\left(\alpha\sin^2\frac{\theta}{2}+\beta\cos^2\frac{\theta}{2}\right)}\right]} \tag{3.34}$$

式中，V 为单个分子的体积，cm^3；N_A 为阿伏伽德罗常数（$6.022045\times10^{23}\,mol^{-1}$）；其余参数定义与式(3.25)中的相同。

图 3.12 展示了键角与分子体积的关系，可见，随着键角的增大，分子体积增大。因为微观结构变化时，键长变化微小，硅氧四面体固有体积变化也甚微，而 Si—O—Si 键角发生了较明显的变化，即硅氧四面体之间的位置发生了变化，使分子周边的空隙发生了变化。

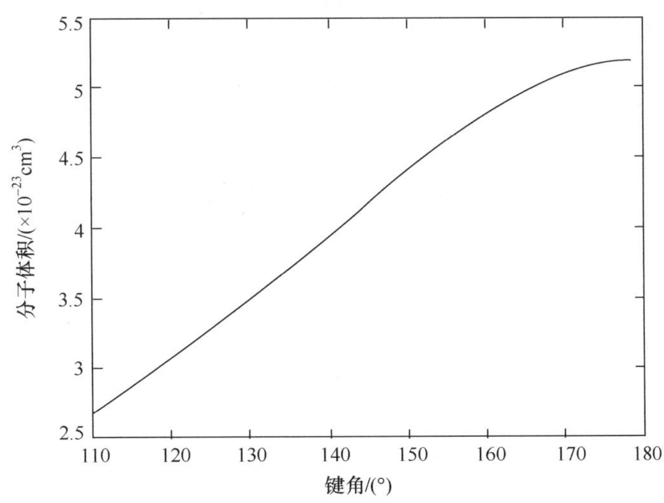

图 3.12　键角与分子体积的关系图

光纤玻璃分子体积和红外特征峰波数的关系图见图 3. 13。

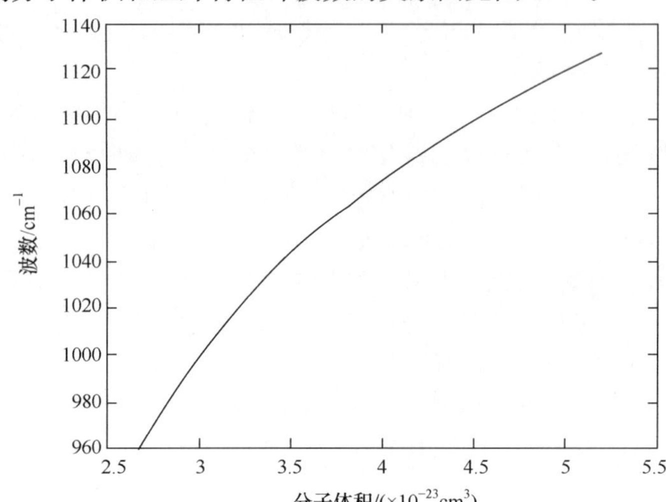

图 3. 13 分子体积与红外特征峰波数的关系图

本节中 Si—O—Si 键角是通过红外特征峰的研究得到的，而 Si—O—Si 键角与分子体积有着式(3. 34)的关系，所以可直接建立红外特征峰波数与分子体积的关系：

$$\sigma = 1301.2 - \frac{5460}{N_A V} \tag{3.35}$$

随着分子体积的增大，红外特征峰波数移向高频。

$1100cm^{-1}$红外特征峰波数与石英玻璃的微观结构息息相关，而微观结构发生变化，将导致某些宏观物理量随之变化，如折射率、黏度、密度等。分子体积与密度正好成反比关系，因此当石英玻璃密度减小时，$1100cm^{-1}$红外特征峰移向高波数，密度增大时，$1100cm^{-1}$特征峰移向低波数。这与 Devine 等[13]、Agarwal 和 Tomozawa[14]等的实验是相符的。

3. 3 微观结构测试与分析

3. 3. 1 测试结果

1. 测试系统

为测试光纤经熔融拉锥后的微观结构，选用的是美国 Nicolet(尼高力)公司生产的 Magna-IR 750 傅里叶变换红外光谱仪，配备红外显微镜。

其技术指标为：

最高分辨率为 $0.125cm^{-1}$；

测量范围：中红外，$4000\sim400cm^{-1}$；

远红外，650～50cm^{-1}；

近红外，11000～2100cm^{-1}；

显微红外，4000～650cm^{-1}。

2. 实验方法

在拉伸速度为 50μm/s、100μm/s、…、350μm/s、400μm/s 每隔 50μm/s 制作的耦合器中，选取在光学显微镜观察下，熔区和锥区表面光滑、无缺陷的耦合器为测试样品(分别为样品 1，2，3，…，8)。以样品 1 为例，在显微镜下的表面形貌如图 3.14 所示。选用一根未熔融拉锥的裸光纤为测试样品(样品 9)，以便与拉锥以后的样品进行对比。对于样品 1～8，以熔区的中心为起点，沿轴向 0mm(A 点)和 6mm(B 点)处各取一个点(如图 3.15 所示)进行测试；对于样品 9，在剥掉了覆层的区域，任取一点进行测试。9 个样品的测试点在 650～4000cm^{-1}范围内多次扫描后经平均得到红外光谱。

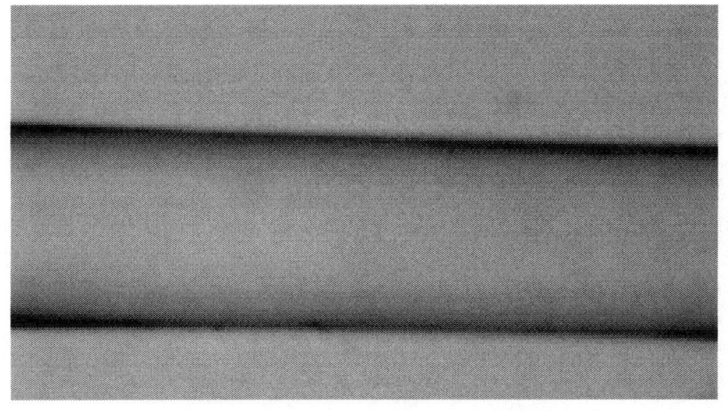

图 3.14　样品 1 熔锥区表面形貌

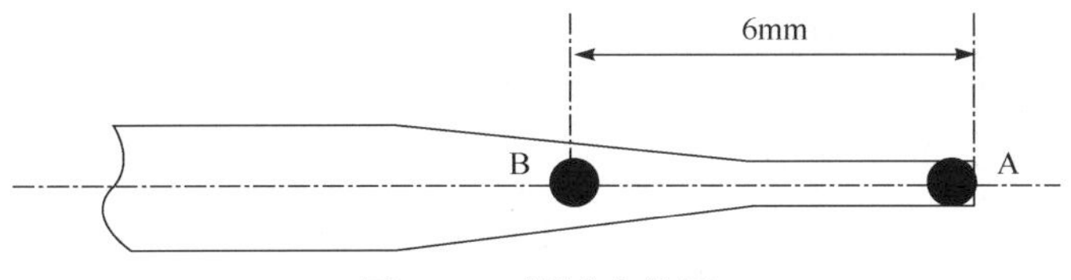

图 3.15　测试点位置

3. 实验结果

9 个样品的红外光谱形状基本相似，图 3.16 为样品 9 的红外光谱曲线。从图 3.16 中可以发现，在 650～4000cm^{-1}范围内有两个明显的特征峰，分别在 810 cm^{-1}和 1100cm^{-1}左右的位置。810cm^{-1}左右的特征峰归属于 Si—O—Si 键的对称伸缩振动，$1100\mathrm{cm}^{-1}$左右的特征峰归属于 Si—O—Si 键的反对称伸缩振动。在 $2800\sim2900\mathrm{cm}^{-1}$的范围内，有两个强度很弱的峰，这是 Si—O—Si 振动的倍频峰。

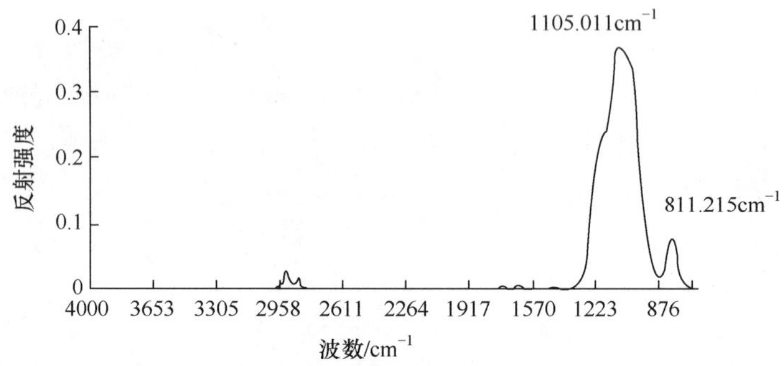

图 3.16　样品 9 的红外光谱图

红外特征峰波数反映了石英玻璃微观结构的特征，不同的微观结构将导致特征峰在不同的位置。当石英玻璃微观结构参量 Si—O—Si 键角减小时，$1100\mathrm{cm}^{-1}$特征峰移向低波数，而当 Si—O—Si 键角增大时，$1100\mathrm{cm}^{-1}$特征峰移向高波数。由于键角增大，分子体积增大，反映到宏观物理量时，当石英玻璃的密度减小时，$1100\mathrm{cm}^{-1}$特征峰移向高波数，密度增大时，$1100\mathrm{cm}^{-1}$特征峰移向低波数。光纤耦合器微观结构与制作工艺条件息息相关，因此不同拉伸速度制作的耦合器具有不同的红外特征峰波数。通过测试不同拉伸速度制作的光纤耦合器的熔锥区，发现了以下规律：

(1) 熔融拉锥耦合器的特征峰波数比未拉锥光纤的特征峰波数高。

光纤耦合器熔区和锥区的特征峰波数见图 3.17。

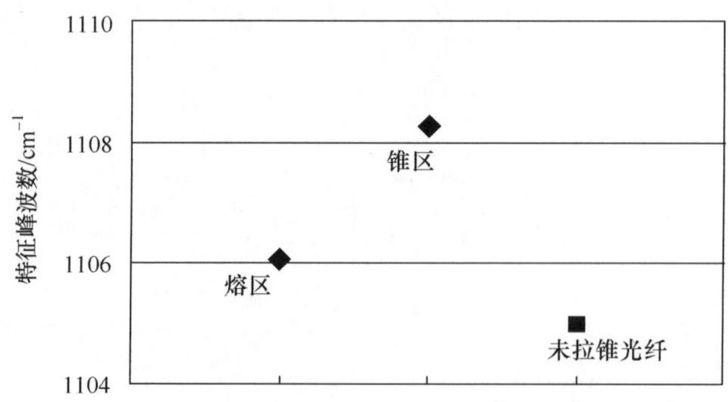

图 3.17　耦合器熔锥区和未拉锥光纤特征峰比较

从图 3.17 中可以发现，熔融拉锥耦合器熔锥区的特征峰波数都比未拉锥光纤的特征峰波数高。这是因为熔融拉锥光纤受拉应力的作用，导致 Si—O—Si 键角变大，使微观结构松散，密度变小，1100cm^{-1}特征峰波数变高。

（2）同一耦合器的熔锥区中，锥区的特征峰波数比熔区高。

由图 3.18 可以发现，相同拉伸速度制作的耦合器的熔锥区中，锥区的红外特征峰波数比熔区高，大约高 2cm^{-1}。这是因为光纤一边加热，一边拉伸，使锥区的加热时间短，而熔区一直都处在火焰的中心加热，直到火焰撤走，因此熔区比锥区有更多的能量，更充分的时间来松弛，熔区结构的松弛程度也更高，使密度比锥区大。另外，在熔区有部分玻璃已充分松弛，达到完全平衡状态，析出了晶体（主要成分是方石英，密度为 2.32g/cm^3），而在锥区仍然是玻璃态物质，主要成分是无定形二氧化硅，它的密度是 2.21g/cm^3。熔区结构良好的松弛程度及晶体的析出，使熔区的密度比锥区大，因此熔区的特征峰波数比锥区低。

（3）不同拉伸速度制作的耦合器，其熔区和锥区的特征峰随着拉伸速度的增大移向高波数。

不同拉伸速度制作的光纤耦合器熔区和锥区的特征峰波数见图 3.18。

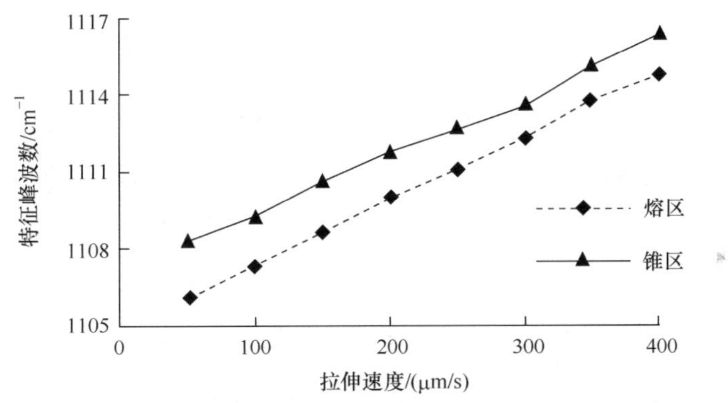

图 3.18　耦合器熔锥区的特征峰波数

从图 3.18 中可以发现，拉伸速度每增大 50$\mu m/s$，1100cm^{-1}波段的红外特征峰波数增大 1.0～1.5cm^{-1}。这是因为随着拉伸速度的增大，光纤受到的拉应力增大，导致 Si—O—Si 键角的变大，使熔锥区的微观结构松散，表现为 1100cm^{-1}特征峰移向高波数；且拉伸速度越大，则拉应力越大，结构越松散，Si—O—Si 键角越大，密度越小，特征峰波数越高。

由以上的测试结果可知，熔融拉锥光纤的微观结构比未拉伸的光纤发生了明显的变化，并且同一耦合器熔锥区不同位置以及不同拉伸速度制作的光纤耦合器熔锥区相同位置的微观结构是不同的。

3.3.2　结果分析

根据红外特征峰波数与键角、分子体积与折射率的关系，将测得的红外特征峰波数代入各自的关系式，得到不同拉伸速度下制作的耦合器熔锥区的键角、分子体积与折射率的变化规律。

1. 拉伸速度与键角

不同拉伸速度下制作的耦合器熔锥区的键角与未拉伸光纤键角差值的示意图见图 3.19。

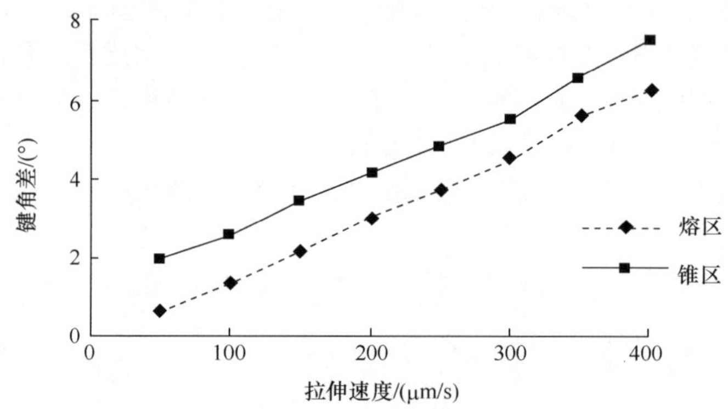

图 3.19　熔锥区与未拉锥光纤键角的差值

可见，光纤熔融拉锥后，熔锥区的 Si—O—Si 键角都比未拉伸的光纤大，随着拉伸速度的增大，这个差值越来越大，拉伸速度每增大 50μm/s，键角约增大 0.8°，并且锥区的 Si—O—Si 键角比熔区大。

2. 拉伸速度与分子体积

未拉伸光纤的分子体积约为 $0.4623\times10^{-22}\mathrm{cm}^3$，但熔融拉锥后，分子体积变大，拉伸速度越大，分子体积越大，并且锥区的分子体积比熔区大，见图 3.20。

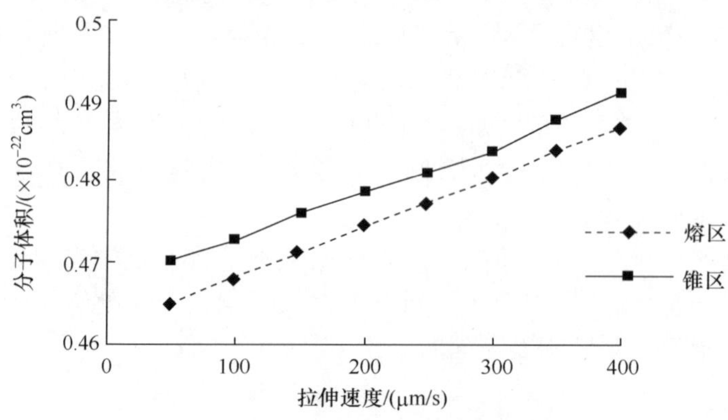

图 3.20　拉伸速度和分子体积的关系

与未拉锥光纤的分子体积相比，50μm/s 拉伸速度制作的耦合器熔区的分子体积增大了约 0.54%，而锥区的分子体积增大了约 1.69%；400μm/s 拉伸速度时，熔区的分子体积增大量高达 5.23%，锥区增大量高达 6.14%。

3.4　小　　结

本章从理论上解析了二氧化硅的红外光谱原理，建立了石英玻璃红外特征峰波数和 Si—O—Si 键角的数学模型，研究了键角、键长间的相互关系，以及当微观结构变化时键角、键长的变化幅度，总结了石英玻璃键角和分子体积间的关系，建立了分子体积和折射率的数学模型，随着分子体积的增大，石英玻璃的折射率减小。

基于显微红外光谱测试实验，本章发现锥区的红外特征峰波数最大，熔区次之，裸光纤最小，并且随着拉伸速度的增大，它们的红外特征峰波数都升高；锥区的键角和分子体积最大，熔区次之，裸光纤最小，并且随着拉伸速度的变大，它们的微观结构变大；拉伸速度增大时，微观结构畸变加剧，甚至导致锥区微裂纹的产生，而拉伸速度减小时，熔区的 SiO_2 松弛，甚至完全松弛而发生析晶。

参考文献

[1] 夏慧荣，王祖赓. 分子光谱学和激光光谱学导论. 上海：华东师范大学出版社，1989.
[2] 杨定国. 波谱分析基础及应用. 西安：纺织工业出版社，1993.
[3] 吴瑾光. 近代傅里叶变换红外光谱技术及应用. 北京：科学技术文献出版社，1994.
[4] Frank L G. Band limits and the vibrational spectra of tetrahedral glasses. Physical Review B, 1979, 19(8): 4292-4297.
[5] 梁映秋，赵文运. 分子振动与振动光谱. 北京：北京大学出版社，1990.
[6] 张允武，陆庆正，刘玉申. 分子光谱学. 合肥：中国科学技术大学出版社，1988.
[7] Tan C Z, Arndt J. The mean polarizability and density of glasses. Physica B, 1997, 229(1): 217-224.
[8] Gibbs G V, Prewitt C T, Baldwin K J. A study of the structural chemistry of coesite. Kristallogr, 1977, 145(1): 108-123.
[9] Leilmann A. Optical phonons in amorphous silicon oxides. Physica Status Solidi B, 1983, 117(1): 689-698.
[10] 郭明，商志才，俞庆森. 化合物分子体积计算方法的研究. 浙江大学学报，2003，30(5)：554-560.
[11] Hill R J, Gibbs G V. A molecular-orbital study of the bond-length variations in lithium polysilicate. Journal of Non-Crystalline Solids, 1978, 34(1): 127-130.
[12] Hill R J, Gibbs G V. Variation in d(T-O), d(T…T) and ∠TOT in silica and silicate mine rals, phosphates and aluminates. Acta Crystalline B, 1979, 35(1): 25-30.

[13] Devine R A B, Duppree R, Farnan I, et al. Pressure-induced bond-angle variation in amorphous SiO_2. Physical Review B, 1987, 35(5): 2560.

[14] Agarwal A, Tomozawa M. Correlation of silica glass properties with the infrared spectra. Journal of Non-Crystalline Solids, 1997, 209(1): 166-174.

[15] Gaskell P H. New structural model for amorphous transition metal silicides, borides, phosphides and carbides. Journal of Non-Crystalline Solids, 1976, 32(2): 207-224.

[16] Murray R A, Ching W Y. Electronic and vibrational structure calculation on models of the compressed SiO_2 glass system. Physical. Review B, 1989, 39(8): 1320-1329.

[17] Levien L, Prewitt C T, Weidner D J. Structure and elastic properties of quartz at pressure. American Mineralogist, 1980, 65(3): 920-930.

第 4 章　光纤器件熔融拉锥过程的有限元分析与建模

4.1　广义麦克斯韦模型建立的算法研究

4.1.1　松弛模量的表达方式

由第 3 章分析可知，广义麦克斯韦模型又称为弹簧黏壶组合模型[1~3]。它的物理模型由多个麦克斯韦单元并联在一起（见图 4.1）。每个麦克斯韦单元（见图 4.2）包括一个弹性强度为 G_i 的弹性应变弹簧和一个对应黏度为 η_i 的黏性应变黏壶。

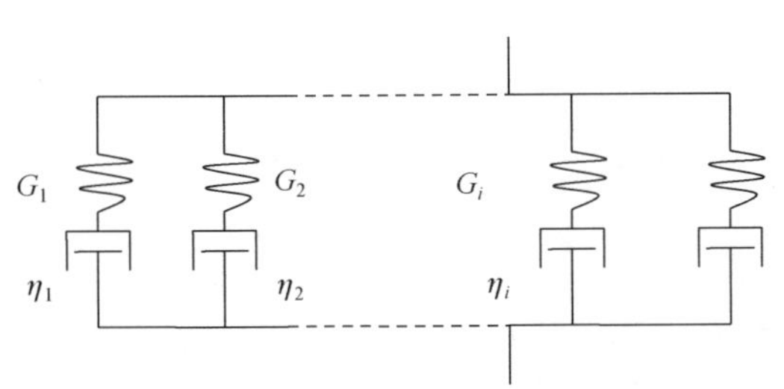

图 4.1　广义麦克斯韦模型

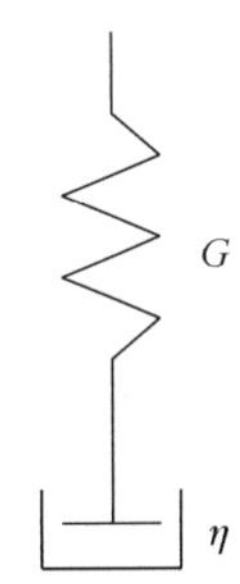

图 4.2　单个麦克斯韦模型

广义麦克斯韦模型可以直观地反映出材料的应力松弛规律[4]，如果对广义麦克斯韦元件施加一固定应变，其本构方程表达式为

$$\sigma(t)=\varepsilon_0 G_1(t) \tag{4.1}$$

$$G_1(t)=G_0\sum_{i=1}^{n}w_i\exp\left(-\frac{t}{\tau_i}\right) \tag{4.2}$$

式中，$\sigma(t)$ 为随时间变化的应力；$G_1(t)$ 为松弛函数；G_0 为初始剪切模量；n 为麦克斯韦单元的个数；$\tau_i=\eta_i/G_i$ 为模型中每个麦克斯韦单元的松弛时间；w_i 为相应的加权系数。其中，材料的黏度是与松弛函数相关的[5~7]，黏度可表达为

$$\eta=\int_0^{\infty}G_1(t)\mathrm{d}t=G_0\bar{\tau}$$

$$\bar{\tau}=\frac{\eta}{G_0} \tag{4.3}$$

式中，$\bar{\tau}$ 是平均松弛时间，将式(4.2) 代入式(4.3) 可得

$$\bar{\tau}=\sum_{i=1}^{n}w_i\tau_i \tag{4.4}$$

麦克斯韦模型清晰地给出了黏弹物理模型解释和应力松弛模量表达的形式。但是，无法由实验直接确定表达式中材料所需要的麦克斯韦单元个数及各个弹性单元和黏性单元参数的值。不同黏弹材料所需的麦克斯韦单元个数和松弛时间是不一样的，对于黏弹性质简单的材料可以用两个或三个麦克斯韦单元模型表达，而复杂的模型则要用更多的麦克斯韦单元组合。同时也存在不同参数组合等效原理，造成了选取各个参数的不确定性。

4.1.2 拟合算法的提出

1. 问题的提出

如何确定与获得剪切弛豫模量函数及体积弛豫模量函数是确定本构方程的关键[8~10]。通过对黏弹麦克斯韦广义模型分析可以得到弹性弛豫模量函数的表达式。同理，剪切弛豫模量函数与体积弛豫模量函数也可以类似的得到：

$$G(t)=\sum_{i=1}^{n}G_i\exp\left(-\frac{t}{\tau_i^G}\right) \tag{4.5}$$

$$K(t)=\sum_{i=1}^{n}K_i\exp\left(-\frac{t}{\tau_i^K}\right) \tag{4.6}$$

或

$$G(t)=G_0\sum_{i=1}^{n}w_i^G\exp\left(-\frac{t}{\tau_i^G}\right) \tag{4.7}$$

$$K(t)=K_0\sum_{i=1}^{n}w_i^K\exp\left(-\frac{t}{\tau_i^K}\right) \tag{4.8}$$

式中，G_0 和 K_0 分别为初始时刻的剪切模量和体积模量，实际物理含义是指没有发生弛豫时的材料弹性模量值；w_i^G，τ_i^G 和 w_i^K，τ_i^K 分别为剪切弛豫模量函数与体积弛豫模量函数的离散加权系数和离散弛豫时间。这两组离散分布的加权系数和弛豫时间描绘了不同材料的弛豫特性。理论上要获得这两组参数的值需要做材料性能测试实验，并通过实验性能曲线计算得到。但是由于表达式无法确定材料的选取麦克斯韦单元的个数及各个弹性单元和黏性单元参数值的原则，具体材料的黏弹模型参数无法确定；同时，也存在不同参数组合等效原理，造成了选取各个参数的不确定性。因此，需要用另外一种方法获得光纤弛豫模量麦克斯韦表达式的分布参数[11~14]。

大量的材料实验工作已经获得了很多种材料的 KWW 方程参数，如玻璃、复合材料、沥青等。可以很容易地通过查阅相关的文献，建立黏弹材料的弛豫模量 KWW 表达方程。但是在实际工程计算中，往往要使用利用数值计算的有限元工具(如 ANSYS、MARC)。使用扩展指数形式的 KWW 方程不适合数值计算，因此常使用离散指数形式的麦克斯韦表达式。

2. 算法的提出

对黏弹材料进行力学分析前，需要把材料的松弛模量函数 KWW 函数拟合为广义麦克斯韦模型，这里将求解广义麦克斯韦模型参数的问题转换为两个方程式曲线的非线性参数拟合，即对式(4.2)和式(4.5)进行拟合。

$$\exp\left(-\frac{t_u}{\tau}\right)^{\beta}=\sum_{i=1}^{n}w_i\exp\left(-\frac{t_u}{\tau_i}\right),\quad u=1,2,\cdots,k \tag{4.9}$$

方程组(式)中 k 为离散时间选取的个数，n 为麦克斯韦模型的单元个数。令 $t=t_1$，t_2，…，t_k，式(4.2)和式(4.5)的值在 k 点处相等，可得 k 组等式：

$$\begin{cases}\exp\left(-\dfrac{t_1}{\tau_1}\right)w_1+\exp\left(-\dfrac{t_1}{\tau_2}\right)w_2+\cdots+\exp\left(-\dfrac{t_1}{\tau_n}\right)w_n=\exp\left[-\left(\dfrac{t_1}{\tau}\right)^{\beta}\right]\\ \exp\left(-\dfrac{t_2}{\tau_1}\right)w_1+\exp\left(-\dfrac{t_2}{\tau_2}\right)w_2+\cdots+\exp\left(-\dfrac{t_2}{\tau_n}\right)w_n=\exp\left[-\left(\dfrac{t_2}{\tau}\right)^{\beta}\right]\\ \vdots\\ \exp\left(-\dfrac{t_k}{\tau_1}\right)w_1+\exp\left(-\dfrac{t_k}{\tau_2}\right)w_2+\cdots+\exp\left(-\dfrac{t_k}{\tau_n}\right)w_n=\exp\left[-\left(\dfrac{t_k}{\tau}\right)^{\beta}\right]\end{cases} \tag{4.10}$$

写成矩阵方程形式如下：

$$\begin{bmatrix}\exp\left(-\dfrac{t_1}{\tau_1}\right) & \exp\left(-\dfrac{t_1}{\tau_2}\right) & \cdots & \exp\left(-\dfrac{t_1}{\tau_n}\right)\\ \exp\left(-\dfrac{t_2}{\tau_1}\right) & \exp\left(-\dfrac{t_2}{\tau_2}\right) & \cdots & \exp\left(-\dfrac{t_2}{\tau_n}\right)\\ \vdots & \vdots & & \vdots\\ \exp\left(-\dfrac{t_k}{\tau_1}\right) & \exp\left(-\dfrac{t_k}{\tau_2}\right) & \cdots & \exp\left(-\dfrac{t_k}{\tau_n}\right)\end{bmatrix}_{k\times n}\times\begin{bmatrix}w_1\\ w_2\\ \vdots\\ w_n\end{bmatrix}=\begin{bmatrix}\exp\left[-\left(\dfrac{t_1}{\tau}\right)^{\beta}\right]\\ \exp\left[-\left(\dfrac{t_2}{\tau}\right)^{\beta}\right]\\ \vdots\\ \exp\left[-\left(\dfrac{t_k}{\tau}\right)^{\beta}\right]\end{bmatrix} \tag{4.11}$$

记为

$$\boldsymbol{Dw}=\boldsymbol{B} \tag{4.12}$$

拟合的目的是：在保证拟合精度的条件下，确定麦克斯韦单元的个数 n，松弛时间向量 $\boldsymbol{\tau}$ 和相应的加松系数向量 $\boldsymbol{w}$。为保证两条曲线的拟合精度，离散时间的取值要覆盖足够宽的时间谱，即第一点取值要足够小，最后一个取值要足够大。在本算例中，取 $k=20$。用尝试误差法(trial and error)，两个端点取值如下：

$$\frac{t_1}{\tau}=[0.0157\exp(-7.93\beta)]^{1/\beta} \tag{4.13}$$

$$\frac{t_{20}}{t_1}=(0.2\beta)^{1/\beta} \tag{4.14}$$

为保证取样点合理分布，时间谱 τ_i 取对数分布，即在时间轴上，前面取的采样点密，后面取的采样点稀：

$$\ln t_i = \ln t_1 + \left(\frac{i-1}{19}\right)\ln\left(\frac{t_{20}}{t_1}\right) \tag{4.15}$$

要使得

$$\boldsymbol{Dw}=\boldsymbol{B}$$

即使得两向量的偏差为 **0**，即

$$\boldsymbol{Dw}-\boldsymbol{B}=\boldsymbol{0}$$

等价于偏差向量的一阶范数为 0：

$$\|\boldsymbol{Dw}-\boldsymbol{B}\|_1=0 \tag{4.16}$$

引入一个极小值 ε，使它等于偏差向量的一阶范数，即

$$\varepsilon=\|\boldsymbol{Dw}-\boldsymbol{B}\|_1 \tag{4.17}$$

当 ε 的值在允许的范围内时，可以认为

$$\boldsymbol{Dw}=\boldsymbol{B}$$

当 k 的取值等于 n 时矩阵 $\boldsymbol{D}$ 为满秩阵，方程组(4.12)有唯一的解向量：

$$\boldsymbol{w}=\boldsymbol{D}^{-1}\cdot\boldsymbol{B} \tag{4.18}$$

使得 $\boldsymbol{Dw}=\boldsymbol{B}$，此时

$$\varepsilon=\|\boldsymbol{D}\cdot\boldsymbol{w}-\boldsymbol{B}\|_1=0$$

下面求得了当 $\beta=0.5$ 时，用解线性方程组的方法求得了当 $k=n=20$ 时的麦克斯韦松弛模量的各参数，解得的加权系数解向量中有一些数值很小，可以忽略掉加权系数小于 10^{-4} 的值，再重新调整其他加权向量值。其中 τ 为平均应力松弛时间，τ_i/τ 为归一化松弛时间，见表 4.1。

表 4.1　当 $\beta=0.5$ 时，线性方程组法解得的麦克斯韦模型参数

类型	参数						
$\boldsymbol{w}_1 \backsim \boldsymbol{w}_7$	0.0032	0.0053	0.0089	0.0149	0.0248	0.0415	0.0697
$\tau_1/\tau \backsim \tau_7/\tau$	0.0001	0.0003	0.0009	0.0026	0.0074	0.0206	0.0576
$\boldsymbol{w}_8 \backsim \boldsymbol{w}_{13}$	0.1134	0.1756	0.2393	0.2251	0.0772	0.0010	
$\tau_8/\tau \backsim \tau_{13}/\tau$	0.1614	0.4519	1.2653	3.5427	9.9192	27.772	

验算表明，这种取 20 个离散时间分布值的线性方程解法拟合精度很高，但离散点过多。这种解法必须取足够多的离散时间点($k=20$)来保证精度，当所取离散时间点小于 20 时，无法保证曲线的拟合精度。

但为了提高拟合精度，希望所取的采样时间点尽可能得多，即 k 值应尽量的大，而为了计算简单，希望所取的麦克斯韦单元少，即 n 值应尽可能得小。这就使得离散时间 k 会大于麦克斯韦单元的个数 n。当 $k>n$ 时，矩阵 $\boldsymbol{D}$ 为非满秩矩阵，

没有唯一的解向量。但通过广义逆矩阵可求得方程组的最小范数解。

$$\boldsymbol{w}=\mathrm{Pinv}(\boldsymbol{D})\cdot\boldsymbol{B} \tag{4.19}$$

其中，$\mathrm{Pinv}(\boldsymbol{D})$为广义逆矩阵函数，根据广义逆矩阵的性质，此时解向量使得方程偏差向量 ε 的一阶范数值最小，定义如下：

$$\varepsilon_{\min}=\|\mathrm{Pinv}(\boldsymbol{D})\cdot\boldsymbol{w}-\boldsymbol{B}\| \tag{4.20}$$

当在某一时间向量 $\boldsymbol{\tau}$ 下，误差向量的一阶范数 $\varepsilon_{\min}$ 在容许的误差范围之内时，则认为此时的时间向量 $\boldsymbol{\tau}$ 是所求的值，并用式(4.20)求出此时相应的加权系数。

转化为线性规划的条件是：在约束条件 $\tau_i>0$ 之下，使目标函数 $\varepsilon_{\min}$取最小值。

4.1.3　广义麦克斯韦模型参数的确定

1. 剪切松弛函数

利用单纯形法对偏差向量的一阶范数 $\varepsilon_{\min}$进行了最小值优化[15~18]，即判断不同时间变量值下偏差向量的一阶范数值的大小，当范数的值在给定容许偏差范围之内时，停止搜索并返回此时搜寻向量的值和函数的值，同时求出此时的加权系数向量。

Matlab 中 fminsearch 函数可以实现搜索最小范数这一功能。把式(4.20)定义的 $\varepsilon_{\min}$作为搜索目标函数，离散时间向量定义为约束条件，初始时间向量给定为[0.01，0.05，0.5，1，10，50，200，400]，函数容许误差值定义为 0.005。以1050℃的光纤玻璃为例，此时 $\beta=0.5$。下面计算出了取 8 个麦克斯韦单元松弛 τ_i/τ 和相应的加权系数，见表 4.2。

表 4.2　$\boldsymbol{\beta=0.5}$ 时，松弛时间 τ_i/τ 和相应的加权系数 w_i

τ_1/τ	τ_2/τ	τ_3/τ	τ_4/τ	τ_5/τ	τ_6/τ	τ_7/τ	τ_8/τ
0.0010	0.0059	0.0271	0.1225	0.5223	1.9422	6.4866	51.5931
w_1	w_2	w_3	w_4	w_5	w_6	w_6	w_7
0.0171	0.0360	0.0689	0.1431	0.2488	0.3037	0.1735	0.0089

由 $\bar{\tau}=\dfrac{\tau}{\beta}\Gamma\left(\dfrac{1}{\beta}\right)$可得

$$\tau=\frac{\bar{\tau}}{\dfrac{1}{\beta}\Gamma\left(\dfrac{1}{\beta}\right)} \tag{4.21}$$

因为参考温度 T_0为 1050℃，依据文献可知此时 η 为 10.25Pa·s，玻璃的剪切模量 G_0为 31.4GPa，此时玻璃的平均松弛时间为

$$\bar{\tau}=\frac{\eta}{G_0}=\frac{10^{10.25}}{31.4\times10^9}=0.57\mathrm{s} \tag{4.22}$$

根据伽马函数的性质可得

$$\Gamma\left(\frac{1}{0.5}\right)=\Gamma(2)=1 \tag{4.23}$$

把式(4.23)和式(4.22)代入式(4.21)求解得

$$\tau=\frac{0.57}{2}=0.285(\mathrm{s})$$

把 $\tau=0.285$ 代入表 4.2 中,可以得到此时光纤玻璃的松弛时间 τ_i 和相应的加权系数 w_i。松弛时间 τ_i 分别为:0.0003s,0.0017s,0.0077s,0.0349s,0.1488s,0.5535s,1.8487s,14.7040s。相应的加权系数 w_i 分别为:0.0171,0.036,0.0689,0.1431,0.2488,0.3037,0.1735,0.0089。验算表明,这种取 8 个离散时间分布值的线性方程解法得到的拟合精确度很高,见图 4.3。

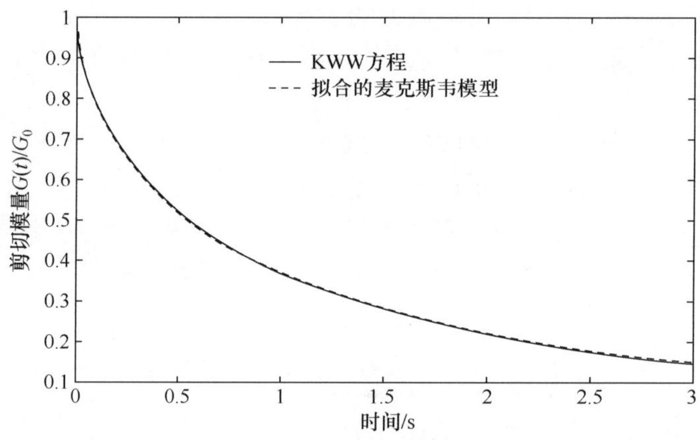

图 4.3 $\beta=0.5$ 时松弛模量的拟合曲线

2. 体积松弛函数

对于 KWW 函数而言,描述玻璃材料体积松弛函数的 β 值一般在 0.6~0.8,这里取为 0.7。当 $\beta=0.7$ 时,用上述提到的方法,计算出取 9 个麦克斯韦单元松弛 τ_i/τ 和相应的加权系数,见表 4.3。

表 4.3 当 $n=9$ 时,松弛时间 τ_i/τ 和相应的加权系数 w_i

τ_1/τ	τ_2/τ	τ_3/τ	τ_4/τ	τ_5/τ	τ_6/τ	τ_7/τ	τ_8/τ	τ_9/τ
0.0077	0.0175	0.0396	0.0898	0.2035	0.4611	1.0450	2.3682	5.3670
w_1	w_2	w_3	w_4	w_5	w_6	w_7	w_8	w_9
0.0126	0.0138	0.0220	0.0399	0.0822	0.1582	0.3413	0.3189	0.0109

松弛时间与黏度成正比：

$$\tau_p = \frac{\eta}{K_p} \tag{4.24}$$

式中，K_p是一常数，对于 SiO_2，$K_p = 2.5 \times 10^9$ Pa ；τ_p 光纤玻璃的体积松弛时间，根据黏度和 K_p即可求出，

$$\bar{\tau} = \tau_p = \frac{10^{10.25}}{2.5 \times 10^9} = 7.16(\mathrm{s}) \tag{4.25}$$

又根据

$$\bar{\tau} = \sum_{i=1}^{n} w_i \tau_i$$

可解得

$$\tau = \frac{7.16}{1.26} = 5.68(\mathrm{s})$$

把 $\tau = 5.68$ 代入表 4.3 中，可以得到此时光纤玻璃的松弛时间 τ_i 和相应的加权系数 w_i。松弛时间 τ_i 分别为：0.0551s，0.1253s，0.2835s，0.6429s，1.4570s，3.3014s，7.4822s，16.9563s，38.4277s。加权系数 w_i 分别为：0.0126，0.0138，0.0220，0.0399，0.0822，0.1582，0.3413，0.3189，0.0109。验算表明，这种取 9 个离散时间分布值的线性方程解法得到的拟合精确度很高，见图 4.4。

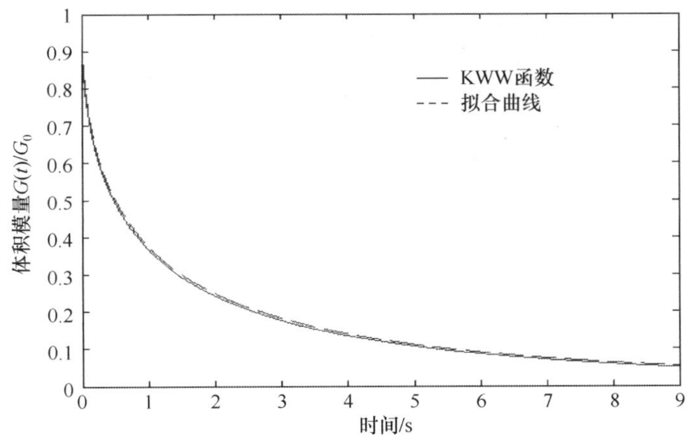

图 4.4　$\beta = 0.7$ 时松弛模量的拟合曲线

此拟合方法不仅适用于 KWW 拟合的实验曲线，而且适合于直接来源于实验的数据，当对实验数据进行拟合时，把 β 值和相应的时间用实验数据代替，即可求得麦克斯韦的模型参数，见图 4.5。

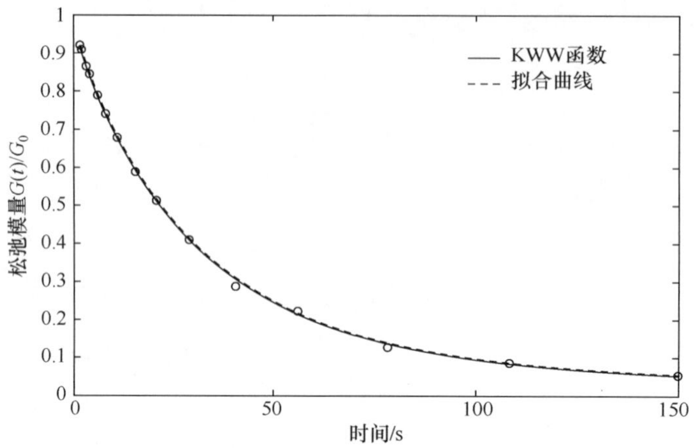

图 4.5　实验数据与麦克斯韦函数曲线的拟合

4.2　等温条件下的本构方程

4.2.1　广义麦克斯韦黏弹模型

1. 弹性本构方程

弹性变形是研究黏弹结构及建立相应本构方程的基础，也是玻璃低温状态时的本构特性[19～21]。对于一个各向同性的弹性材料，例如常温下的玻璃，本构方程只需要两个参数：切变模量(G)和体积模量(K)，或杨氏模量(E)和泊松比(ν)。

一个纯切应力只引起形状变化而不引起体积变化。应变和应力的关系为

$$\sigma_{xy}=2G\varepsilon_{xy} \tag{4.26}$$

σ_{ij}和ε_{ij}的下标表示i轴垂直于应力作用的面，应力作用的方向是j轴，对于切变有$i\neq j$。

当$i=j$时，即施加平行于坐标轴的应力时，体积应变ε大小为

$$\frac{\Delta V}{V}\equiv\varepsilon=\varepsilon_x+\varepsilon_y+\varepsilon_z \tag{4.27}$$

它与静态应力的关系如下：

$$\sigma=3K\varepsilon \tag{4.28}$$

式中

$$\sigma=\sigma_x+\sigma_y+\sigma_z$$

如果应力($\sigma_x,\sigma_y,\sigma_z$)不完全相同，那么有体积和形状两方面的变化。当应力是单轴时，应力和应变的关系为

$$\sigma_z=E\varepsilon_z \tag{4.29}$$

当应力不是单轴时，轴向压缩引起立方体在 x 和 y 方向的扩展，这称之为泊松效应，各应变之间的关系为

$$\varepsilon_x=\varepsilon_y=-\nu\varepsilon_z \tag{4.30}$$

式中，ν 为泊松比系数。

对于一般应力状态，弹性本构方程可以写成：

$$\varepsilon_x=\frac{1}{E}[\sigma_x-\nu(\sigma_y+\sigma_z)] \tag{4.31}$$

$$\varepsilon_y=\frac{1}{E}[\sigma_y-\nu(\sigma_x+\sigma_z)] \tag{4.32}$$

$$\varepsilon_z=\frac{1}{E}[\sigma_z-\nu(\sigma_x+\sigma_y)] \tag{4.33}$$

2. 麦克斯韦黏弹模型

在单轴应力实验下发现熔融状态下石英玻璃的性质十分类似于弹性元件和黏性元件按一定规律构成的物理模型所具有的性质。

1）弹性元件

弹性元件用弹簧表示。如以 σ 表示拉力，ε 表示伸长，见图 4.6，则有

$$\sigma=E\varepsilon \tag{4.34}$$

式中，E 为与弹性有关的常量。

图 4.6　弹性元件

如果 σ 表示正应力，ε 表示正应变，则式(4.34)中的 E 为杨氏模量；如果以 σ 表示剪应力，ε 表示剪应变 γ 的一半，则式(4.34)中的 E 应改为 $2G$，G 为剪切弹性模量：

$$\sigma=G\gamma=2G\varepsilon \tag{4.35}$$

由式(4.34)和式(4.35)可见，σ 与 ε 的值一一对应，如果 σ 保持一定，ε 也将保持一定，反之亦然。

2）黏性元件

黏性元件用黏壶表示。如图 4.7 所示，一个带孔的活塞在充满牛顿液体的圆筒中运动，以 σ 表示拉力，ε 表示伸长速率，则有

$$\sigma=K\dot{\varepsilon} \tag{4.36}$$

式中，K 为与黏性有关的常量。

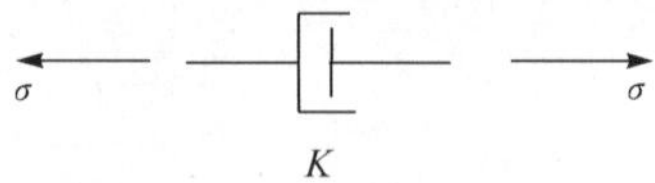

图 4.7 黏性元件

如果以 σ 表示正应力，则 $\dot{\varepsilon}$ 表示正应变速率，K 为拉伸或压缩时的黏度系数；如果以 σ 表示剪应力，则 ε 表示剪应变 γ 的一半，$\dot{\varepsilon}$ 为剪应变速率 $\dot{\gamma}$ 的一半，那么上式中的 K 应改为 2η：

$$\sigma=\eta\dot{\gamma}=2\eta\dot{\varepsilon} \tag{4.37}$$

式中，η 为黏性系数，通常简称为黏度。

对于黏性元件来说，σ 与 $\dot{\varepsilon}$ 具有一一对应的关系，但 σ 与 ε 并无直接的关系，对于一定的 σ，ε 与时间 t 有关。

3）麦克斯韦模型

麦克斯韦模型由弹性元件和黏性元件串联组成，如图 4.8 所示。

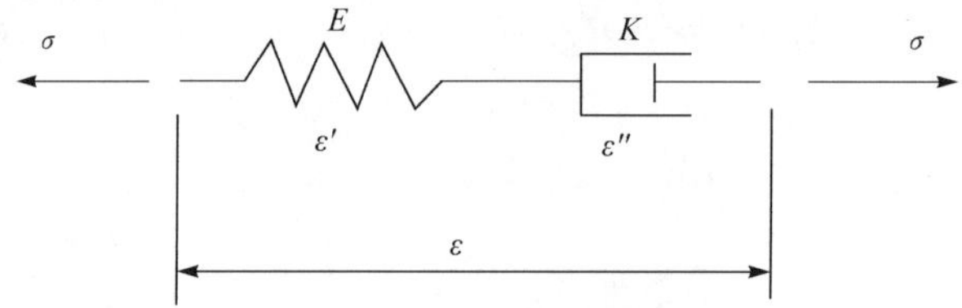

图 4.8 麦克斯韦模型

弹性元件和黏性元件所受的拉力都是 σ，则系统的总伸长 ε 为

$$\varepsilon=\varepsilon'+\varepsilon'' \tag{4.38}$$

式中，ε' 为弹性元件伸长；ε'' 为黏性元件伸长。对上式微分可得

$$\dot{\varepsilon}=\dot{\varepsilon}'+\dot{\varepsilon}''=\frac{\dot{\sigma}}{E}+\frac{\sigma}{K} \tag{4.39}$$

改写成标准形式后，变为

$$\sigma+\tau\dot{\sigma}=K\dot{\varepsilon} \tag{4.40}$$

式中，$\tau=K/E$ 被称为麦克斯韦松弛时间，它的物理意义是：如果应变 ε 维持不变，当时间 t 等于松弛时间时，应力 σ 将减小为初应力 σ_0 的 $1/E$。

由弹性元件和黏性元件串联组成的麦克斯韦模型，同时具有弹性和黏性，但由于黏壶元件的串联，在任何微小的外力作用下，变形总将无限增加，因此麦克斯韦体在本质上是液体，松弛时间 K/E 越长，弹性越显著，接近固体；松弛时间越短，黏性越显著，接近于液体。当松弛时间一定时，如果外力作用的时间越短，麦克斯韦体就越像固体；如外力作用的时间越长，它就越像液体。

式(4.40)是黏弹材料微分形式的的本构方程，利用遗传积分的办法可以得到积分形式的本构方程，积分形式的本构方程能更直接地反映材料的基本实验特性——记忆特性，并且更适用于三维本构方程的建立。

如果对黏弹材料施加一个固定应变，应力按下式松弛：

$$\sigma(t)=\varepsilon_0 G(t) \tag{4.41}$$

函数 $G(t)$ 被称为松弛模量（relaxation modulus），它表示产生单位应变所需的应力，并且常常是一个单调递减函数，或至少是一个时间非增函数。

将式(4.40)进行 Laplace 变换，考虑到 $t<0$ 时 $\sigma=0,\dot{\sigma}=0,\varepsilon=0,\dot{\varepsilon}=0$：

$$(1+\tau s)\bar{\sigma}=Ks\bar{\varepsilon} \tag{4.42}$$

现在来求松弛模量 $G(t)$，施加应变 $\varepsilon(t)=\varepsilon_0\Delta(t)$，则有 $\bar{\varepsilon}(s)=\varepsilon_0/s$，将之代入式(4.42)中，可得

$$\bar{\sigma}=\left(\frac{\eta}{1+\tau s}\right)\varepsilon_0 \tag{4.43}$$

做 Laplace 逆变换可得应力响应

$$\sigma(t)=\left[\frac{K}{\tau}\exp\left(-\frac{t}{\tau}\right)\right]\varepsilon_0 \tag{4.44}$$

于是可以得到松弛模量 $G(t)$，

$$G(t)=\frac{\eta}{\tau}\exp\left(-\frac{t}{\tau}\right)=E\exp\left(-\frac{t}{\tau}\right) \tag{4.45}$$

式(4.45)表明，在恒定应变下应力按特征时间 τ 以指数形式衰减。

4) 广义麦克斯韦模型

麦克斯韦黏弹模型反映了黏弹响应的基本特征，但实际的材料性质更加复杂，松弛模量往往是非指数形式的，这时需要用广义麦克斯韦模型来表示，广义麦克斯韦模型实际是许多麦克斯韦单元的并联，见图 4.9。

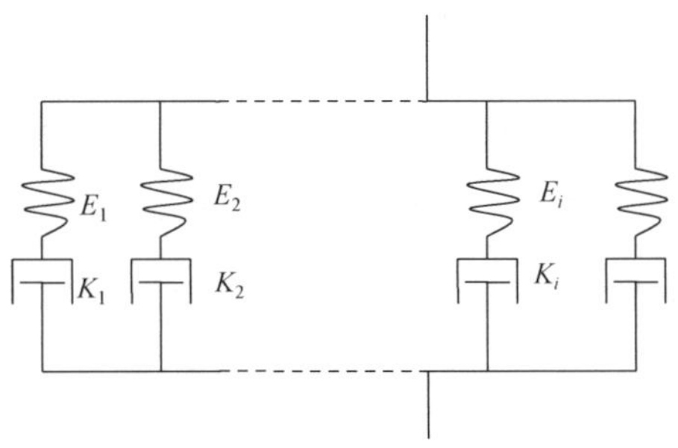

图 4.9　广义麦克斯韦模型

广义麦克斯韦模型中各个麦克斯韦单元的参数 E_i 和 K_i 以及组成单元的个数都视具体材料而定。对于广义麦克斯韦模型，由于并联，每个模型的伸长 ε_i 都等于系统的总伸长 ε，各个模型的拉力 σ_i 之和为系统的总拉力 σ。

$$
\begin{cases}
\dfrac{\sigma_1}{K_1}+\dfrac{\sigma_1}{E_1}=\dot{\varepsilon} & (1)\\
\dfrac{\sigma_2}{K_2}+\dfrac{\sigma_2}{E_2}=\dot{\varepsilon} & (2)\\
\quad\vdots & \vdots\\
\dfrac{\sigma_n}{K_n}+\dfrac{\sigma_n}{E_n}=\dot{\varepsilon} & (n)\\
\sigma=\sigma_1+\sigma_2+\cdots+\sigma_n & (n+1)
\end{cases}
\tag{4.46}
$$

在以上 $n+1$ 个方程中，消去 σ_1、σ_2、…、σ_n，就可以得到 σ 和 ε 的关系，为了达到这一目的，对以上各式施行 Laplace 变换求得广义麦克斯韦模型的弛豫模量

$$
\begin{cases}
\sigma = G(t)\varepsilon_0\\
G(t) = \sum\limits_{i=1}^{n} E_i \exp\left(-\dfrac{t}{\tau_i}\right)
\end{cases}
\tag{4.47}
$$

这就是广义麦克斯韦的应力松弛本构方程，其中 $\tau_i = \eta_i/E_i$ 为第 i 个麦克斯韦单元的弛豫时间，n 为组成单元的个数。引入加权因子 w_i，上式可改写为

$$
\begin{cases}
\sigma = G(t)\varepsilon_0\\
G(t) = E_0\sum\limits_{i=1}^{n} w_i \exp\left(-\dfrac{t}{\tau_i}\right)
\end{cases}
\tag{4.48}
$$

其中，$E_0 = E(0)$，为零时刻的弹性模量，又称为初始模量，$E_i = E_0 w_i$。

如果模型由无穷多个麦克斯韦单元并联而成，则 τ_i 为连续分布且 E_i 趋于无穷小。若引入一个连续函数 $f(\tau)$，用 $f(\tau)\mathrm{d}\tau$ 这个权重函数代替 E_i，则上述求和变成积分形式：

$$
\begin{cases}
\sigma = G(t)\varepsilon_0\\
G(t) = \int_0^{\infty} f(\tau) \exp\left(-\dfrac{t}{\tau_i}\right)\mathrm{d}\tau
\end{cases}
\tag{4.49}
$$

式中，$f(\tau)$ 称为松弛时间分布函数或松弛时间谱，它是一种谱密度，$f(\tau)\mathrm{d}\tau$ 表明了松弛时间在 τ 到 $\tau+\mathrm{d}\tau$ 之间的麦克斯韦单元对应力松弛的贡献。

4.2.2 三维黏弹本构方程

以上分析了黏弹结构一维情况下的本构关系。利用张量可把单轴应力下得到的公式推广到三维空间下黏弹本构方程的表达形式。将应力张量和应变张量分别分解为球张量与应力偏张量：

$$
\begin{pmatrix}
\sigma_{xx} & \sigma_{xy} & \sigma_{xz}\\
\sigma_{yx} & \sigma_{yy} & \sigma_{yz}\\
\sigma_{zx} & \sigma_{zy} & \sigma_{zz}
\end{pmatrix}
=
\begin{pmatrix}
\sigma & 0 & 0\\
0 & \sigma & 0\\
0 & 0 & \sigma
\end{pmatrix}
+
\begin{pmatrix}
\sigma_{xx}-\sigma & \sigma_{xy} & \sigma_{xz}\\
\sigma_{yx} & \sigma_{yy}-\sigma & \sigma_{yz}\\
\sigma_{zx} & \sigma_{zy} & \sigma_{zz}-\sigma
\end{pmatrix}
\tag{4.50}
$$

其中

$$\sigma=\frac{1}{3}(\sigma_{xx}+\sigma_{yy}+\sigma_{zz})=\frac{1}{3}\sigma_I$$

等式右端的第一个张量称为应力的球形张量或各向同性张量，它代表三个方向都受到相同的正应力，没有剪应力，当坐标轴任意转动时，这个球形张量保持不变。这种应力状态只改变物体的体积而不改变其形状，各个线度都按同一比例增加或减小，原来是球形的变形后仍为球形，原来是立方体的变形后仍为立方体。

等式右端的第二个张量称为应力偏张量，偏张量主对角线上三项的总和恒等于零。这种应力状态只引起物体的形状变化而不引起物体的体积变化。

同样的，应变张量也可分解为球张量与偏张量：

$$\begin{pmatrix}\varepsilon_{xx} & \varepsilon_{xy} & \varepsilon_{xz}\\ \varepsilon_{yx} & \varepsilon_{yy} & \varepsilon_{yz}\\ \varepsilon_{zx} & \varepsilon_{zy} & \varepsilon_{zz}\end{pmatrix}=\begin{pmatrix}e & 0 & 0\\ 0 & e & 0\\ 0 & 0 & e\end{pmatrix}+\begin{pmatrix}\varepsilon_{xx}-e & \varepsilon_{xy} & \varepsilon_{xz}\\ \varepsilon_{yx} & \varepsilon_{yy}-e & \varepsilon_{yz}\\ \varepsilon_{zx} & \varepsilon_{zy} & \varepsilon_{zz}-e\end{pmatrix} \tag{4.51}$$

其中

$$e=\frac{1}{3}(\varepsilon_{xx}+\varepsilon_{yy}+\varepsilon_{zz})=\frac{1}{3}\varepsilon_I$$

σ_I 和 ε_I 分别是应力张量和应变张量的第一不变量，对于各向同性弹性介质，应力球张量与应变球张量成正比，应力偏量与应变偏量成正比，关系如下：

$$\begin{pmatrix}\sigma & 0 & 0\\ 0 & \sigma & 0\\ 0 & 0 & \sigma\end{pmatrix}=3K\begin{pmatrix}e & 0 & 0\\ 0 & e & 0\\ 0 & 0 & e\end{pmatrix} \tag{4.52}$$

$$\begin{pmatrix}\sigma_{xx}-\sigma & \sigma_{xy} & \sigma_{xz}\\ \sigma_{yx} & \sigma_{yy}-\sigma & \sigma_{yz}\\ \sigma_{zx} & \sigma_{zy} & \sigma_{zz}-\sigma\end{pmatrix}=2G\begin{pmatrix}\varepsilon_{xx}-e & \varepsilon_{xy} & \varepsilon_{xz}\\ \varepsilon_{yx} & \varepsilon_{yy}-e & \varepsilon_{yz}\\ \varepsilon_{zx} & \varepsilon_{zy} & \varepsilon_{zz}-e\end{pmatrix} \tag{4.53}$$

用 S_{ij} 表示应力偏量，用 e_{ij} 表示应变偏量，则式(4.52)与式(4.53)分别可写成

$$\sigma=3Ke,\quad S_{ij}=2Ge_{ij} \tag{4.54}$$

式中，K 为体积模量；G 为剪切弹性模量。

对于黏弹材料，在各向同性的前提下，基于物理上的考虑及实验事实的支持，仍然认为：应变球张量(反映体积变化)只与应力球张量(静水应力状态)有关，而应变偏量(剪切变形)只与应力偏量(剪切力)有关。当然，它们之间的关系已不再是像弹性情况下那样的简单比例关系，而是一种时间的函数关系。

借助单轴应力下得到的公式，可以写出黏弹的三维本构方程，其等温(T_0)条件下的积分型本构方程为

$$\sigma(t)=\int_0^t 2G(t-\tau)\frac{\partial}{\partial\tau}e(\tau)\mathrm{d}\tau+I\int_0^t 3K(t-\tau)\frac{\partial\Delta}{\partial\tau}\mathrm{d}\tau \tag{4.55}$$

式中，σ 为柯西应力；e 为偏张量；Δ 为应变球张量；$G(t)$ 为剪切松弛函数；$K(t)$ 为体积松弛函数；I 为单位张量；t 为现在松弛时间；τ 为过去松弛时间。

而其中的 $G(t)$ 和 $K(t)$ 分别为

$$\begin{cases}G(t)=G_\infty+\sum\limits_{i=1}^{n_G}w_i\mathrm{e}^{-\frac{t}{\tau_i}}\\K(t)=K_\infty+\sum\limits_{i=1}^{n_K}w_i'\mathrm{e}^{-\frac{t}{\tau_i}}\end{cases} \tag{4.56}$$

式中，G_∞ 和 K_∞ 分别为剪切和体积的渐近模量。由于玻璃是一种黏弹液体，G_∞ 和 K_∞ 为 0，式(4.56) 简化为

$$\begin{cases}G(t)=\sum\limits_{i=1}^{n_G}w_i\mathrm{e}^{-\frac{t}{\tau_i}}\\K(t)=\sum\limits_{i=1}^{n_K}w_i'\mathrm{e}^{-\frac{t}{\tau_i}}\end{cases} \tag{4.57}$$

式中，n_G 和 n_K 分别为用于近似剪切松弛函数和体积松弛函数的麦克斯韦单元的个数；w_i 和 w_i' 分别为相应的加权应子和；t/τ_i 为相应麦克斯韦单元的松弛时间。

4.2.3　积分型本构方程的增量形式

式(4.55) 为黏弹本构方程的积分形式，但在实际应用中，通常采用积分型本构方程的增量形式进行数值积分计算解决问题，因而增量型的本构方程是必需的。为了便于书写，积分型本构方程可以表示为应变偏张量(用 $\sigma_{kl}'(t)$ 表示) 与应变球张量(用 $\sigma_{kk}(t)$ 表示) 两部分组成：

$$\begin{cases}\sigma_{kl}'(t)=2\int_{-\infty}^{t}G(t-\tau)\frac{\partial e(\tau)}{\partial\tau}\mathrm{d}\tau\\\sigma_{kk}(t)=3\int_{-\infty}^{t}K(t-\tau)\frac{\partial\Delta(\tau)}{\partial\tau}\mathrm{d}\tau\end{cases} \tag{4.58}$$

而在 $t+\Delta t$ 时有

$$\begin{aligned}\sigma_{kl}'(t+\Delta t)&=2\int_{-\infty}^{t+\Delta t}G(t+\Delta t-\tau)\frac{\partial e(\tau)}{\partial\tau}\mathrm{d}\tau\\\sigma_{kk}(t+\Delta t)&=3\int_{-\infty}^{t+\Delta t}K(t+\Delta t-\tau)\frac{\partial\Delta(\tau)}{\partial\tau}\mathrm{d}\tau\end{aligned} \tag{4.59}$$

由上两式可得

$$\begin{cases}\Delta\sigma'_{kl}(t)=\sigma'_{kl}(t+\Delta t-\tau)-\sigma'_{kl}(t)\\ \qquad =2\int_{-\infty}^{t+\Delta t}[G(t+\Delta t-\tau)-G(t-\tau)]\dfrac{\partial e(\tau)}{\partial\tau}\mathrm{d}\tau\\ \qquad +\int_{t}^{t+\Delta t}G(t+\Delta t-\tau)\dfrac{\partial e(\tau)}{\partial\tau}\mathrm{d}\tau\\ \Delta\sigma_{kk}(t)=\sigma_{kk}(t+\Delta t-\tau)-\sigma_{kk}(t)\\ \qquad =3\int_{-\infty}^{t+\Delta t}[K(t+\Delta t-\tau)-K(t-\tau)]\dfrac{\partial\Delta(\tau)}{\partial\tau}\mathrm{d}\tau\\ \qquad +\int_{t}^{t+\Delta t}K(t+\Delta t-\tau)\dfrac{\partial\Delta(\tau)}{\partial\tau}\mathrm{d}\tau\end{cases}\tag{4.60}$$

设 $G(t)$ 和 $K(t)$ 可表示成广义麦克斯韦模型的形式：

$$G(t)=\sum_{p=1}^{m}G_p\mathrm{e}^{-\alpha_p t},\qquad K(t)=\sum_{p=1}^{m}K_p\mathrm{e}^{-\beta_p t}\tag{4.61}$$

式中，α_p 和 β_p 是松弛时间的倒数；G_p，K_p，α_p 和 β_p 均为常数，把式(4.61)代入式(4.60)，整理后得

$$\begin{cases}\Delta\sigma'_{kl}(t)=2\sum_{p=1}^{m}G_p\dfrac{1-\mathrm{e}^{-\alpha_p\Delta t}}{a_p\Delta t}\Delta e'_{kl}-\sum_{p=1}^{m}(1-\mathrm{e}^{-\alpha_p\Delta t})\sigma_{kl}^{p}{}'(t)\\ \Delta\sigma_{kk}(t)=3\sum_{p=1}^{m}K_k\dfrac{1-\mathrm{e}^{-\beta_p\Delta t}}{\beta_p\Delta t}\Delta e_{kk}-\sum_{p=1}^{m}(1-\mathrm{e}^{-\beta_p\Delta t})\sigma_{kk}^{p}(t)\end{cases}\tag{4.62}$$

式中

$$\sigma_{kl}^{p}{}'(t)=2\int_{-\infty}^{t}G_p\mathrm{e}^{-\alpha_p(t-\tau)}\frac{\partial e'_{kl}(\tau)}{\partial\tau}\mathrm{d}\tau$$

$$\sigma_{kk}^{p}(t)=3\int_{-\infty}^{t}K_k\mathrm{e}^{-\beta_p(t-\tau)}\frac{\partial e_{kk}(\tau)}{\partial\tau}\mathrm{d}\tau$$

其中，$\sigma_{kl}^{p}{}'$ 和 σ_{kk}^{p} 分别为广义麦克斯韦形式的级数中第 p 个模式对应的时刻 t 的应力分量，它们在数值分析中是已知量，作为初应力处理。在使用计算机进行数值仿真时，将时间离散成 $t_0,t_1,\cdots,t_n$ 子步骤进行计算，用式(4.62)可以求得任意时刻 t_n 的应力值。

4.3　温度对松弛的影响及时温等效方程

4.3.1　时温等效原理

玻璃是一种热流变材料，其应力-应变关系不仅与时间有关，而且与温度有关。利用熔融拉锥法制作光纤耦合器时，光纤玻璃处在火焰形成的温度场中，其温度分布是空间变化的函数[22~24]。利用等温条件下的本构关系还无法确定非均匀温度场条件下的松弛模量函数，由于玻璃材料在相当宽的温度范围内遵从“时温等

效”原理，故可解决这一问题。

黏弹性材料在不同的作用时间下，或在不同温度下都可以显示出一样的力学状态，这表明时间和温度对黏弹材料的力学松弛过程，从而对黏弹性的影响具有某种等效的作用。已经知道，要使玻璃中某个运动单元具有足够大的活动性而表现出力学松弛现象需要一定的松弛时间，温度升高，松弛时间缩短。因此，同一个力学松弛现象既可在较高温度和较短的作用时间下表现出来，也可以在较低温度和较长的作用时间下表现出来。可见延长时间与升高温度对分子运动是等效的，因而对玻璃的黏弹行为也是等效的，这就是时温等效原理。其意思是：只要改变时标，就可以使一个温度下的黏弹行为和另一个温度下的黏弹行为联系起来。如果这种联系表现为在不同温度下某种材料特性曲线的“相似”，则只要通过适当的平移，就可以把它们重合起来。

因为弛豫时间正比于黏度，应力松弛速度随温度升高而加快。例如，对玻璃施加一恒定切应变，切变松弛函数随温度变化的情况见图 4.10(a)。图 4.10(b)中数据是按 $\lg t$ 绘制成图，不同温度的松弛曲线具有相同的形状，但是沿横坐标移动。我们称 A 和 B 点之间的距离为 $\lg[a(T_1)]$，它等于 D 和 E 的距离。如果 T_1 温度的数据对应 $\lg t+\lg[a(T_1)]=\lg[ta(T_1)]$ 作图，其数据正好与 T_2 时的重合。类似地，如果把 C 和 B 之间的距离（负）定义为 $\lg[a(T_3)]$，以 $\lg[ta(T_3)]$ 为横坐标画 T_3 温度下的数据，这些数据与 T_2 时的数据重合。这样移动函数 $a(T)$ 可以用来产生一主曲线，以适合所有的数据。

对于光纤玻璃等热流变材料，不同温度下的应力松弛模量曲线可以沿着时间轴平移而叠合在一起。引入转变方程(shift functions)的概念，可以描述玻璃材料平均松弛时间对温度的依赖性：

$$a(T,T_r)=\frac{\bar{\tau}(T_r)}{\bar{\tau}(T)} \tag{4.63}$$

式中，T_r 是参考温度，其他温度下的数据全部依靠这一参考温度下的数据组获得。当确定某一参考温度下的平均弛豫时间 $\bar{\tau}(T_r)$ 及转变函数，则可以由式(4.63)获得任意温度下的对应平均弛豫时间值。

在松弛研究中，引入简化时间比较方便：

$$\xi=ta(T,T_r)=\frac{t\,\bar{\tau}(T_r)}{\bar{\tau}(T)} \tag{4.64}$$

式中，当 $T=T_r$ 时，$\xi=t$，一般 ξ 代表在温度 T、时间 t 内所需的松弛时间。

常用的转变方程一般有两种形式：一种是 Tool-Narayanaswamy 转变方程；另一种是 Williams-Landau-Ferrry(WLF)转变方程，WLF 转变方程是一种经验公式，适用于高分子聚合物。Tool-Narayanaswamy 转移方程是根据实验观测和唯象理论对玻璃非晶体的时温等效现象的描述。

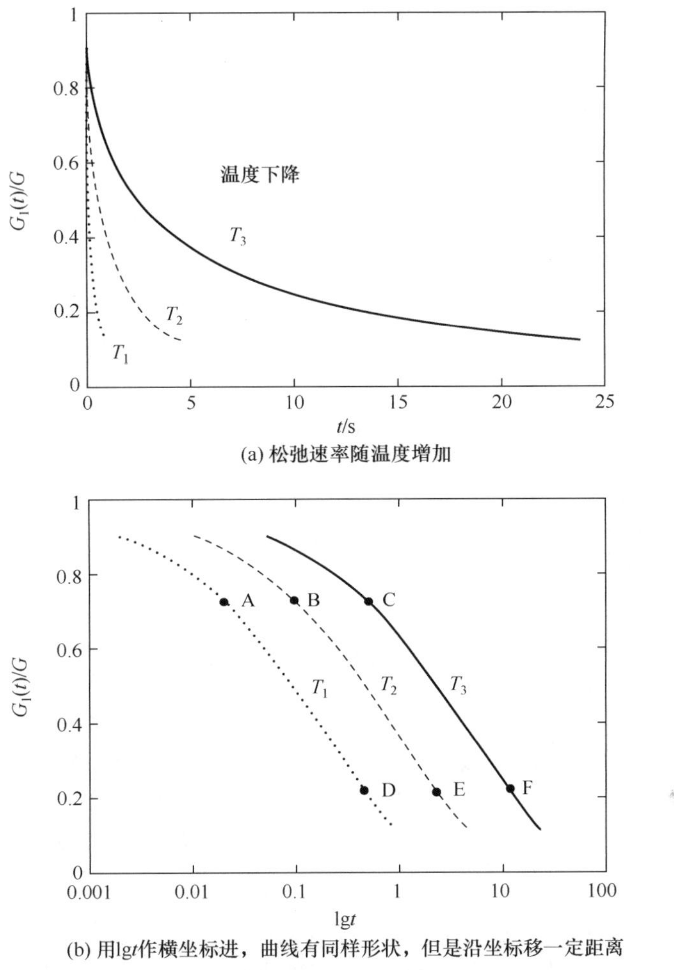

(a) 松弛速率随温度增加

(b) 用lg$t$作横坐标进，曲线有同样形状，但是沿坐标移一定距离

图 4.10　在不同温度下玻璃材料的切变应力松弛

4.3.2　Tool-Narayanaswamy 转变方程

为了得到 Tool-Narayanaswamy 转变方程，首先得说明玻璃转变温度与假想温度两个概念。

1. 玻璃转变温度

玻璃是非晶态物质，从液态到固态的转变之间会经历一个亚稳定平衡态，在这个亚稳定态中，玻璃具有黏弹流变等一些结构特性[25]。当液态玻璃冷却到液相线温度 T_L 以下后，它将进入一种亚稳定平衡态，如图 4.11 所示。如果成核热力学障碍能够被克服，将形成平衡晶相。如果没有发生成核，在 T_L 温度以下液相保持亚稳定平衡态，并以相应于平衡液相热收缩系数的高速率收缩。在较低温度下，液体中原子移动性减弱，最终原子被固定在某一位置。这发生在玻璃转变温度范围内。玻璃转变温度 T_g通常被定义为玻璃和亚稳定液相区延伸线的交点。

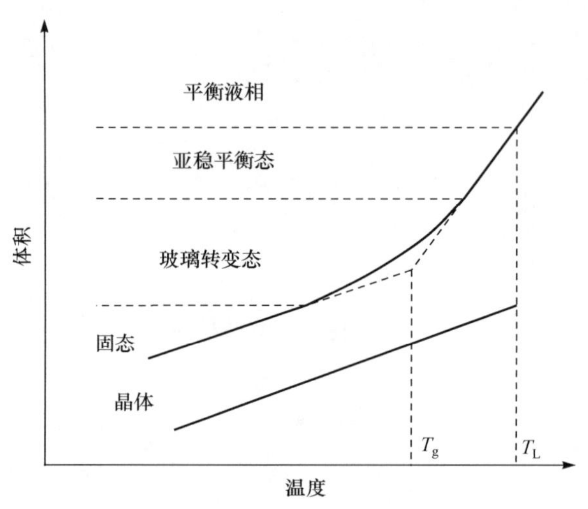

图 4.11　玻璃冷却过程中的体积变化

如果形核生长的速度很小，液体可以保持到液相线以下的温度。在中等的过渡冷却液体处于亚稳态，这意味着比体积 V 这样的物理性质是温度(T)和压力(P)的函数，但与时间无关。随着状态微小的变化(由突冷或突热所引起)，液体的性质逐渐接近其平衡态的值。这种随着液体靠近平衡态物理性质随时间的变化称为结构松弛或物理时效。玻璃转变具有诸如应力(σ)、焓(H)与温度的关系在冷却过程中出现变化的特征。在玻璃中，原子被冻结在固定位置，其性质变化仅取决于温度引起的原子在这些固定位置的振动。在液体中，性质强烈依赖温度，因为原子可以自由扩散，温度变化除了可以引起振幅的变化外，还能引起原子构型状态的变化。在温度朝 T_g下降的过程中，原子的移动性下降，要想使液体恢复到平衡态需要几秒甚至几分钟数量级的松弛时间(τ)，假如温度以每分钟的速率下降，很明显结构将不可能保持平衡，液体将保持 T_g温度附近的组构特征。

2. 假想温度

实验观测发现，不同的冷却速度下，玻璃的转变温度不同，冷却速度越大，玻璃转变温度越高，因此不同速度冷却下来的玻璃有着不同的结构特征。为了表达玻璃的这种不同的结构特征，通常采用假想温度(T_f)来表示(见图 4.12)。假想温度是描述玻璃体结构性质的一个重要参数。图 4.12 中，连续曲线代表玻璃液体以一定速度冷却到温度 T_1，时间 t_0 时性质 P 的变化。如果从非平衡曲线以代表玻璃

态的斜率 $\mathrm{d}P/\mathrm{d}t$（即玻璃态斜率）延伸出一条直线，它与平衡曲线的延伸线相交于假想温度 $T_{\mathrm{f}}(t_0)$。假如另一样品在 $T_{\mathrm{f}}(t_0)$ 温度是处于平衡态，然后急冷到 T_1，其性质 P 将会沿具有玻璃态的直线变化。急冷样品将与连续冷却样品具有同样的 P 值。因为样品的结构在急冷时没有发生变化，这意味着连续冷却样品具有与 T_{f} 温度平衡液相相同的结构。

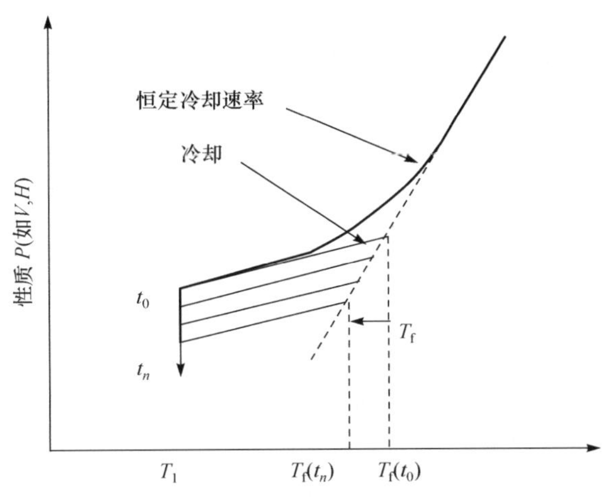

图 4.12　假想温度的定义

当然，严格地说这是不完全对的，因为两个具有同等 P 值的样品不一定具有同样的结构。但是假想温度是一个方便简单度量玻璃结构状态的参数。如果样品等温保持在 T_1，P 将松弛到它的平衡值。这一值位于平衡曲线的延伸线上（图 4.13 中粗实线）。假想温度在时间 t_1 下降为 $T_{\mathrm{f}}(t_1)$，当样品达到平衡值时，T_{f} 最终等于 T_1。

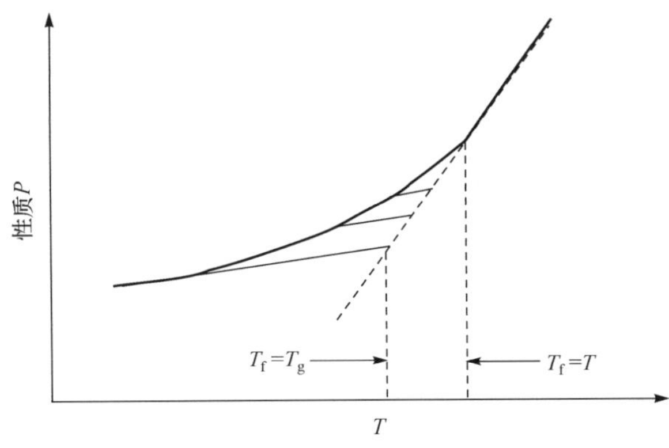

图 4.13　假想温度 T_{f} 和转变温度 T_{g} 的关系

图 4.13 可以更加清楚地表明假想温度 T_f 和转变温度 T_g 的关系。在平衡液相，假想温度等于实际温度。但当液体冷却到玻璃转变区域时，T_f 比实际 T 下降慢。当液体已经成为玻璃态时，T_f 达到最低可能值（对应于某一冷却速率），这一值称为 T_g。

3. Tool 方程

Tool 最初建立了预测复合体和玻璃淬火、退应力计算模型，并取得了很大的成功。其具体方程如下：

$$\tau_p=\tau_0\exp(-A_1T-A_2T_f) \tag{4.65}$$

即

$$a(T)=\exp(-A_1T-A_2T_f)$$

式中，τ_p 为某一温度下的松弛时间；τ_0 为参考温度的松弛时间；A_1 和 A_2 为常数；T_f 为假想温度。

Tool 最重要的贡献是提出结构的作用可以结合到松弛时间的表达式中，但其主要缺点是只用一个参数 T_f 来代表玻璃的状态。

4. Tool-Narayanaswamy 方程

对 Tool 理论进行改进的是 Narayanaswamy。他采用允许松弛时间有一定分布的假定对 Tool 理论进行了推广。Tool-Narayanaswamy 把松弛时间表达成：

$$\tau_p=\tau_0\exp\left[\frac{\Delta E}{R_g}\left(\frac{x}{T}+\frac{1-x}{T_f}\right)\right] \tag{4.66}$$

式中，x 是非线性参数，区分松弛时间对温度和假想温度的依赖性。这样导出了一个比式(4.40)更好表达黏度 η 或松弛时间 τ_p 对温度依赖性的表达式。

通过实验发现，针对各种玻璃及玻璃态非晶体，具体的 Tool-Narayanaswamy 转变方程为

$$a(T)=\exp\left[\frac{H}{R_g}\left(\frac{1}{T_r}-\frac{x}{T}-\frac{1-x}{T_f}\right)\right] \tag{4.67}$$

式中，H 为玻璃的激活能，其值为 588×10^3 J/mol；R_g 为摩尔气体常数，其值为 8.314J/(mol·K)；T_r 为参考点温度 ；x 为一常数；其值为 0.7；T_f 为光纤玻璃的假想温度，其值为 1600℃。

4.4 小　　结

本章针对光纤玻璃是一种非晶态的黏弹材料，分析了玻璃材料高温下的转变特性、力学行为及松弛现象；借助遗传算法，利用广义麦克斯韦模型，获得了数值积

分形式的黏弹本构方程。

在熔融拉锥过程中，光纤玻璃处在火焰的温度场下，其温度分布是空间变化的函数。应力-应变关系不仅与时间有关，而且与温度有关。针对材料物性与温度非线性问题，采用“时温等效”原理，将温度对松弛模量的影响转换为温度对松弛时间的影响，并得到了相应的时温转变方程。

参 考 文 献

[1] 何平笙，杨海洋，朱平平. 聚合物黏弹性力学模型的电学类比. 化学通报，2004，67(6)：53.

[2] 朱平平，何平笙，杨海洋. 高聚物黏弹性力学模型计算中容易被忽视的一个基本问题. 高分子材料科学与工程，2007，23(3)：251-253.

[3] 陈艳，陈宏善，康永刚. 分数 Maxwell 模型应用于 PTFE 松弛模量的研究. 高等学校化学学报，2006，27(11)：2160-2163.

[4] 卫延斌，史仪凯，刘澎. 黏弹性材料剪切模量松弛函数的拟合研究. 兵工学报，2010，31(10)：1409-1412.

[5] 李放. 光学玻璃在转变区域的黏性特征. 硅酸盐通报，1983，5：1-7.

[6] 郑晓松. 聚合物溶液的弹性黏度理论及应用[博士学位论文]. 大庆：大庆石油学院，2004.

[7] 王仁，陈晓红. 高分子材料黏弹塑性本构关系研究进展. 力学进展，1900，25(3)：289-302.

[8] 孙伟，常明，杨保和. 纳米晶体弹性模量的模拟研究. 应用数学和力学，1999，20(5)：525-530.

[9] 乔楚良，殷志云，潘留仙，等. 非晶材料弛豫过程中杨氏模量的唯象研究. 固体力学学报，2001，22(3)：268-272.

[10] 李健，张烨，张声春. 非晶态聚合物主转变弛豫峰与玻璃化转变过程的相关性研究. 物理学报，1996，45(8)：1359-1365.

[11] 赵延，罗斌，潘炜. 光纤环形腔半导体激光器弛豫振荡的分析. 激光技术，2002，26(6)：416-418.

[12] 杨乾锁，竺乃宜，张恒利，等. 激光器弛豫振荡过程中光场的偏振特性. 2000，27(10)：887-890.

[13] 蔡志平. 掺钕钒酸钇薄片激光器中弛豫振荡的偏振动力学研究. 1998，37(5)：669-674.

[14] 宋小鹿，李兵斌，王石语，等. 脉冲激光二极管端面抽运全固态激光器热效应瞬态过程. 中国激光，2008，34(11)：1476-1482.

[15] 卢向东，傅克祥. 椭偏法测光栅参数的可行性理论研究. 激光杂志，2003，24(1)：29-31.

[16] 沈浩，王昕. 改进遗传单纯形混合算法在光纤对接中的应用. 光电工程，2006，33(10)：67-71.

[17] 周庆初，徐乃欣，石声泰，等. 用随机单纯形法分析交流阻抗数据. 中国腐蚀与防护学报，1989，9(4)：289-296.

[18] 张丽娟，傅克祥，麻健勇，等. 透射光谱法测光栅参数的可行性. 激光技术，2005，29(2)：165-168.

[19] 朱锡雄，朱国瑞，黄旭昇. 玻璃态高聚物 PMMA 的非线性黏弹-塑性本构方程. 力学学报，1993，25(1)：103-110.

[20] 朱波，余同希，陶肖明. 机织复合材料的本构关系与成形性研究. 力学进展，2004，34(3)：327-340.

[21] 王少林，阮雪榆，俞新陆，等. 金属高温塑性本构方程的研究. 上海交通大学学报，1996，30(8)：20-24.

[22] 刘薇，金日光. 高分子材料时-温等效性的研究：(Ⅰ)时-温等效理论的现状. 北京化工学院学报，1991，18(1)：24-36.

[23] 刘薇. 高分子材料时间-温度-应力等效性的研究[博士学位论文]. 北京：北京化工大学，1993.

[24] 郑健龙，田小革，应荣华. 沥青混合料热黏弹性本构模型的实验研究. 长沙理工大学学报：自然科学版，2005，1(1)：1-7.

[25] Gao C，Yang S，Liu X N，et al. Calorimetric analysis on enthalpy relaxation in xylitol glass. Acta Physico-Chimica Sinica，2010，26(1)：7-12.

第 5 章　光纤器件熔融拉锥过程仿真

熔融拉锥流变制造过程是一个非常复杂的热力耦合流变成形过程，现只依靠基于工艺的实验研究，没有建立其拉伸流变数学模型，不能完全掌握其流变规律[1]。而材料流变成形数值模拟技术不仅可以实时地描述流变过程中的材料流变模式和各种物理场量的分布规律，而且还能预测成形过程中的流变缺陷，获得各项工艺参数的影响规律以及对成形过程进行优化设计，因此选择耦合器的流变成形过程进行研究，不仅具有重要的理论意义，而且还具有重要的实际工程价值。利用前两章分析所得的物理方程，通过建立熔融拉锥工艺的数值分析模型，对耦合器熔融拉锥过程进行了拉伸过程的瞬态分析，获得了光纤耦合器在拉锥过程中，工艺参数如拉伸速度、熔融温度及其扰动等对光纤耦合器内部应力、应变以及几何形状等的定量影响规律。

5.1　有限元数值法

5.1.1　有限元法求解基本思路

力学分析方法可以分为两类：解析法和数值法。但能用解析法求出精确解的通常只是某些比较简单，且几何边界相当规则的少数问题。对于大多数的工程技术问题，由于物体的几何形状复杂或者问题的某些特征量是非线性的，很少能用解析法求解。在这种情况下，常借助于计算机利用数值计算方法来获得满足工程需要的数值解。有限单元法是目前使用非常广泛的一种数值计算方法[2]。其基本思想是把无限个质点构成的物体，假想地划分成有限个简单形状的单元，如图 5.1 所示。用这种有限个单元的集合体来代表原来的物体。各个单元之间靠节点相互连接。单元之间的相互作用力靠节点传递。物体被离散后，首先对其中的各个单元进行分析，求解各个单元内节点力与节点位移的关系。由于选用的是某些简单形状的单元，因此，单元的力学分析就比较简单，而且各个单元存在着相同的规律性。单元分析后，再对整个物体进行整体力学分析，找出整个物体所有的节点载荷与节点位移的关系。这些关系构成一个线性方程组。引入边界条件后，求解这个线性方程组，就可以得出基本未知量的解。根据所得到的解，求解出各个单元的应力和应变的值。单元的划分和节点的选择，除了根据物体的结构特点、承受载荷的情况、计算精度的要求以及考虑计算机的容量等因素外，很大程度上是人为的。单元划分越细，计算结果就越精确[3]。

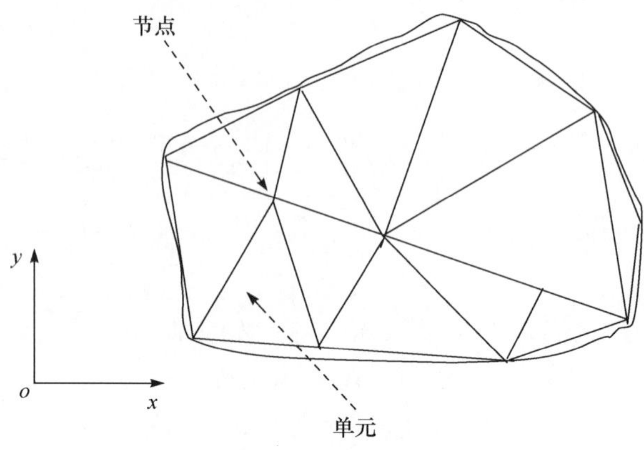

图 5.1　有限元单元划分

要建立有限元整体方程组，必须先确定各个单元的力学平衡方程、几何方程和物理方程(或本构方程)，建立单元的矩阵方程；然后给单元和节点编号，按编号所对应的位置构成新的整体刚度矩阵方程；最后将边界条件代入方程组，可求得各个节点的位移，最终求出各个单元的应变应力值。力的平衡方程、几何方程、物理方程是建立有限元分析的基础。

5.1.2　力的平衡方程

设有如图 5.2 所示的弹性薄板。为计算简便，取此薄板的厚度为单位长度，从薄板内任一点处附近截取一边长为 $\mathrm{d}x$，$\mathrm{d}y$ 的微小单元体，可以推得单元的力学平衡方程为

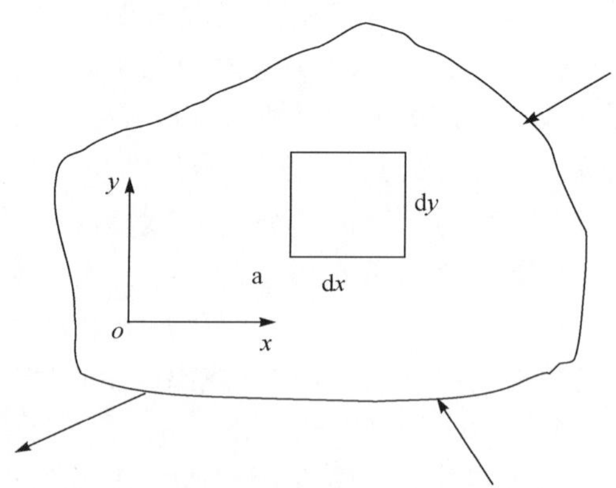

图 5.2　平面单元中的应力示意图

$$\begin{cases}\dfrac{\partial \sigma_x}{\partial x}+\dfrac{\partial \tau_{xy}}{\partial y}+\bar{b}_x=0\\ \dfrac{\partial \sigma_y}{\partial y}+\dfrac{\partial \tau_{yx}}{\partial x}+\bar{b}_y=0\\ \tau_{xy}=\tau_{yx}\end{cases} \tag{5.1}$$

5.1.3　几何变形方程

设一个平面直角变形前为 APB，而变形后为 A′P′B′，如图 5.3 所示，可以推得单元的几何变形方程为

$$\begin{cases}\varepsilon_x=\dfrac{\partial u}{\partial x}\\ \varepsilon_y=\dfrac{\partial v}{\partial y}\\ \gamma_{xy}=\dfrac{\partial u}{\partial x}+\dfrac{\partial v}{\partial y}\end{cases} \tag{5.2}$$

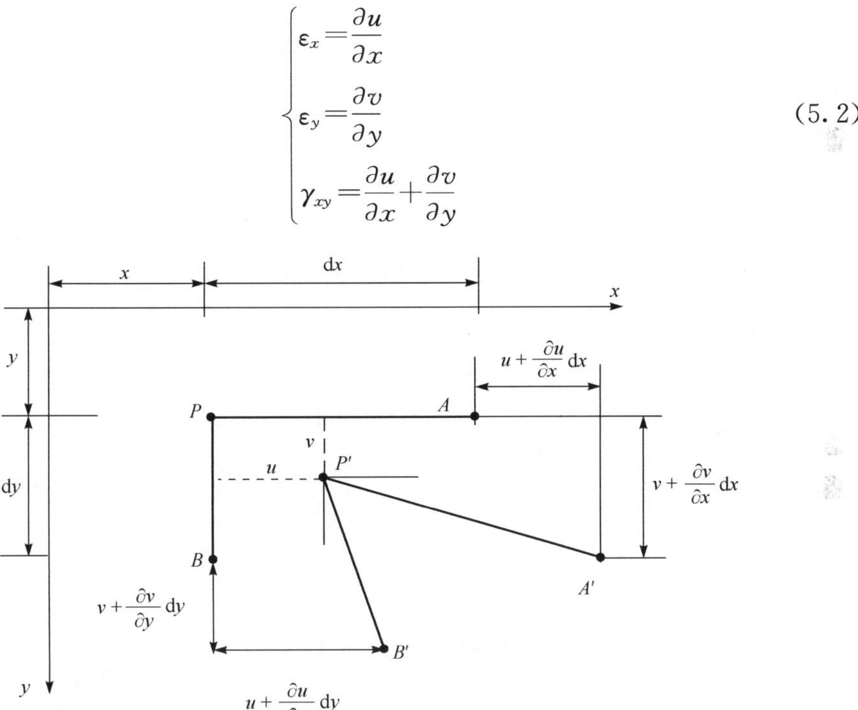

图 5.3　平面单元中变形的表达式

5.1.4　本构方程

本构方程又称为物理方程，它是描述应力应变之间的关系[4]。对于光纤玻璃等黏性材料的本构方程已经在前两章中讨论过了，在此不作详细叙述，只写出本构方程的积分形式：

$$\sigma(t)=\int_0^t 2G(t-\tau)\frac{\partial}{\partial \tau}e(\tau)\mathrm{d}\tau+I\int_0^t 3K(t-\tau)\frac{\partial \Delta}{\partial \tau}\mathrm{d}\tau \tag{5.3}$$

式中，σ 为柯西应力；e 为偏张量；Δ 为应变球张量；$G(t)$ 为剪切松弛函数；$K(t)$ 为体积松弛函数；I 为单位张量；t 为现在松弛时间；τ 为过去松弛时间。

5.2 几何模型的建立

耦合器是由两段光纤平行靠拢后加热拉伸所得[5]。处于火焰加热区中段的光纤可以近似认为是两段独立相互平行的光纤，如图 5.4 所示。

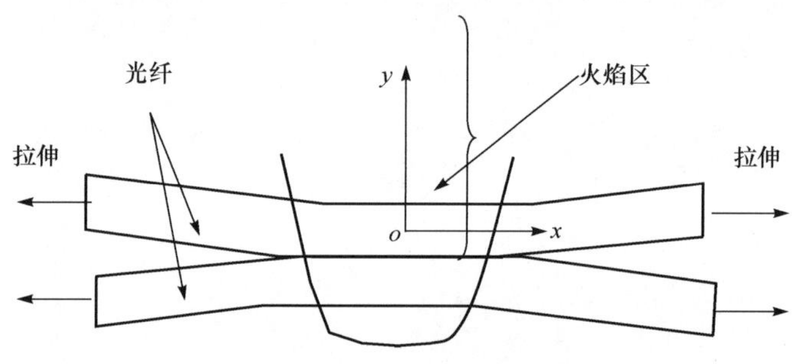

图 5.4 熔融拉锥示意

忽略两根光纤之间的相互作用，可以取单根光纤进行受力分析，单根熔锥光纤的几何结构见图 5.5(a)，以火焰中心为坐标原点，火焰区域大约为 8mm，这里取 10mm 的光纤进行分析，由于光纤耦合器的结构和载荷都对称于 xoy 平面，为提高计算速度，可简化为平面问题。取 $x>0,y>0$ 的部分进行分析，如图 5.5(b)所示。

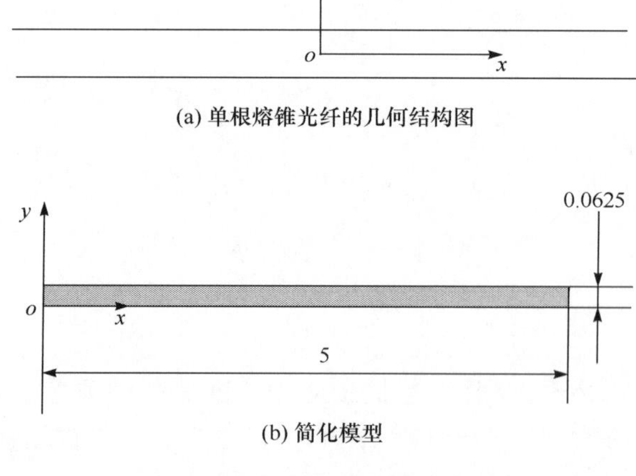

图 5.5 光纤耦合器流变模型

5.3　光纤耦合器预加热分析

熔融拉锥工艺过程首先有一个18s的预热阶段，在这个阶段光纤充分受热熔融，为下一阶段的拉伸做准备[6]。因为这一阶段光纤受热后的温度场是拉锥阶段的初始条件，直接影响光纤拉锥时的流变成形过程，所以有必要先求出熔融拉锥前光纤耦合器的温度场。

5.3.1　传热基本方程

耦合器预热时，从传热学角度讲是一个三维非稳态传热过程，即热瞬态传导过程，用基本传热方程为

$$\frac{\partial T}{\partial \tau}=a\left|\frac{1}{r}\frac{\partial}{\partial r}\left(r\frac{\partial T}{\partial \tau}\right)+\frac{1}{r^2}\frac{\partial^2 T}{\partial \theta^2}+\frac{\partial T^2}{\partial z^2}\right|-\left|v_r\frac{\partial T}{\partial \tau}+v_\theta\frac{1}{r}\frac{\partial T}{\partial \theta}+v_2\frac{\partial T}{\partial z}\right|+S_t \tag{5.4}$$

式中，$a=\dfrac{K}{pc}$为热扩散系数，m^2/s；K为导热系数，J/(m·s·℃)；ρ为密度，kg/m^3；c为比热，J/(kg·℃)；V_r、V_θ、V_z分别为光纤质点r(径向)、θ(周向)、z(轴向)3个坐标方向的速度分量。

在预烧阶段，由于光纤没有受到拉伸，因此各速度分量为零。在拉伸阶段由于拉伸速度很小，质点速度可以忽略，即有$V_r=0$，$V_\theta=0$，$V_z=0$。$S_t=\dfrac{\partial f_s}{\partial t}$为结晶潜热，单位是J/kg；$f_s(T)=\dfrac{T_L-T}{T_L-T_S}$，$T_L$、$T_S$分别为液、固相线温度。光纤是一种高纯石英玻璃，非晶体材料，没有结晶潜热，所以有$S_t=0$。由于光纤的对称性，因而可以转换为平面的二维传热分析。此时传热模型可改写为

$$\frac{\partial T}{\partial t}=a\left|\frac{1}{r}\frac{\partial}{\partial r}\left(r\frac{\partial T}{\partial r}\right)+\frac{\partial^2 T}{\partial z^2}\right| \tag{5.5}$$

通过资料查询，可以获得光纤玻璃的材料属性。材料性能参数为：密度$2.2\times 10^3 kg/m^3$，导热系数0.25W/(m·℃)，在1000℃时的比热为1092J/(kg·℃)[7]。

5.3.2　单元选取与划分

利用ANSYS有限元软件进行热分析，选用Plane77二维八节点热分析单元(如图5.6所示)进行二维瞬态热分析。

Plane77为高阶矩形单元，比四节点矩形单元计算精度更高，更适合结构复杂

或有大变形的情况。当节点 K、L、O 重合时，矩形单元可转变为三角形单元。每个节点有且仅有一个自由度——温度。载荷的施加有两种：面载荷和体载荷。面载荷为热对流和辐射。体载荷为节点热，是从单元体自身发出的热量。单元划分法采用矩形映射法，共划分了 5511 个节点，5000 个单元，如图 5.7 所示。

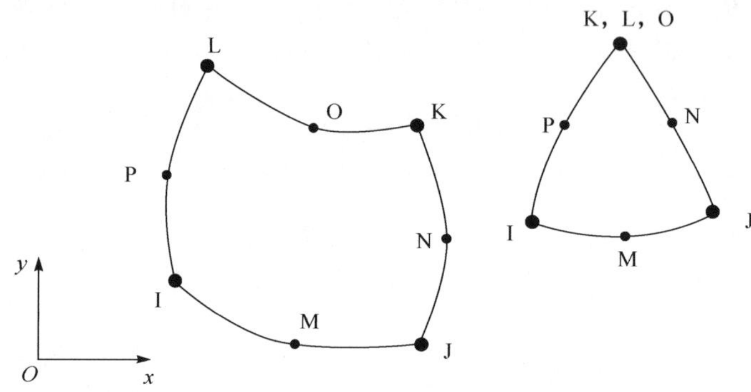

图 5.6　Plane77 二维八节点热单元

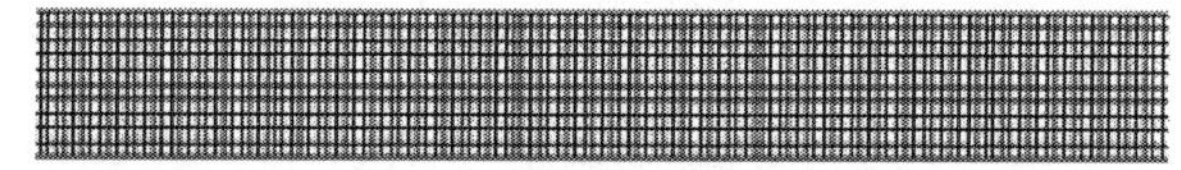

图 5.7　局部的网格模型

5.3.3　火焰温度场分析

熔融温度的获得是选用高纯 C_3H_6 和纯 O_2 燃烧获得，并利用双铂铑合金热电偶和 UJ-33 型电位差计对火焰温度进行测量。由于火焰的温度分布是中央对称的，故采取从火焰的中心位置开始，沿着垂直于火焰中心的方向测量，每隔 0.1mm 读取测量数据一次，测得火焰的温度分布如表 5.1 所示，火焰中心（$x=0$）的温度最高，为 1178℃。随着位置远离火焰中心，温度逐渐降低。当位置处于火焰边缘 $x=4.2$mm，火焰的温度为 410℃。此温度已经远远低于光纤的退火点温度，此时的光纤黏度很大，表现出弹性性质。所以这里只测了 x 在 0～4.2mm 区间内的温度。火焰温度场分布曲线如图 5.8 所示。

表 5.1　火焰温度场的测定

离中心位置/mm	0	0.1	0.2	0.3	0.4	0.5	0.6	0.7	0.8	0.9	1.0
电压/V	48.5	48.5	48.5	48.5	48.5	48.4	48.4	48.4	48.4	48.3	48.2
温度/℃	1180	1180	1180	1180	1180	1179	1179	1178	1178	1176	1173

续表

离中心位置/mm	1.1	1.2	1.3	1.4	1.5	1.6	1.7	1.8	1.9	2.0	2.1
电压/V	48.0	47.7	47.62	47.46	47.33	47.21	46.96	46.72	46.47	46.14	45.73
温度/℃	1168	1162	1158	1154	1151	1148	1142	1136	1130	1122	1112
离中心位置/mm	2.2	2.3	2.4	2.5	2.6	2.7	2.8	2.9	3.0	3.1	3.2
电压/V	45.32	44.74	44.09	43.43	42.89	41.8	40.8	39.8	38.7	37.8	36.6
温度/℃	1102	1088	1072	1056	1043	1018	994	968	943	920	892
离中心位置/mm	3.3	3.4	3.5	3.6	3.7	3.8	3.9	4.0	4.1	4.2	
电压/V	35.2	33.8	32.2	30.5	28.7	26.7	25.0	23.0	20.8	18.1	
温度/℃	858	823	784	742	698	651	608	560	503	441	

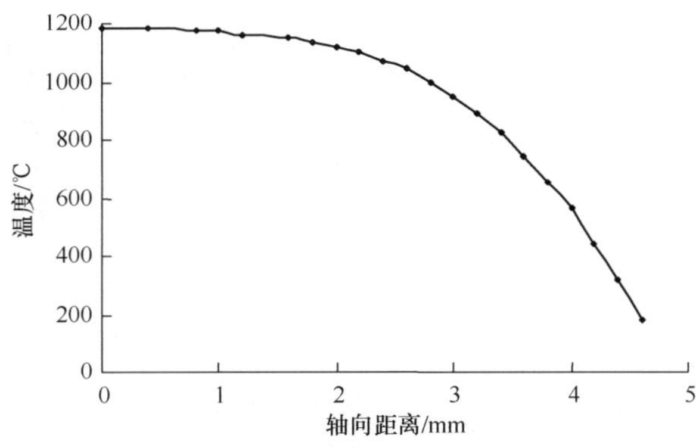

图 5.8　火焰温度场分布

5.3.4　热分析的边界条件

利用插值算法确定火焰温度场内任意一点的温度值[8]。设光纤某一点的横坐标为 X，其相邻已测两点的横坐标为 X_{n-1}，X_n，温度分别为 $T_{X_{n-1}}$，T_{X_n}。且 $X_n-1<X<X_n$，则 X 点的温度为

$$T_x=\frac{T_{xn}(x-x_{n-1})+T_{x_{n-1}}(x_n-x)}{x_n-x_{n-1}} \tag{5.6}$$

温度场边界条件示意图见图 5.9。

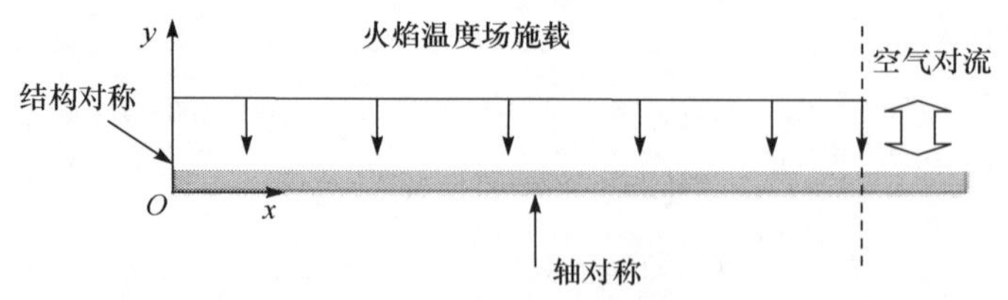

图 5.9　温度场边界条件

5.3.5　热分析结果

图 5.10 为 18s 后光纤耦合器的温度场分布云图。由图 5.10 可知,光纤中心温度最高,为 1171℃,略低于火焰中心温度。随着远离中心,光纤的温度逐渐降低。

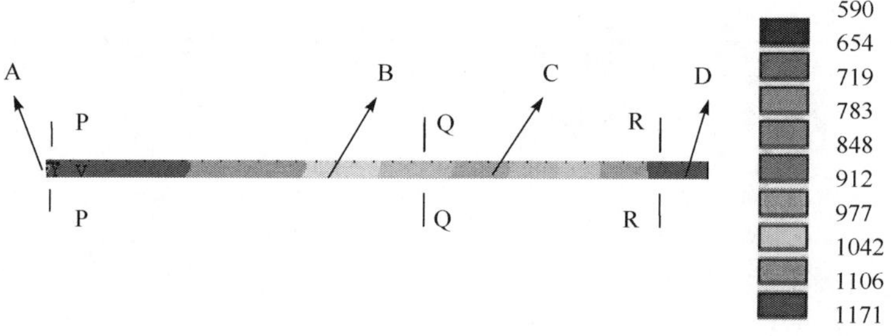

图 5.10　光纤预热应力分布图

取各个径向截面的温度进行分析。从火焰中心的 P-P 截面径向温度分布可以发现[见图 5.11(a)],此处的光纤径向外侧温度比径向内侧表面高。这说明热量传递的方向为由外向内。内外的温度相差仅 0.2℃,温度梯度较小,相应的黏度梯度也较小。截面 R-R 径向温度分布曲线如图 5.11(b)所示,此处的光纤径向外侧温度比径向侧表面高。能量传递的方向为由内向外。此处内外温度差大约为 1.5℃,比 P-P 截面处要大。光纤截面 Q-Q 的温度分布如图 5.11(c)所示,在此处光纤径向的温度差为 0.4℃,值的大小介于 P、Q 两处之间,径向温度梯度值的大小直接反映了光纤各层之间黏度差值的大小。当光纤径向各点之间黏度出现差别后,直接影响到的是在同一截面中不同点所受的拉生应力产生差值。这种应力梯度很可能会使光纤在拉伸过程中发生侧黏流。当工艺参数不匹配时,会造成侧黏流较大,产生流变缺陷,从而影响最终器件的结构和光学性能。

光纤耦合器各点随时间的变化情况如图 5.12 所示。取在光纤轴向不同位置取 A、B、C、D 四个点分析,这四点都取在轴心处。可以看到,A 点温度随时间的延长而升高,大约只需要 2s 就可以达到稳定,B 点和 C 点的温度也只要 2s 多就可以达到稳定，而远离火焰端的 D 点的温度是一个平滑的上升过程。稳定时间大约要 6s。考虑到制作时环境等因素，实际工艺中预热时间取 15～20s。

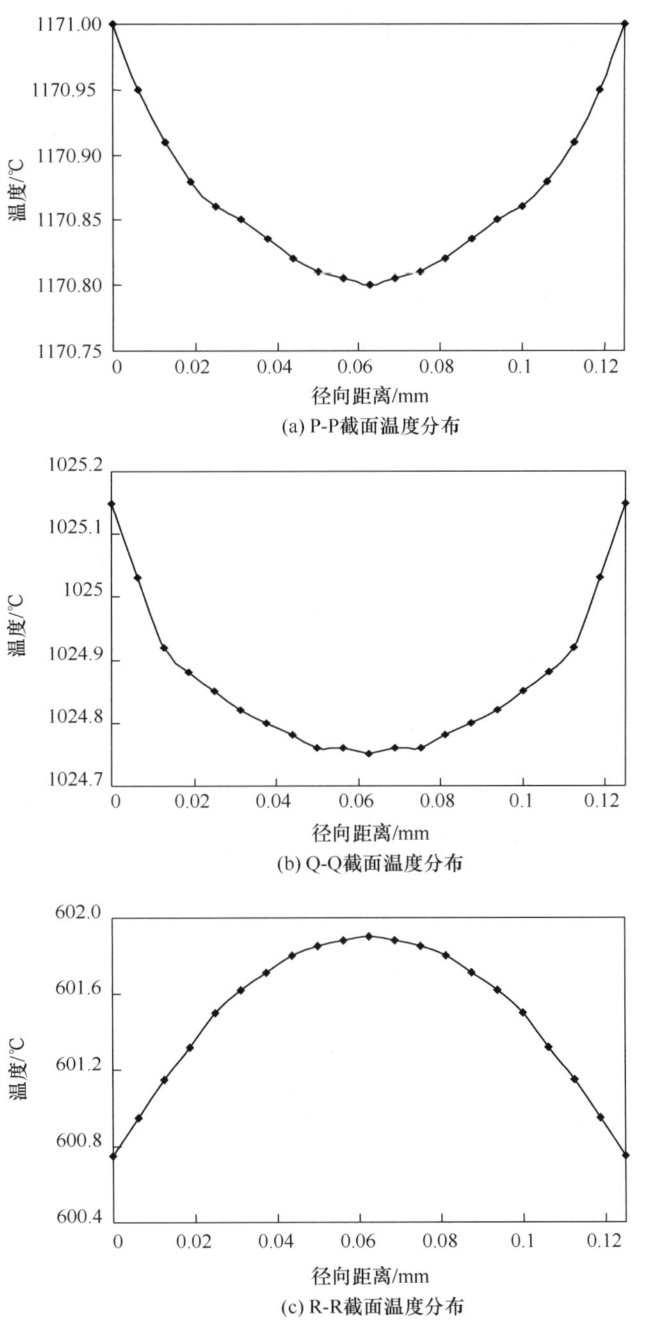

图 5.11　光纤耦合器不同截面的温度场径向分布

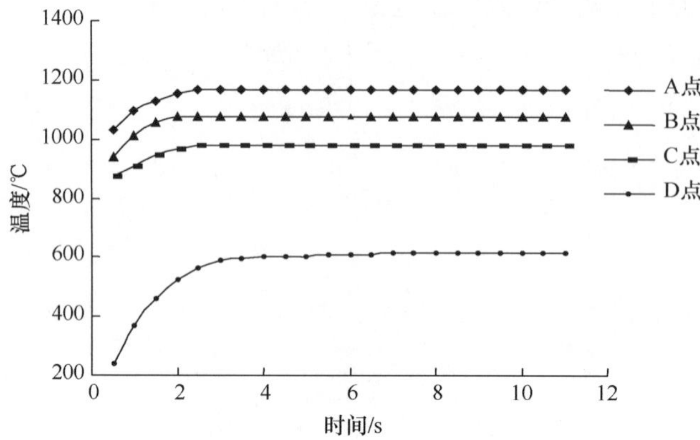

图 5.12　光纤耦合器轴向不同位置处温度随时间的变化

5.4　光纤耦合器拉锥过程分析

当光纤耦合器经过预热后，步进电机带动拉伸平台以某一恒定的速率向两侧拉伸。光纤在拉伸的过程中不断变长变细。在这个 2min 左右的连续拉伸变形过程中，由于光纤受到拉伸而变长，因此光纤上的某一点在火焰内的位置不断发生变化[9]。温度也发生相应的变化，如图 5.13 所示，因此在不同时刻，光纤耦合器有着不同的温度场。

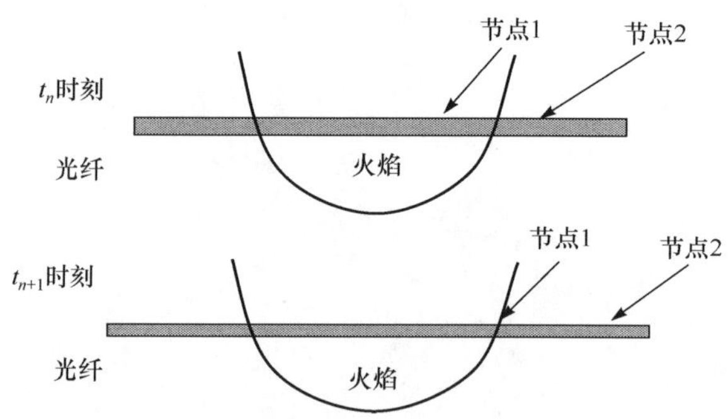

图 5.13　不同时刻光纤各点温度变化

光纤耦合器的熔融拉锥是一个复杂的动态热力耦合过程，在这个过程中，温度场的变化对结构应力产生影响，而结构形状的变化又会改变温度场的分布，所以在拉伸过程中需要进行两个物理场的耦合分析[10]，针对温度场分析（热分析）和应力-应变场分析（结构分析），分别选用温度和结构两种类型的分析单元，但只进行一次网格划分，使不同单元的网格与节点保持一致。在拉伸迭代过程中不断修正、调整单元特性和边界条件，如图 5.14 所示。把拉伸过程分为若干拉伸步，在步骤 t_n 中，首先在温度场环境下用热单元计算出光纤温度场的分布，然后将温度场分析中的结果在结构分析中以体载荷的形式作为温度边界条件，在结构分析中以一定的速率拉伸得到应力场，对拉伸以后的刚度矩阵进行调整后进入步骤 t_{n+1}，在调整结构后的几何模型中，把上一次计算的温度场作为初始条件，重新计算结构调整后的温度场，然后将温度场分析中的结果在结构分析中以体载荷的形式施加，作为温度边界条件，把上一次计算的应力场作为初始条件，再在结构分析中拉伸得到步骤 t_{n+1} 应力场，如此反复迭代，可以得到光纤拉锥过程中某一时刻的应力、应变以及几何变形等结构参数。

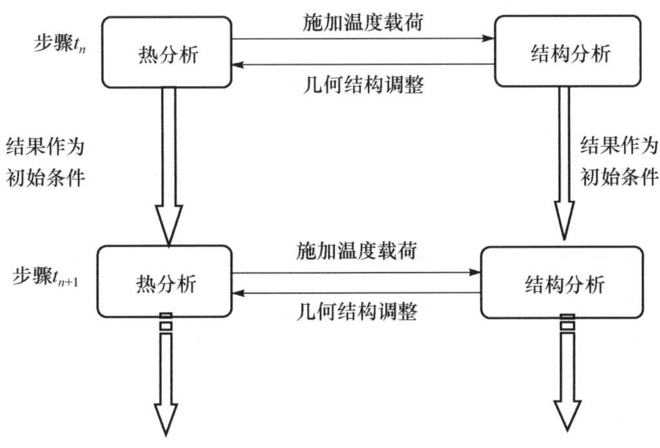

图 5.14　熔融拉锥过程耦合分析示意图

图 5.15 为完整的熔融拉伸过程有限元求解流程图。程序可分为四个部分：初始设定，它包括几何模型的定义、单元网络划分和材料属性定义、两个物理环境中施加载荷和定义边界条件；第一步拉伸求解，它包括第一个拉伸步骤内结构分析以及调整几何形状以后温度场的重新计算；拉伸循环求解，用一个循环程序实现整个拉伸过程；读入求解结果进入后处理分析，即用后处理模块读入已经求解完的计算数据。

1. 单元的选取及单元网络的划分

由于熔融拉锥存在两个物理场的分析-热分析和结构分析，所以模型需要定义两种不同类型的分析单元[11~13]。热单元在前面已经分析过，选取的是二维八节点的 Plane77。结构单元选取的是 Visco88 黏弹单元（如图 5.16 所示）。Visco88 单元可以定义材料黏弹属性，作相应的黏弹流变分析。Visco88 单元同样为平面二维八节点单元，单元形状和节点编号与 Plane77 一致。这样可以使在热分析中和结构分析中有限元模型单元和节点保持一致，单元编号和节点编号一一对应，不会因为有限元模型的转变而产生误差。此单元可施加的载荷有面载荷-压力以及体载荷-温度，可以定义材料黏弹参数，参数是基于广义麦克斯韦模型以及热流变材料时温等效理论确定的。

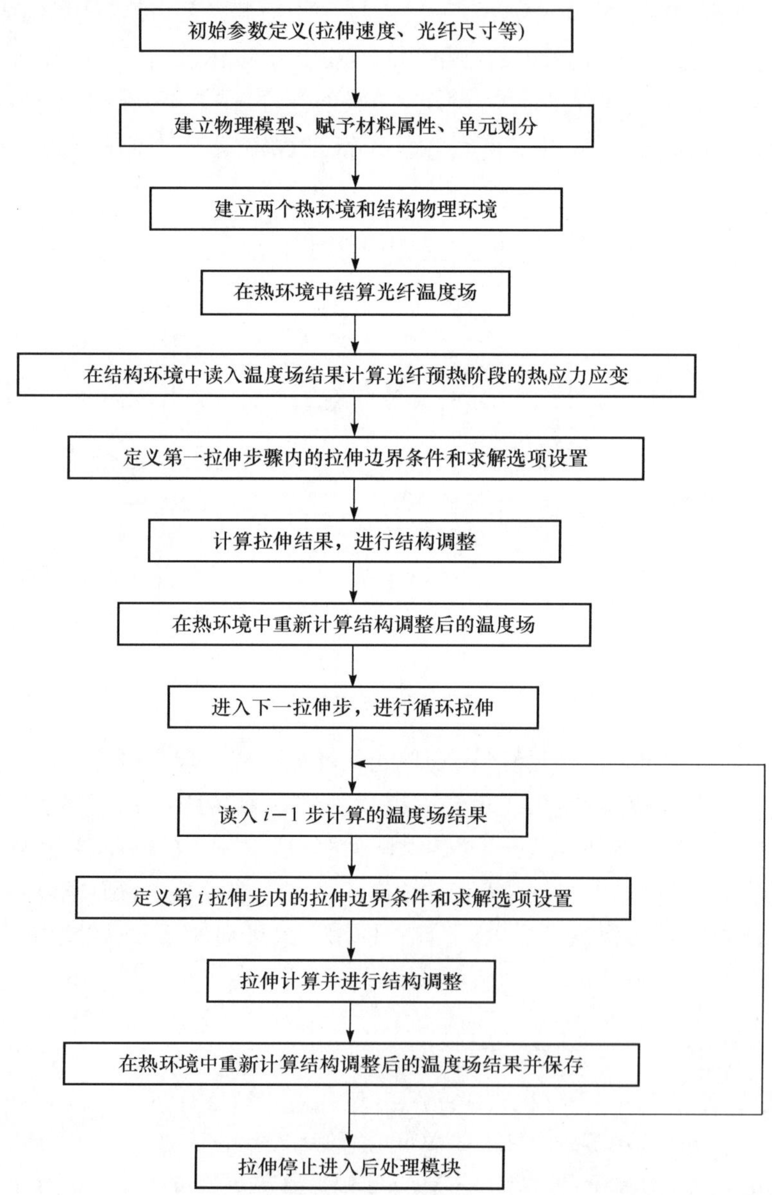

图 5.15　光纤耦合器熔融拉锥仿真程序示意图

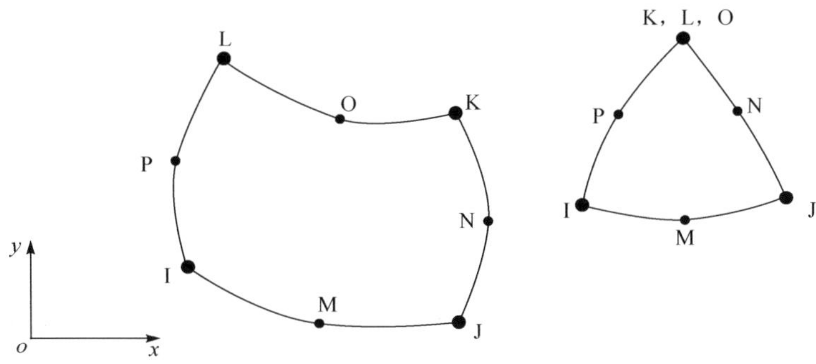

图 5.16　Visco88 实体模型单元

2. 结构分析中的边界条件

热分析中的边界条件和施加载荷已经在上一节定义过。结构分析中的边界条件如图 5.17 所示。边界约束条件为:光纤对于 y 轴结构对称,对于 x 轴轴对称,温度场作为体载荷。光纤的一端施加一个恒定的拉伸速度。在分析中,所施加的载荷用单位时间内的给定位移表示。

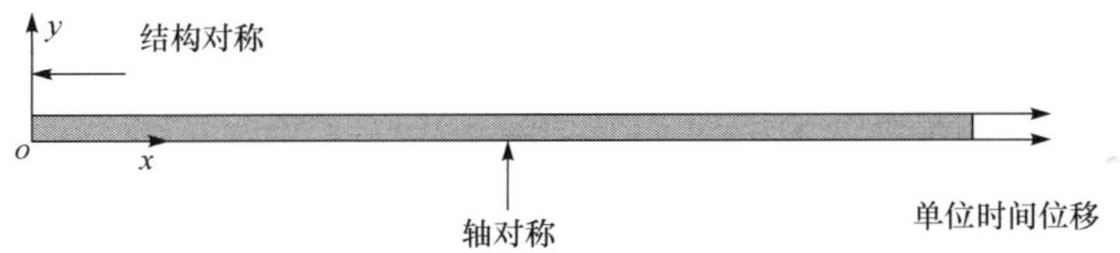

图 5.17　光纤耦合器结构分析边界条件

5.5　熔融拉锥过程仿真结果与分析

5.5.1　光纤耦合器应力应变分析结果

光纤耦合器拉伸速度为 0.15mm/s,拉伸 2s 后应力场分布如图 5.18 所示。可以看出当最高温度为 1171℃,拉伸速度为 0.15mm/s 时,光纤中的最大等效应力(Maxeqv)为 20MPa,且位于熔融区的中心,并可以看出光纤径向存在应力梯度。这是由于温度场径向分布大小不一造成。在火焰内部,光纤中心应力比表面高,而在火焰外部,光纤中心的应力比表面的应力小。

考察熔融区截面 P-P 和锥区截面 Q-Q 两处的截面应力分布,如图 5.19 所示。可以看到在熔融区 P-P 截面上,中心的应力比表面高,而在火焰外围的截面上,光纤中心的应力小,表面的应力高。

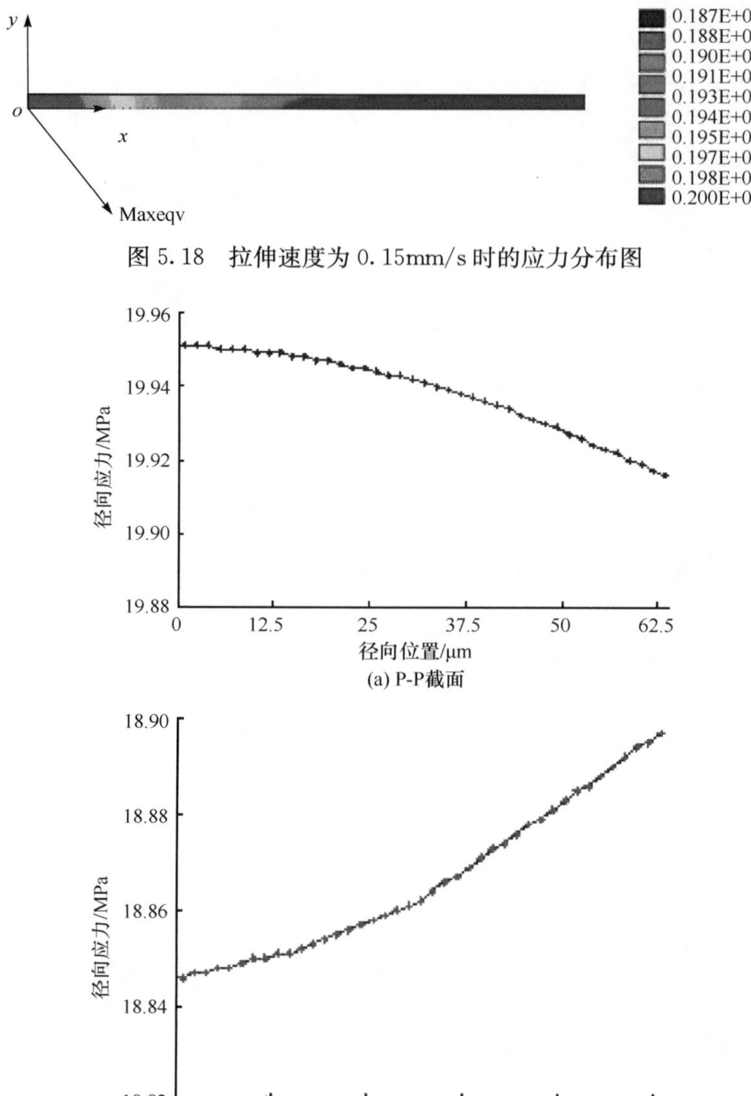

图 5.18 拉伸速度为 0.15mm/s 时的应力分布图

图 5.19 光纤耦合器不同截面的应力场径向分布曲线

5.5.2 光纤耦合器流变形状分析结果

光纤耦合器最终流变的形状应该为双锥体结构[14]，侧面曲线为两段平滑的抛物曲线。大量实验研究表明，耦合器流变形状是直接影响耦合器光学性能的重要参数。图 5.20 为拉伸速度为 0.15mm/s 时，拉伸时间为 80s(如果包括阶段则总时间为 98s)下,光纤耦合器的熔融拉锥形状曲线。从图 5.20 中可以看出仿真结果较真实地反映了耦合器实际截面形状。

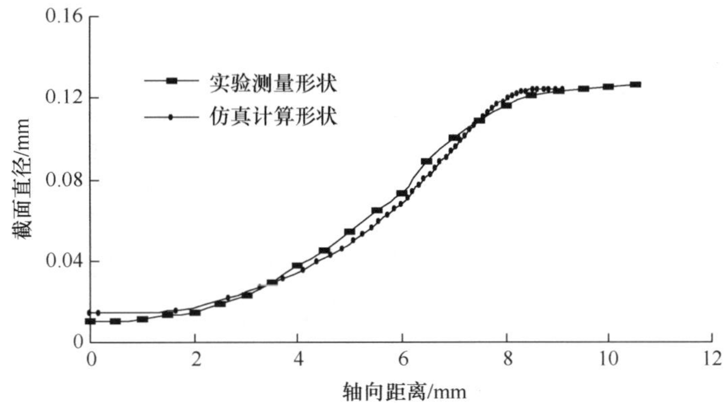

图 5.20　截面形状实验测量与仿真计算结果的比较

5.5.3　工艺参数对光纤耦合器应力分布的影响

结构应力直接影响到光纤耦合器的性能[15]。一方面,应力梯度将使光纤内折射率分布发生改变;另一方面,径向应力梯度可能使光纤耦合器产生结构缺陷。这里主要考察工艺参数——温度场和拉伸速度对光纤耦合器应力分布的影响。

1. 温度飘移的影响

实际火焰受到气体流量平稳性和环境的影响,总会有一定幅度的改变[16]。这里分析光纤耦合器中温度对光纤应力的影响。不改变温度场的分布,将温度场整体提高或降低。拉伸速度为 150μm/s。图 5.21 为温度对耦合器最大等效应力的影响。可以看出,熔融温度对器件应力分布影响十分显著,5℃的温度扰动可以引起器件的应力变化 30%。

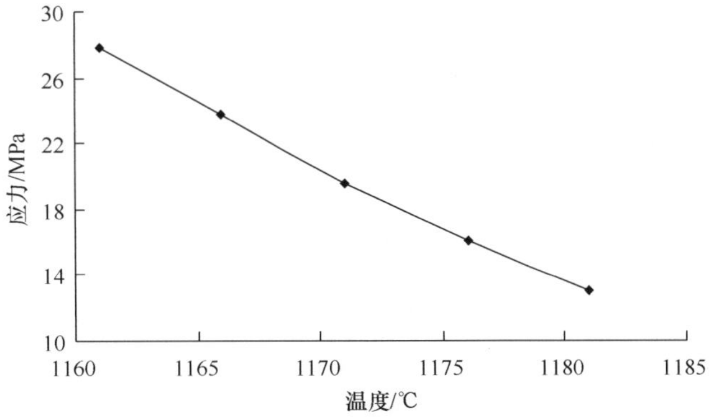

图 5.21　熔融温度对光纤耦合器最大应力的影响

不同熔融温度下器件不同截面的应力差如图 5.22 所示。可见熔融温度对光纤耦合器应力分布的不均匀性有突出的影响，提高熔融温度有利于器件应力分布均匀化。5℃的温度变化可导致应力差改变 20％。

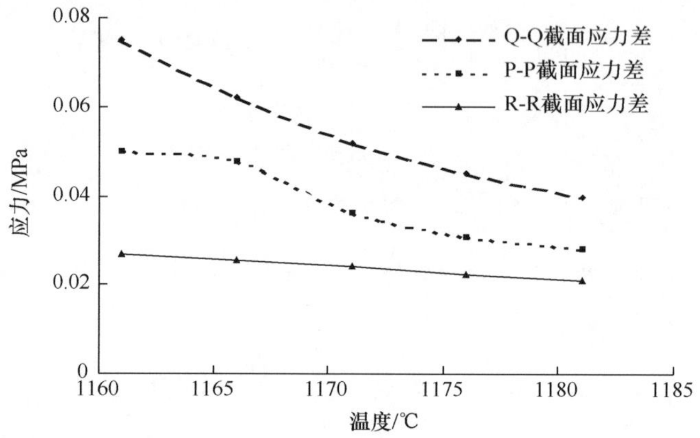

图 5.22　熔融温度与耦合器径向应力差的关系

2. 温度场分布对光纤耦合器应力的影响

保持拉伸速度和火焰中心温度不变，改变温度场梯度和分布状况，求解不同温度场下光纤耦合器应力场的影响。施加如图 5.23 所示的两个温度场体载荷，温度场 1 与温度场 2 的梯度差为 3％(温度场 1 的梯度较小，两个温度场的最大温差小于 10℃)。

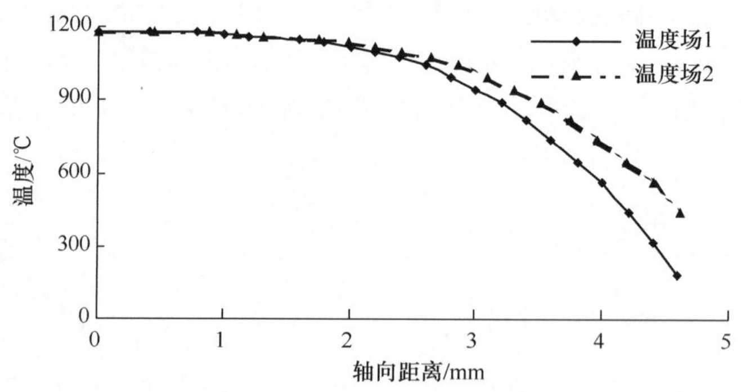

图 5.23　不同梯度的两个温度场载荷

求解出在两个不同温度场下，拉伸 2s 后温度场 1 对应的器件截面应力分布，如图 5.24 所示。

温度场 2 对应的器件截面应力分布如图 5.25 所示。

由图 5.24 与图 5.25 可见，温度梯度对器件的应力分布的影响极为突出，增加温度梯度将显著增大锥区的应力不均匀性，3%的梯度变化可以导致器件的最大应力值改变 20%、锥区截面的应力差(应力差= 耦合器同一截面中心的应力值一边缘的应力值)改变 90%。

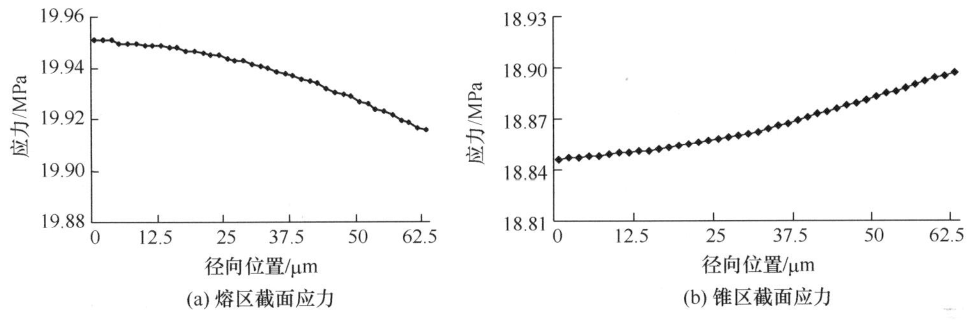

图 5.24　温度场 1 条件下的应力场分布

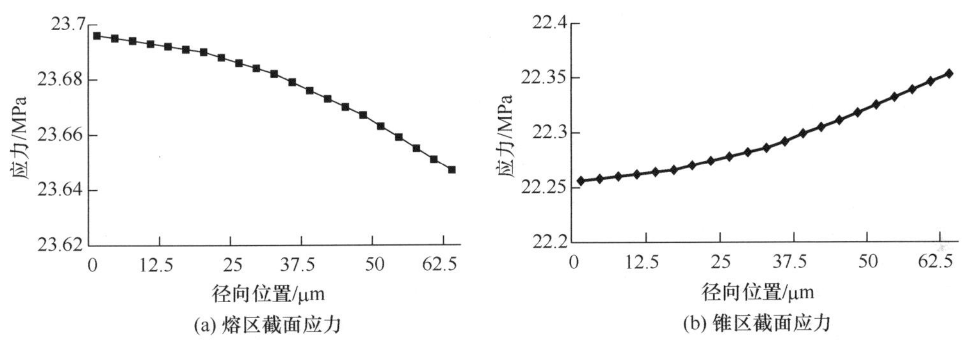

图 5.25　温度场 2 条件下的应力场分布

3. 拉伸速度对应力的影响

在相同熔融温度场下改变拉伸速度，分析了拉伸速度对光纤耦合器应力场的影响。拉伸速度对光纤耦合器中最大应力的影响如图 5.26 所示。由图 5.26 可见，在 0～400μm/s 拉伸速度范围内，器件的最大应力与拉伸速度成正比。拉伸速度对器件不同截面的应力差的影响如图 5.27 所示。由图 5.27 可见，器件内部应力分布的不均匀性随拉伸速度的增大而加剧(其中锥区应力的不均匀性尤为严重)，使器件性能下降。

目前光纤器件流变制造设备中，熔融温度场一般采用燃烧气体火焰的方式获得，实际测试表明，火焰中心的温度漂移约为 5℃，而火焰边缘的温度漂移可达 30℃[17]。可见，燃烧气体火焰的加热方式远不能满足高性能光纤器件的流变制造技术要求,亟待开发高稳定、温度梯度优化的特种加热技术。

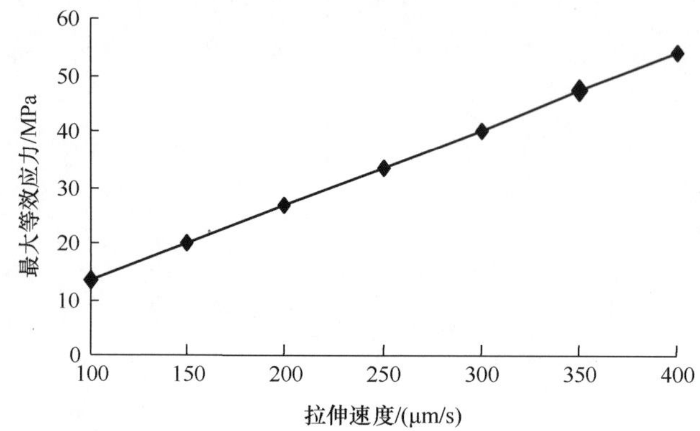

图 5.26　拉伸速度与器件最大应力的关系图

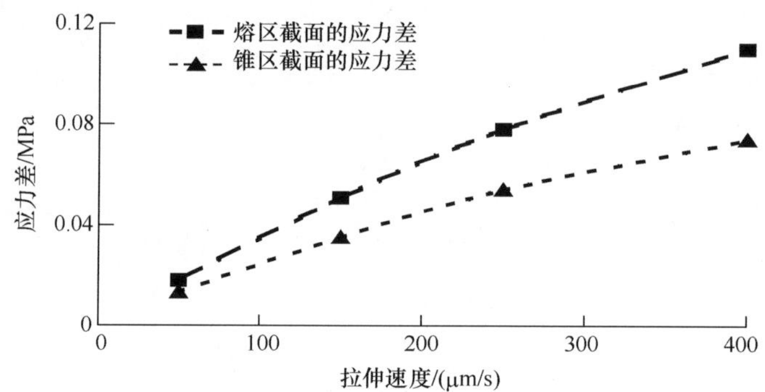

图 5.27　拉伸速度与不同截面应力差的关系

5.6 小　结

本章建立了光纤耦合器熔融拉锥过程的黏弹有限元模型,通过在拉锥过程中不断修正、调整单元特性与边界条件,对耦合器熔融拉锥流变制造过程进行了热力耦合数值分析;实现了光纤耦合器非均匀温度场条件下流变成形全过程的数值仿真与规律分析,得到了熔融拉锥工艺参数如熔融温度、拉伸速度等对光纤耦合器应力应变和流变形状的影响[18~20];获得了光纤在熔融状态下的应力场分布,发现了光纤内部的最大应力与拉伸速度成正比;当最高温度为 1170℃,拉伸速度为 0.15μm/s 时,最大拉应力为 20.0MPa。发现熔融温度对器件流变制造过程的影响极大,熔融温度变化 5℃可导致最大应力变化 30%,截面应力差变化 20%;温度场梯度变化 3%可以导致器件的最大应力值改变 20%,截面应力差变化 90%。

实际测试表明,火焰中心的温度漂移约为 5℃,而火焰边缘的温度漂移可达

30℃。可见，燃烧气体火焰的加热方式远不能满足高性能光纤器件的流变制造技术要求，亟待开发高稳定、温度梯度优化的特种加热技术。

参考文献

[1] 向东辉. 熔融拉锥技术的新发展. 世界产品与技术，2005，5：35，36.

[2] 邵龙潭，唐洪祥，韩国城. 有限元边坡稳定分析方法及其应用. 计算力学学报，2001，1：81-87.

[3] 帅词俊，段吉安，王炯，等. 光纤耦合器熔融拉锥黏弹性建模与分析. 中南大学学报，2006，1：83-87.

[4] 刘雄. 一般蠕变本构方程探讨及试验验证. 岩石力学与工程学报，1986，3：245-254.

[5] 林小莉，李平，王强，等. 熔锥型光纤耦合器的扭转响应. 光子学报，2004，5：540-543.

[6] 王来瑞，张申生，崔健吾，等. 光纤熔融拉锥系统及其应用. 微电子学与计算机，2003，8：142-144.

[7] 谢智莹，邓再德，杨钢锋，等. 掺铒高增益磷酸盐激光玻璃的研究进展. 玻璃与搪瓷，2005，2：46-51.

[8] 张新荣，魏静. 灰度不变的图像插值算法. 微处理机，2004，3：36-40.

[9] 帅词俊，段吉安，苗健宇，等. 光纤耦合器预拉时熔锥区的热分析. 中南大学学报，2004，4：618-621.

[10] 曹介元，韶强，徐盈. 光纤耦合器的制造设备. 光通信研究，1994，4：50-54.

[11] 帅词俊，段吉安，蔡国华. 熔融光纤器件熔锥区的形貌和微观结构研究. 光学学报，2006，1：121-125.

[12] 帅词俊，段吉安，钟掘. 熔锥型光纤耦合器流变成形的工艺敏感性研究. 光学精密工程，2005，1：41-45.

[13] Kazuhiro H. Silicon optical MEMS：Optical components and sensors. Optics and Precision Engineering，2002，6：632-633.

[14] 单俊鸿，张燕玲，周明凯. 玻璃在拉、压状态下的流变性质差异. 玻璃与搪瓷，2004，4：24-26.

[15] 侯玲珑，段吉安，易子馗. 熔锥型光纤耦合器的制备与测试. 光纤与电缆及其应用技术，2005，5：28-30.

[16] 常太华，苏杰，田亮. 一种基于 DSP 实现火焰检测的方法. 工程科技，2002，4：50-52.

[17] 帅词俊，段吉安，钟掘. 熔锥型光纤耦合器的工艺与显微形貌研究. 光学精密工程，2005，2：27-30.

[18] 帅词俊，段吉安，苗建宇. 工艺参数对光纤耦合器性能影响的实验研究. 光通信技术，2004，12：13-15.

[19] Wong W Y，Lchoy K. The manufacturing of an optical fiber coupler by the fusion elongation method. Journal of Materials Processing Technology，1997，63：807-809.

[20] 张元清. 熔融拉锥型全光纤耦合器性能分析. 无线电电子学，2006，3：24-26.

第6章 一种基于新型加热系统的熔融拉锥机

熔融拉锥机是熔锥型光纤器件的通用制造设备。传统熔融拉锥机是基于气体火焰加热的方式设计与制造的，利用新型电阻加热系统取代传统的气体加热装置后，其结构设计与运动方式不能满足新的加热方式要求。本章基于新设计的电阻加热系统，重新设计了熔融拉锥中的拉锥平移台和加热器工装，并利用数值方法对加热器工装进行热分析，对其设计方案进行校核，最终研制出了一种新型的熔融加热机。

6.1 一种新型电阻加热系统的设计、制造与分析

6.1.1 加热方式与加热材料

1. 加热方式

要提高熔锥型光纤器件的产品质量和性能，必须保证熔锥区温度的稳定与温度场的合理分布，而现在采用的气体火焰加热方式不能满足这些要求。就目前所知，除了火焰加热方式以外，能够实现光纤熔融所需的1200℃高温的加热方式还有电阻加热、激光加热、高频感应加热等。以下对这几种加热方式进行了分析与比较。

1）电阻加热

电阻加热是利用电流通过导体后产生热量并对其他物体进行加热，常见的有日常生活用的电炉、工业用的热处理电炉等，它们的共同特点是采用电能转变为热能的能量转化方式[1]。这种能量转化方式具有很多优势：①能够方便地控制发热体的功率，由于 $P=U\times I=I^2\times R$，只要任意改变电流、电压、或者发热体本身的电阻三个参数中的一个或者多个就能改变功率，而这些参数的改变很容易实现；②电阻加热可以获得理想的温度场，只要发热体具有合理的几何结构，就能得到实验或生产所需要的温度场；③同气体火焰加热比较，电加热受外界环境影响很小，不会产生太大的温度波动，其精度可以得到很大的提高；④发热体及其供电系统价格便宜，使用方便。

2）激光加热

激光加热是一种新型的高温加热方式，可以达到1700℃以上的高温，这种加热方式的主要优点是能在很短的时间内向很小的区域传递很大的能量，其温度的可控性较好、稳定性较佳、环境影响较小，其温度场的大小和形状可以由专用的透镜控制[2]。目前国外在实验室已成功应用这种方式制造出光纤耦合器，其过程如下：用移动的激光光斑将两根单模光纤分别预拉成一段数毫米长、直径约 15μm 的

锥区，然后把两根预拉好的光纤并拢、退火，再将其置于激光光斑下熔融，就可以得到一段约 200μm 长的锥体，从而达到分光。由此过程可以看出，用这种方法制造光纤耦合器分为两道工序，过程较为复杂，大批量生产时效率很低。目前采用这种加热方式仅在实验室制造了普通光纤耦合器，而尚未成功制造其他的光纤器件。此外，激光本身的温度虽然很稳定，但其加热过程是一个很复杂的与材料相互作用的物理过程，不仅与材料的本身性质(热容、导热系数、比重)有关，而且与激光的加热参数(功率密度、能量分布、作用时间)有直接的关系，加上激光与材料会因为光吸收、反射、热辐射、热传导以及等离子体效应与溅射效应等而相互作用，因此实际加热过程并不稳定，制造的耦合器存在损耗偏大等问题[3]。

3) 高频感应加热

高频感应加热是利用电磁物质在交变磁场中产生涡流而获得高温，具有加热速度快，功率高，能够传递较大功率密度和便于实现机械化、自动化等优点，目前已在淬火、焊接、熔炼等诸多领域得到了广泛的应用。由于其加热过程涉及的物理作用很多，影响因素也很多，目前尚无实用的数学模型对其进行描述，使得温度很难精确控制。此外，该系统很笨重、复杂，使用极不方便。因此，这种方式用于光纤器件熔融还存在不少的困难[4]。

在以上几种加热方式中，电阻加热在性能、使用、价格等方面都有很大的优势，因此本章选择电阻加热应用于光纤器件的熔融拉锥制造。电阻加热的难点在于找到一种合适的耐高温发热材料，以下介绍加热元件材料的确定。

2. 加热材料

用熔融拉锥法制造光纤耦合器需要在高温下进行(能达到 1200℃以上的高温)，一般的金属及其合金或者化合物都存在熔点过低或氧化性的问题，所以就很难满足这个要求。解决此问题的方案有两种：一种是利用高温下抗氧化的金属陶瓷材料，这样就能在空气等氧化氛围中直接加热；另一种是利用高熔点金属，使之在其他的保护氛围下(如氢气或氮气等)或外面涂上耐高温的密封陶瓷，能够防止氧化，从而达到所需要的温度。

1) 金属或者金属陶瓷材料

能抗氧化的高温金属陶瓷材料主要有二硅化钼、铬酸镧和二氧化锆等。

二硅化钼($MoSi_2$)发热材料是由高纯硅、钼采用陶瓷工艺制造的特种功能陶瓷元件[5,6]，其特点主要有：

(1) 耐高温、使用寿命很长。在氧化氛围中，高温下可持续使用 8000h 以上，其原因是该材料能在空气中直接加热到 1700℃，在氧化气氛中其产品表面生成一层致密的能自封的 SiO_2 保护膜，元件与外界空气隔绝，从而阻止了材料的进一步氧化，其反应方程式如下：

$$2MoSi_2 + 7O_2 \longrightarrow 2MoO_3 \uparrow + 4SiO_2$$

$$5MoSi_2 + 7O_2 \longrightarrow Mo_5Si_3 \uparrow + 7SiO_2$$

(2) 具有较小的比电阻，但随着温度的升高而增加，在 1700℃时是常温下的 16 倍，在使用电压不变的情况下，其使用功率随着温度的升高而减小，这自然保护了二硅化钼电热元件在不超负荷的情况下正常运行，因此利用该材料制作的电阻加热器有自我保护的功能。

(3) 在常温下具有硬而脆的特性。二硅化钼的机械性能与加工性能良好，其抗拉强度和弯曲强度不低于一般金属材料和某些氧化物材料（如 Al_2O_3），而硬度和抗压强度比金属高。二硅化钼也可以用于不同的加热环境，表面温度高，热辐射能力强，加热速度快，能迅速使置放光纤的槽内的温度上升。

铬酸镧（$LaCrO_3$）是一种金属陶瓷，能够在大气气氛下升温到 1700℃（表面温度）[7]。该材料的电阻率较高，可以加载较大的工作电压，而通过元件的电流不会太大，这在一定程度上可以简化供电系统和电路设计。但这种材料主要存在如下缺点：

(1) 该材料的升温速度太慢，其速度一般都在 400℃/h 以下，这会使得待机时间过长。

(2) 在高温下会有少量的 Cr^{3+} 离子的挥发，对器件质量造成一定的影响并污染环境，而且使得加热元件寿命不长。

(3) 该材料的导热性能较差，容易受热过急而裂损。

(4) 该材料强度和刚度较低，机械加工性和安装性能很差，很难加工成微型电加热器的结构，安装以后很容易由于自重而导致加热器断裂。

二氧化锆是一种高温抗氧化金属陶瓷，以三氧化二钇为稳定剂的二氧化锆加热元件。虽然可以使用到 2000℃，但由于该元件需在 1000℃以上方可导电，这就必须增加辅助加热设备使二氧化锆达到 1000℃以上然后才能继续升温，再加上热膨胀曲线复杂，耐热冲击性差，使用起来极不方便[8]。

2) 高熔点金属及其合金

金属及其合金中有很多熔点在 2000℃以上，常见的钨、钼及其合金的都是高熔点金属材料，可以达到 1700℃以上，是良好的高温发热材料，但是钨在常温下就可氧化，钼的抗氧化性能力也很差，钨钼合金在 200℃以上就会被氧化，因此要使用这些材料必须附加保护装置，由于制作光纤耦合器过程中光纤需不断的更换，所以加热器中的高温温度场需是一个开放的环境，不适宜利用保护气体。另一种方法是先把金属材料加工成所需要的结构，然后在外面加特殊的陶瓷，起抗氧化作用，但是它存在以下几个主要的缺点：①陶瓷是一种脆性材料，置放光纤处陶瓷太薄，很难保证该部分的强度与尺寸，达不到抗氧化的效果，相反，由于该处陶瓷的存在，使得槽中心的温度偏低，得不到光纤器件熔融所需要的理想温度场；②金属发热体的电阻率太低，会导致电阻加热器电阻过小，要达到所需功率必须加载很大电流，造成供电系统和电路设计复杂化；③这几种材料的机械加工性能差，很难加工成所需要的结构，且容易断裂。

由以上分析可知，金属陶瓷材料相对金属材料有较大的优势，而在金属陶瓷中二硅化钼在力学性能以及电学性能上都能很好地满足要求，是理想的发热材料，所以选择二硅化钼作为发热元件材料。

6.1.2　电阻加热器的结构设计

由于耦合器本身的体积很小，在熔融拉锥时只需对光纤很短（约 15mm）一段进行加热，而且加热器还受到机器本身结构空间的限制，其尺寸不能太大，另一方面要保证加热器能够方便地接线，结构不能太小。因此加热器的结构设计就显得尤为重要，在不影响耦合器性能和质量的情况下，一方面要保证电阻加热器接线方便，另一方面要求置放光纤的槽的温度能够达到 1200℃以上，这就要求电阻加热器置放光纤的槽和电极的设计非常合理。槽的宽度如果太大将会导致槽内温度偏低，达不到光纤器件熔融所需温度，如果过窄又不方便放入光纤和测温。电极尺寸如果过大，将使整个电阻加热器体积增大，重量加重，发热体部分易于损坏，反之则不方便接线。此外，还要从力学（强度和刚度）和电学（功率、电阻、电流和电压）方面考虑发热体的整体结构设计。

二硅化钼是一种良好的导热材料[9]，为了防止在熔融过程中电极部分温度过高，防止与之相连的导线熔化，要求电极接线处温度尽量降低，因此在结构设计时一方面尽量延长电极的长度，另一方面减少电极部分的发热量，即增大电极的横截面，减小电极部分的电阻。综合考虑这些设计要求后，获得发热体的结构设计，如图 6.1 所示。表 6.1 给出了发热体的结构参数。

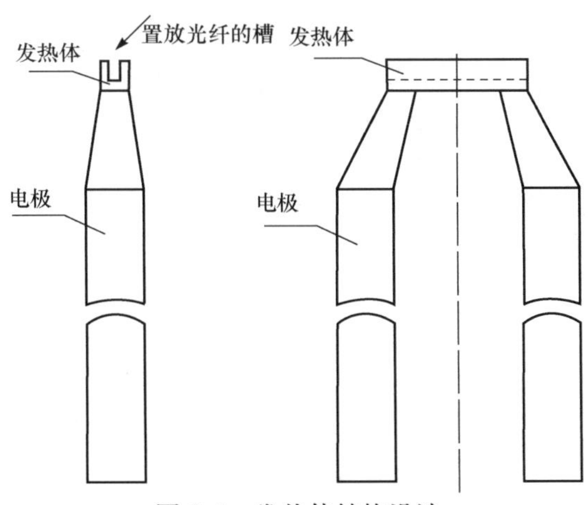

图 6.1　发热体结构设计

表 6.1 发热体的结构参数

几何参数	长度/mm	宽度/mm	高度/mm
发热体	15	3	3
置放光纤槽	15	1.5	2
电极	90	6	

发热体的结构设计方案在电学和力学性能方面都能满足要求，接线比较方便，电极接线部分的温度低于 300℃，整个加热器熔融区温度分布合理，但由理论和经验分析可知，在高温下电阻加热器与空气的热辐射功率较大。为了提高电阻加热器熔融区整体温度，同时减少发热体的散热量，在发热体结构设计的基础上对电阻加热体加陶瓷保温层。图 6.2 为设计的电阻加热器[10]，其几何参数见表 6.2。

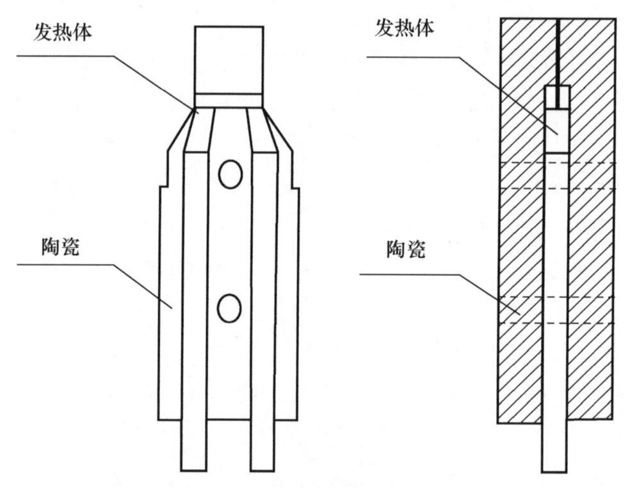

图 6.2 电阻加热器的结构

表 6.2 电阻加热器的几何参数

基本几何参数	长度/mm	宽度(直径)/mm	高度/mm
发热体	15	3	3
置放光纤槽	15	1.5	2
陶瓷	32	15	75
电极	90	6	

对于增加了陶瓷保温层的结构设计，发热体部分几何尺寸不变，整个电阻加热器利用陶瓷固定。电阻加热器实物如图 6.3 和图 6.4 所示。

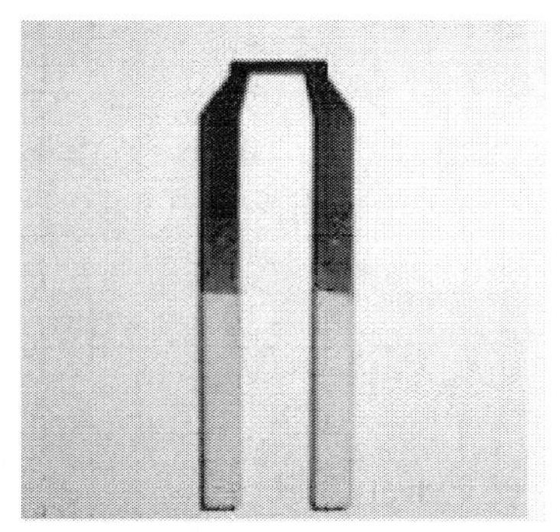

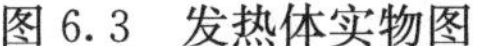

图 6.3　发热体实物图

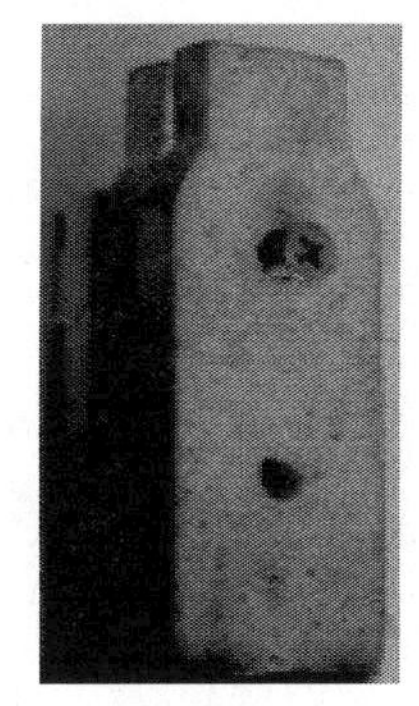

图 6.4　加热器实物图

6.1.3　电阻加热器的温度场分析

1. 传热基本方程

电阻加热器置放在空气中加热是稳态传热的过程，其基本传热方程为

$$Q-W=\Phi+\Delta\varphi+\Delta \mathrm{KE}+\Delta \mathrm{PE} \tag{6.1}$$

式中，Q 为系统产生的热量；W 为系统所做的功；Φ 为系统流出的热量；$\Delta\varphi$ 为系统内能；$\Delta \mathrm{KE}$ 为系统动能；$\Delta \mathrm{PE}$ 为系统势能。

对于电阻加热器有

$$\Delta \mathrm{KE}=\Delta \mathrm{PE}=0$$

通常考虑没有做功：$W=0$；对于稳态热分析，$\Delta\Phi=0$，即流入系统的热量等于流出系统的热量，则

$$Q=\Phi \tag{6.2}$$

对于电阻加热器，它与周围的空气存在很大的温差，因此热传递现象十分明显。电阻加热器材料是一种金属陶瓷，具有良好的导热性能，其发热端与电极存在热传导。电阻加热器置于空气中加热，与空气存在明显的热对流；工作温度在1500℃以上，向空气辐射的能量很大，所以该电阻加热器存在以上三种热传递方式——热传导、热对流和热辐射。流出系统的热流量可用式(6.3)表示：

$$\Phi=\Phi_{\mathrm{d}}+\Phi_{\mathrm{c}}+\Phi_{\mathrm{r}} \tag{6.3}$$

式中，Φ_{c} 为物体的对流热流量；Φ_{r} 为物体的辐射热流量。

电阻加热器的熔融温度场是空间坐标的函数，属于三维稳态温度场，它可表示为：$t=f(x,y,z)$[11]，因此式(6.3)可以改写成：

$$\Phi(x,y,z)=\Phi_{\mathrm{d}}(x,y,z)+\Phi_{\mathrm{c}}(x,y,z)+\Phi_{\mathrm{r}}(x,y,z) \tag{6.4}$$

以下对电阻加热器的三种热传递方式进行分析。

1）热传导

电阻加热器熔融区的温度高达 1400℃以上，而电极接线部分的温度较低，电阻加热器是一个三维稳态的温度场，导热微分方程揭示了连续物体内温度分布与空间坐标和时间的内在联系，可以用来求解三维稳态导热问题。其导热微分方程为

$$\frac{\partial t}{\partial \tau}=a\left(\frac{\partial^2 t}{\partial x^2}+\frac{\partial^2 t}{\partial y^2}+\frac{\partial^2 t}{\partial z^2}\right)+\frac{\dot{\Phi}}{\rho c} \tag{6.5}$$

式中，t 为温度；a 为热扩散率，$a=\frac{\lambda_s}{\rho c}$，$m^2/s$；$\lambda_s$ 为比例系数，称为热导率或导热系数，W/(m·K)；c 为比热容，ρ 为密度。

电加热器的导热微分方程是对其内部温度场内在规律的描述。但是要获得电阻加热器导热问题的解还需要施加第三类边界条件，即给定物体边界条件与周围流体间的表面传热系数。由固体壁导热量与表面传热量相等，可得

$$-\lambda_s\left(\frac{\partial t}{\partial n}\right)_w=h_{\mathrm{d}}(t_{\mathrm{w}}-t_{\mathrm{f}}) \tag{6.6}$$

式中，已知流体温度 t_{f}（$t_{\mathrm{f}}=25$℃）和边界面的表面传热系数 h_{d}（$h_{\mathrm{d}}=0$），那么边界面温度变化率也为零，即电加热器的边界面绝热。应用边界条件，就可以通过导热电阻微分方程求解。

2）热对流

电阻加热器置于空气中直接加热，必然与空气存在对流传热，根据牛顿冷却公式[12]：

$$\Phi_{\mathrm{c}}=h_{\mathrm{c}}A\Delta t \tag{6.7}$$

式中，Φ_{c} 为对流传热的热流量，J；h_{c} 为对流传热系数，空气的对流传热系数一般取值为 2～10，电加热器与空气的对流不是很强，因此取 4.5；Δt 为电加热器与空气的温差，℃；A 为电加热器的对流传热面积。

由式(6.7)就可以求出电加热器与空气的对流传热量。

3）热辐射

一个物体，只要温度大于 0K，就会不断地向外界发出辐射能，电阻加热器的工作温度在 1400℃以上，热辐射现象十分明显。定义单位时间内物体的单位辐射面积发射的全部波长的辐射称为辐射力，记为 E（单位为 W/m^2）。相同温度下以黑体的辐射力 E_{b} 最强，而实际物体的辐射力为

$$E=\varepsilon E_{\mathrm{b}} \tag{6.8}$$

式中，ε 为物体的发射率；E_{b} 为同温度下的黑体辐射力。

黑体是一种理想的辐射模型，它的发射率 $\varepsilon=1$，所以黑体间的辐射传热分析很简单，对其加以修正，就可以得到灰体的辐射传热[13]。

根据普朗克定律可以得到黑体光谱辐射力按波长的分布规律：

$$E_{b\lambda}=\frac{c_1}{\lambda^5\left[\exp\left(\frac{c_2}{\lambda T}\right)-1\right]} \tag{6.9}$$

式中，λ 为波长，μm；T 为辐射表面的热力学温度，K；c_1 为普朗克第一常数，$c_1=3.742\times10^8\text{W}\cdot\mu\text{m}^4/\text{m}^2$；$c_2$ 为普朗克第二常数，$c_2=1.439\times10^4\mu\text{m}\cdot\text{K}$。

对式(6.9)积分便可得到黑体在全波段范围内的辐射力 E_b

$$E_b=\sigma_b T^4=c_b\left(\frac{T}{100}\right)^4 \tag{6.10}$$

式中，σ_b 为黑体辐射常数，$\sigma_b=5.6\times10^{-8}\text{W}/(\text{m}^2\cdot\text{K}^4)$；$c_b$ 也为黑体辐射常数，$c_b=5.6\text{W}/(\text{m}^2\cdot\text{K}^4)$；$T$ 为黑体温度，K。

式(6.10)就是斯蒂芬-玻尔兹曼定律，该式表明黑体辐射力与其热力学温度的四次方成正比。

而实际物体的辐射力为

$$E=\varepsilon E_b=\varepsilon c_b\left(\frac{T}{100}\right)^4 \tag{6.11}$$

通常物体的发射率 ε 为一个小于 1 的常数，这里取 0.57[5]。

2. 几何模型

由于分析的主要是光纤熔融区的温度，而发热体的电极部分温度较低，距离熔融区较远，对光纤熔融区温度场的影响很小，在有限元分析过程中可以忽略，电阻加热器发热端置放光纤部分为一窄槽(宽度为 1.5mm)，该部分与空气对流作用很弱，可以把空气看成一个固定的气体块来分析，即只分析电加热器发热端部分的温度场，就可以简化电加热器的发热部分的几何模型，如图 6.5 所示。表 6.3 给出了几何模型的几何参数；表 6.4 给出了几何模型的物理参数。

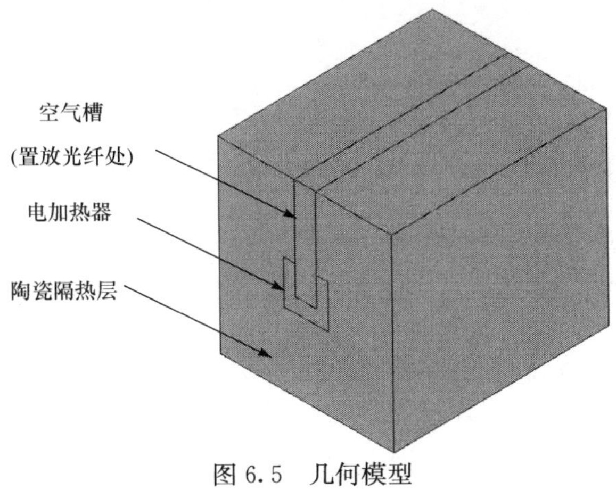

图 6.5　几何模型

表 6.3　几何参数

	长度/mm	宽度/mm	高度/mm	槽长/mm	槽宽/mm	槽深/mm
发热体	7.5	3	3	7.5	1.5	2
陶瓷	25	20	20	25	1.5	11

表 6.4　物理参数

	发热体	陶瓷	空气
导热系数/[W/(m·K)]	28.5	0.25	0.026
对流系数/[W/(m^2·K)]			2.5
辐射系数/[W/(m^2·K^4)]	0.57	0.93	

3. 电阻加热器的有限元模型

将几何模型划分成由节点和单元组成的有限元模型，称为模型的离散化[14]。要准确计算电阻加热器熔融区的温度，单元的选取和划分很重要。电阻发热器属于三维实体模型，这里选取 Solid70 作为热分析单元，如图 6.6 所示。Solid70 为 3D 稳态或者瞬态热分析单元，有 8 个节点 6 个面，当某一个或几个节点重合时就可以转变为右边的三个单元，每个节点上有一个自由度。

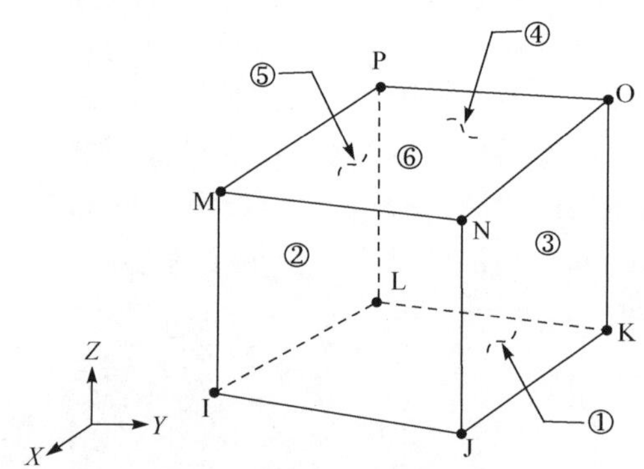

图 6.6　Solid70 三维八节点单元

电阻加热器存在热对流和很强的热辐射，属于典型的非线性热分析。为了施加热辐射载荷，这里利用了平面效果单元 Surf152 单元，如图 6.7 所示。Surf152 单元用于施加 3D 热辐射载荷，它的载荷施加方式为面载荷，由 8 个节点组成，另加一个带有温度约束附加节点，当某一个或几个节点重合时就可以转变为右边的 4 节点单元，其具体使用方法是在网格划分之后选取所有表面上的节点生成表面单元，生成形状系数矩阵，再重新定义 Surf152 单元后就可以用来施加辐射载荷。

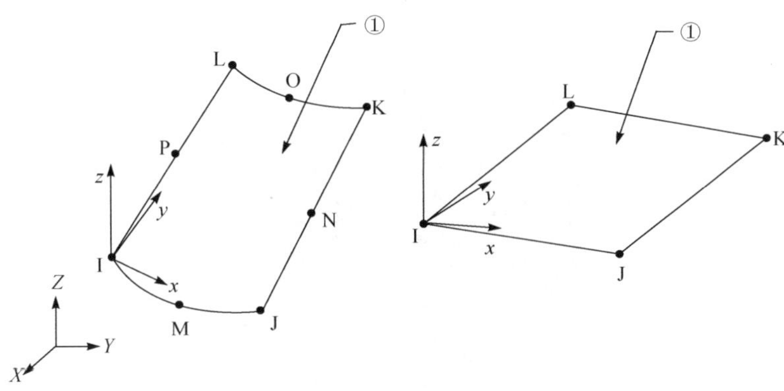

图 6.7　Surf152 平面效应单元

在建立了几何模型、选定了单元、定义了材料属性以及各种参数以后，就可以对几何模型进行网格划分，生成有限元模型，如图 6.8 所示。该模型共有 9592 个单元，1993 个节点。

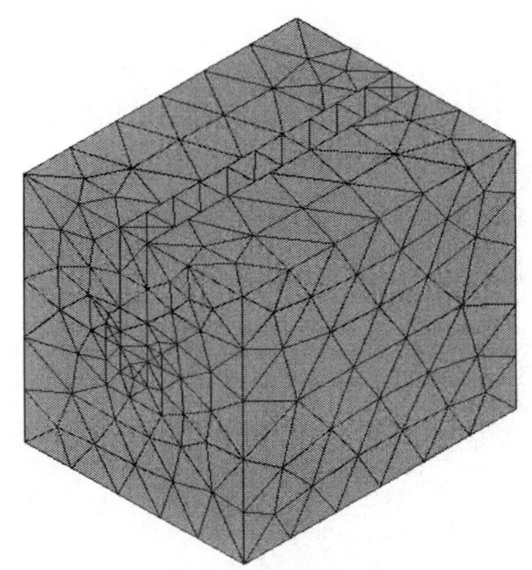

图 6.8　有限元模型

4. 载荷与边界条件

如图 6.9 所示为电阻加热器温度场施加的方式和边界条件：①对整个模型施加内部生成热，当电阻加热器的工作电流为 90A 和 105A 时内部生成热分别为 $1.02\times10^{9}\mathrm{J/m^{3}}\cdot\mathrm{s}$ 和 $1.82\times10^{9}\mathrm{J/m^{3}}\cdot\mathrm{s}$，生成热作为体载荷施加；②设定周围空气的温度为 25℃，电阻加热器外表面施加热对流与热辐射边界条件。

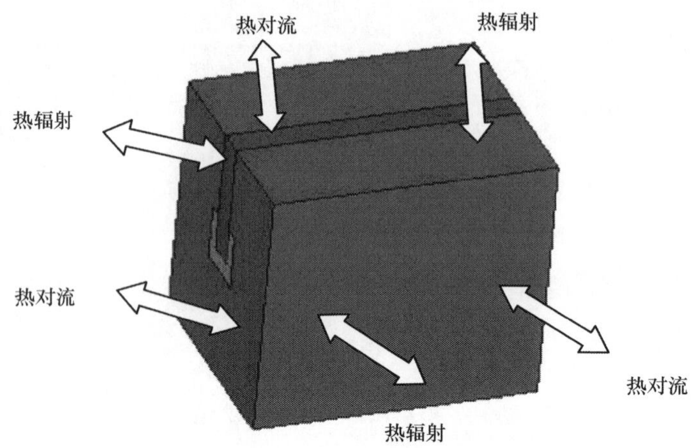

图 6.9　边界条件加载

5. 结果分析

1）当电流为 90A 时

此时内部生成热为 1.02×10^9J/m^3 · s，电阻加热器的温度场如图 6.10 所示。由图 6.10 可知最高温度为 1205℃，最低温度约为 522℃，取 E-E、F-F 截面，其云图分布如图 6.11 和图 6.12 所示。从 F-F 截面上取两条直线 1-1 和 2-2，此处为置放光纤外，其温度曲线分别如图 6.13 和图 6.14 所示。

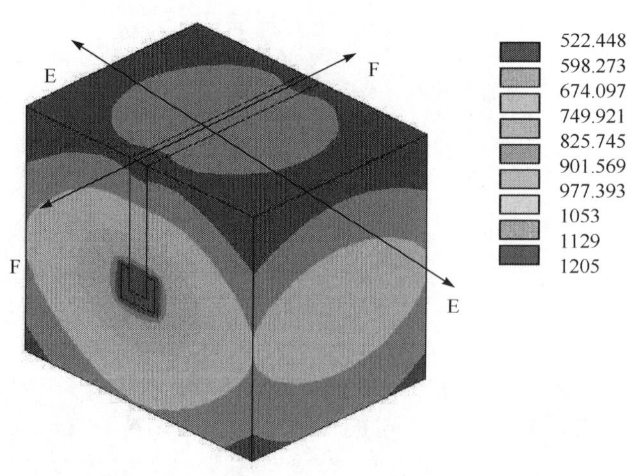

图 6.10　电流为 90A 时温度场

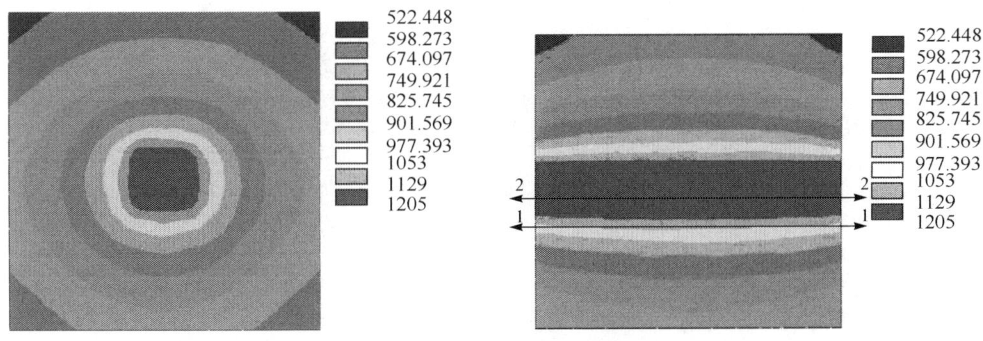

图 6.11　E-E 截面温度云图　　图 6.12　F-F 截面温度云图

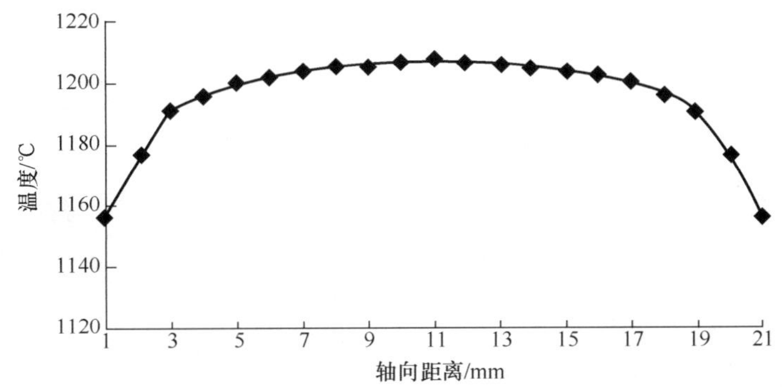

图 6.13　曲线 1-1 温度分布

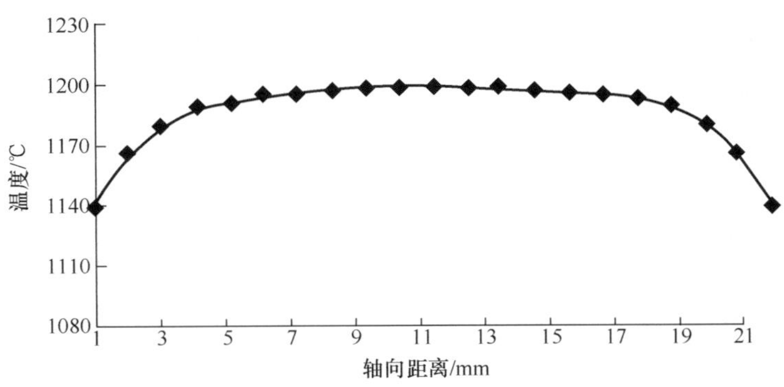

图 6.14　曲线 2-2 温度分布

2）当电流为 105A 时

此时内部生成热为 $1.82\times10^{9}\mathrm{J/m^{3}}\cdot\mathrm{s}$ 时，得到电阻加热器的温度场如图 6.15 所示。整个电阻加热器最高温度为 1516℃，最低温度约为 655℃。

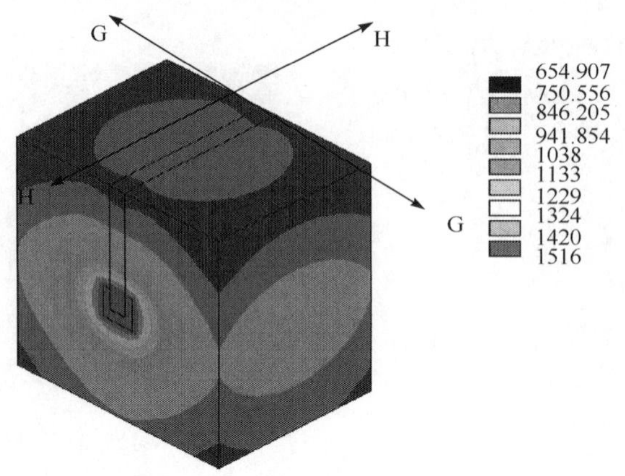

图 6.15　105A 时温度场分布图

从电阻加热器中取 G-G，H-H 截面，其温度云图分别如图 6.16 和图 6.17 所示。由 H-H 截面图可以看出，置放光纤部分中心温度最高，两边温度逐渐减小，从 H-H 截面上取两直线 3-3、4-4 分析其温度分布，分别如图 6.18 和图 6.19 所示。

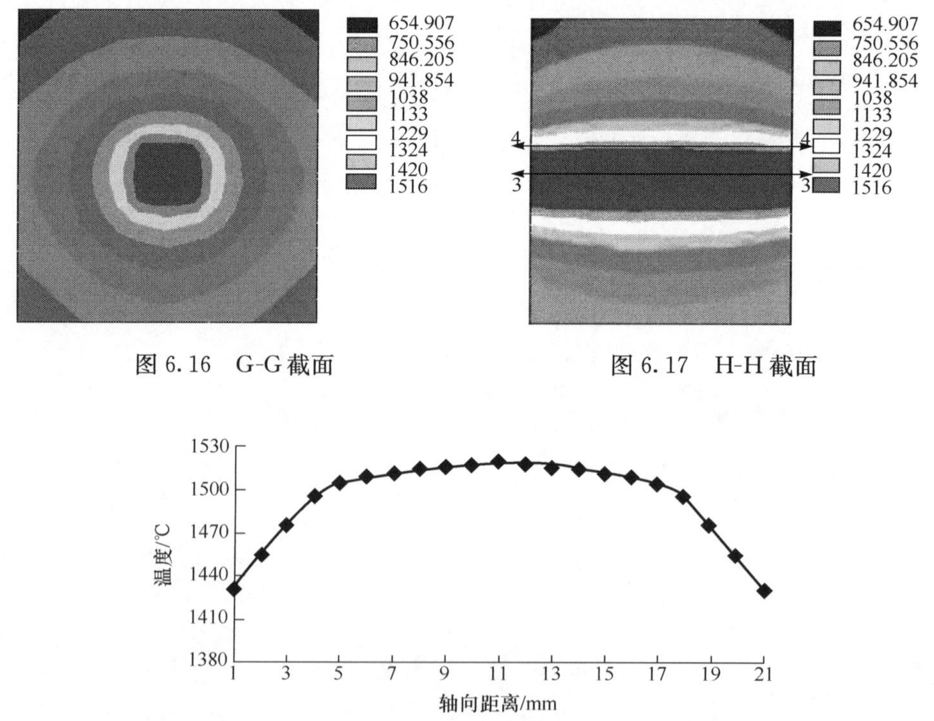

图 6.16　G-G 截面

图 6.17　H-H 截面

图 6.18　曲线 3-3 温度分布

从曲线 3-3 和曲线 4-4 温度分布可以看出，施加了陶瓷隔热层的电阻加热器置放光纤部分的温度很高，两曲线最高温度分别为 1516℃和 1501℃左右，最低温度分别为 1430℃和 1425℃，即两曲线总体温度变化不大，特别是在高温下温度变化幅度很小，能够很好地与熔融拉锥时其他的工艺参数相匹配。

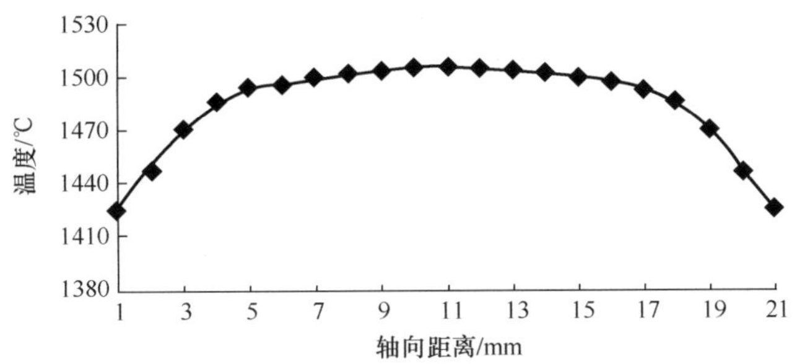

图 6.19　曲线 4-4 温度分布

6.1.4　电阻加热器的供电系统

由于二硅化钼的电阻率很小，可承受的电压很低(最高电压为 10V 左右)，利用此材料制作的电阻加热器电阻很小(在 10^{-2} 欧姆)，决定了其工作方式为低电压大电流，对供电系统要求较高[15]。同时，由于光纤器件对熔融温度的强敏感特性，必须对电压或电流进行精确控制。因此电源和控制系统的设计至关重要，将直接决定温度场理想与否。

1. 供电系统原理

由数值分析结果可知，要达到所需温度时，电流应为 90A 以上，此时电压为 1.02V。当对温度进行精确控制时，可以通过调节电源的电压从而控制输出电流的大小或输出功率来实现。要得到 1.02V 左右的工作电压，必须将 220V 交流电大幅度降压，变压器能实现这一功能，但是其主副线圈之比为一定值，其电压不可调，不能满足温度可调的要求；可控硅调压性能很好，精度高，但大范围变压很困难，因此单独采用变压器或可控硅都不能很好地满足供电要求，本设计采用变压器和可控硅串联组成的供电系统，很好地解决了这个难题。其工作原理为：先用可控硅把 220V 交流电降为低电压，再用变压器把此低电压变压成电阻加热器所需的工作电压(见图 6.20)。

2. 供电控制系统电路设计

根据电阻加热器的温控原理，结合电加热器功能要求，设计出供电控制电路(见图 6.21)。该电路能实现电阻加热器供电和控制双重功能，由变压器(原副线圈比为 45∶1)、可控硅、温控器、电流表、电压表等组成。变压器原边接控制柜的调压模块，副边接电加热器，通过温控器和温度传感器(热电偶)组成一个闭环系统。电加热系统的控制方式有两种:闭环控制与手动控制。二硅化钼在高温下的电阻很稳定,所以可以通过实验来测量在各个电压或者电流下的对应的温度值,当要调节温度时,只要通过调节电压或电流就可以实现。

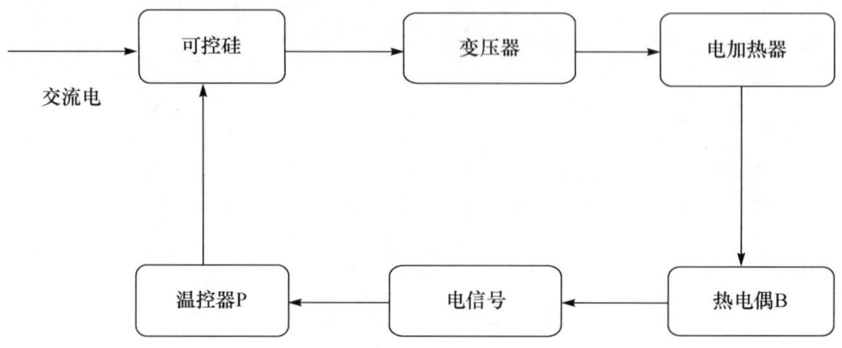

图 6.20 电阻加热器温控流程图

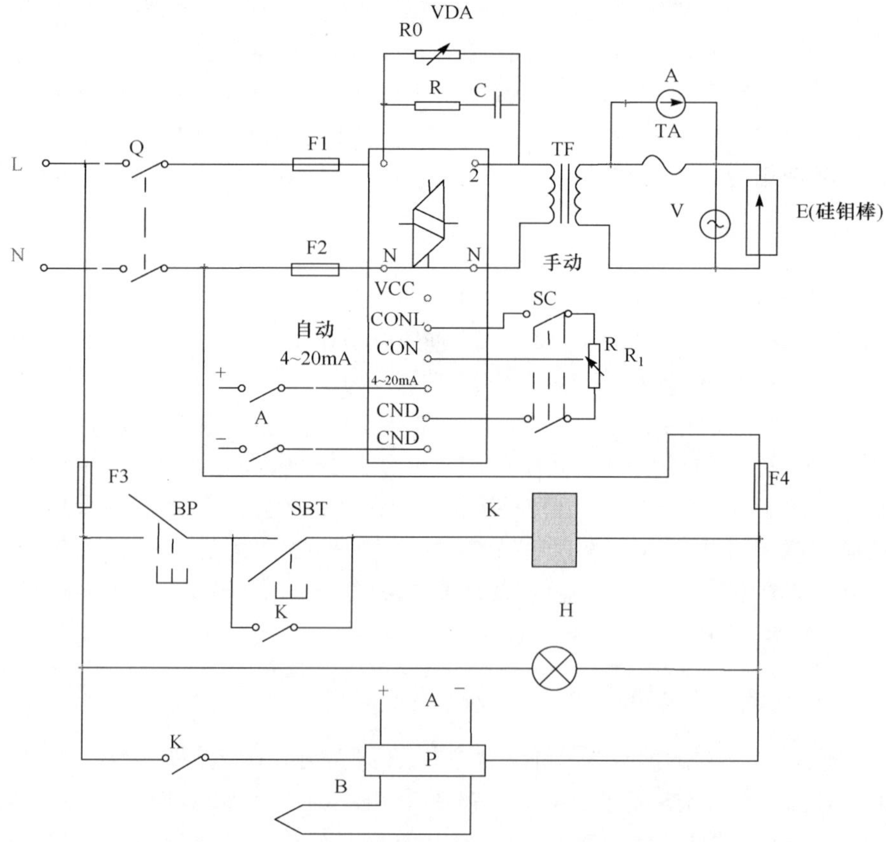

图 6.21 电阻加热系统供电与控制电路示意图

采用手动控制即开环控制时，合上开关 Q，220V 交流电经电险丝 F_1 和 F_2 进入可控硅变压(VDA)模块，再合上手动控制开关 SC，可控硅和变压器开始工作，电加热器开始升温。调节外接 10K 电位器 R_1 就能改变可控硅 CON 端与 GND 端的电压，控制可控硅模块的导通角，从而控制可控硅的变压比，进而改变电加热器工作电压的大小。

采用自动控制即闭环控制时，先合上开关 K 和 Q，由可控硅、变压器、温控器、热电偶组成一个控制电路。此时温控器 P 处于工作状态，然后通过温控器发出指令对电加热器加热。将热电偶 B 置放于电加热器某一部位，测量该处温度，然后转化为电信号反馈到温控器 P 中，温控器 P 将此信号与设定值进行比较并输出 MA 信号，该信号经调压模块 VDA 的触发系统产生触发信号，控制可控硅模块的导通角，从而控制可控硅的变压比，进而改变电加热器工作电压的大小。这里温控器采用 PID 控制，通过实验合理选择 K_p，K_I，K_d 的值，通过调试发现其精度可以达到±1.5℃，温度用双铂铑合金热电偶来测量。所制造电阻加热器的供电系统如图 6.22 所示。

图 6.22　供电与控制柜

6.1.5　电阻加热系统的实验研究

把此电阻加热器集成到现有的熔融拉锥机上取代火焰加热后，通过实验测量了所制造的电阻加热器的温度分布曲线、温度随时间变化曲线、电阻特性曲线以及升温曲线，并与火焰的温度场进行了比较，发现以电阻加热方式得到的温度场分布很理想，温度波动范围小，可调节范围大，受外界环境干扰极小，易于控制，精度高。通过实验可发现熔融拉锥机的最佳工艺温度。

1. 电阻加热器温度特性实验

1）温度与电流

由于电阻加热器供电系统的工作电压很低，在升温过程中变化不明显，而它的工作电流很大，易于取值与读数，这里测量了电阻加热器的温度与电流的变化曲线。其具体方法为：将热电偶置于空气槽温度最高处，缓慢地调节供电系统的输出电压，待温度稳定以后，读出电流表值和温控器的温度值，实验中电流每增加 10A 记录一次温度值，其温度随电流变化曲线如图 6.23 所示。实验发现，温度与电流基本呈线性变化，当通过发热体的电流为 105A 时，电阻加热器空气槽内置放光纤部分的最高温度约为 1502℃，比仿真分析所得到的温度 1516℃略低。

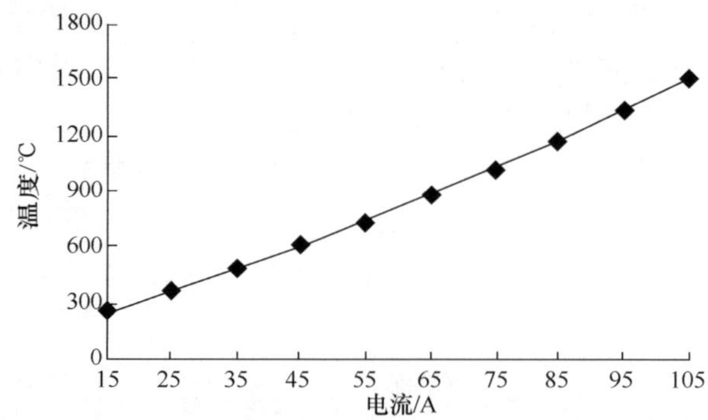

图 6.23　电阻加热器温度随电流变化曲线

2）温度场的分布

由于置放光纤的空气槽截面很小，截面内的温度差很小，可以把熔融温度等效成一条曲线分布，在空气槽中每隔 2.5mm 取一个点。分别测出了电流为 90A 和 105A 时的温度场分布，其结果如图 6.24 和图 6.25 所示。从图 6.24 和图 6.25 中可以看出，最高温度分别为 1208℃和 1502℃，这与仿真结果基本一致；从中心向两侧温度依次降低，最低温度分别为 796℃和 910℃。

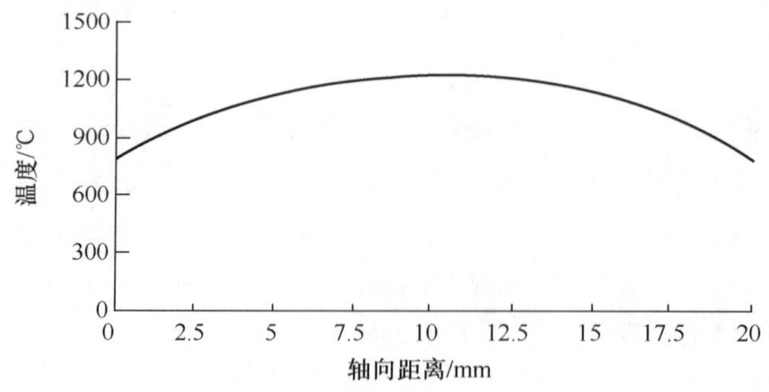

图 6.24　电流为 90A 时温度曲线分布图

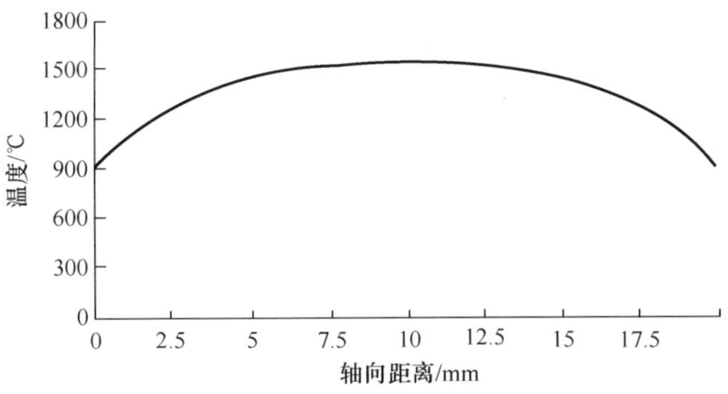

图 6.25　电流为 105A 时温度场分布曲线

3）升温特性

采用手动方式，增加电流，电阻加热器从室温升温到 1500℃左右大约需要 5min，温度随时间变化曲线如图 6.26 所示。

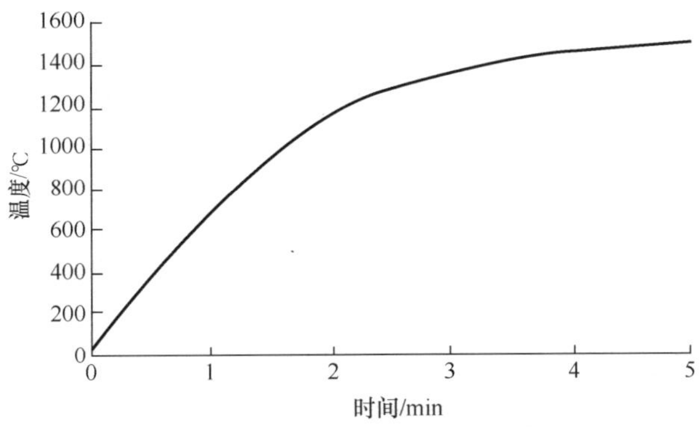

图 6.26　温度随时间变化曲线

2. 电加热器与火焰加热温度场比较

前面已经提到，电加热器相比火焰加热或其他高温加热方式有很多优点。实验证明，火焰加热熔融区温度分布很不理想，温度梯度很大，达不到理想熔融温度场的要求。最高温度约为 1200℃时，电加热和火焰加热温度场比较如图 6.27 所示。由实验测得，火焰加热温度场达到稳定约需 30min，电阻加热器达到 1500℃稳定状态仅需 5min。

由图 6.27 可以看出，电阻加热方案温度场分布理想，温度梯度变化小，而气体火焰加热耦合区温度梯度变化大，温度分布极不理想，必定造成光纤器件表面产生裂纹，甚至发生断裂，严重影响其光学性能与成品率。

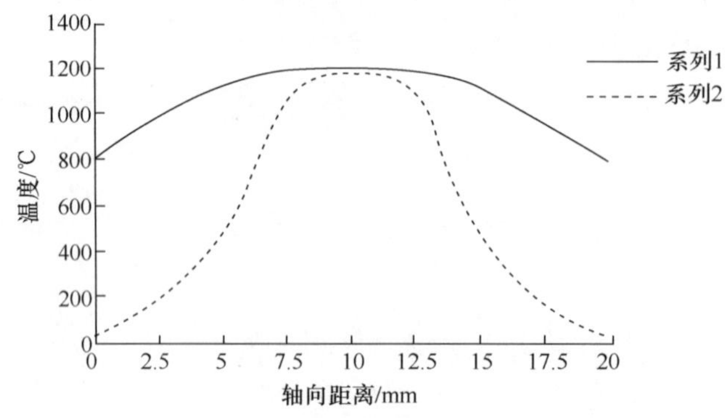

图 6.27　电加热和火焰加热温度场对比

（系列 1 和系列 2 分别为电加热与火焰的温度曲线）

3. 温控建模与测试

图 6.28 是加热器恒电流输出温度曲线，可以看出此时温度波动较大，达到了±4℃，不是很稳定。

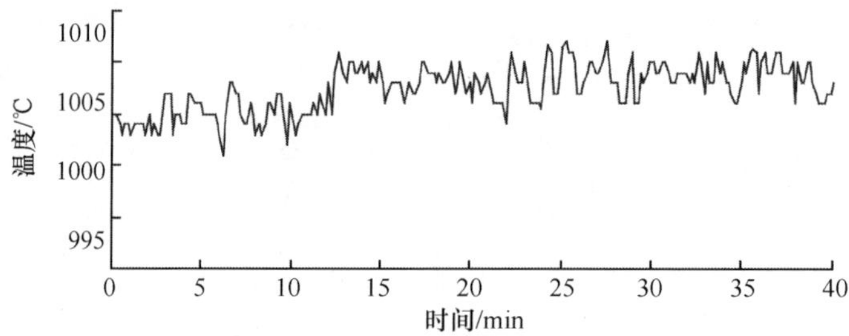

图 6.28　恒电流输出温度曲线

图 6.29 是加热器恒功率输出温度曲线，可以看出恒功率输出要好于恒电流输出，但波动幅度仍然较大，大约为±3℃。

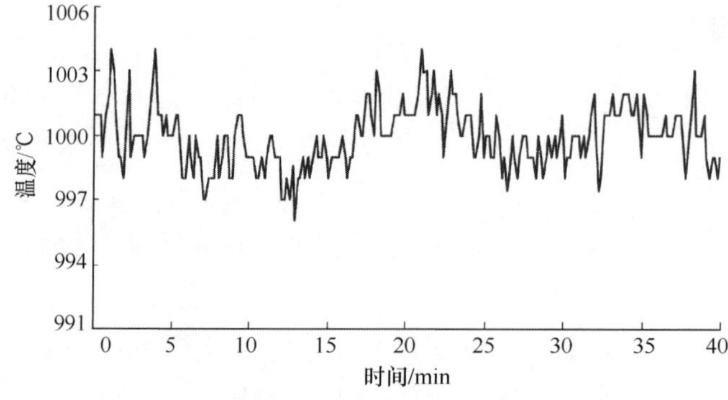

图 6.29　恒功率输出温度曲线

由图 6.28 和图 6.29 可知，恒电流输出与恒功率输出得到的温度曲线均不理想。

下面选用 PID 控制。

因为发热体加热过程的基本方程为 $Q=\Phi+\Delta U$。其具体的形式如下：

$$I^2R\mathrm{d}t=h_cA\Delta T\mathrm{d}t+\lambda_sA'\frac{\Delta T'}{l}\mathrm{d}t+\varepsilon c_bA\left(\frac{T}{100}\right)^4\mathrm{d}t+cm\mathrm{d}T \tag{6.12}$$

式中，$I^2R\mathrm{d}t$ 为发热体在时间 $\mathrm{d}t$ 内产生的能量；I 为电流；R 为电阻；$h_cA\Delta T\mathrm{d}t$ 为热对流；h_c 为对流传热系数；A 为发热体的表面积；ΔT 为微加热体与空气的温差；$\lambda_sA'\frac{\Delta T'}{l}\mathrm{d}t$ 为发热体与电极传导的热量；A' 为电极横截面积，λ_s 为热导率；$\Delta T'$ 为发热体与电极的温差；l 为发热体长度；$\varepsilon c_bA\left(\frac{T}{100}\right)^4\mathrm{d}t$ 为发热体辐射的热量；ε 为实际物体的发射率；c_b 为黑体辐射常数；$cm\mathrm{d}T$ 为发热体内能变化量；c 为比热系数；m 为发热体质量。

将各个数值代入，并对非线性项线性化，可得

$$\frac{\mathrm{d}T}{\mathrm{d}t}+1.2\times10^{-1}T+2.62=1.72I \tag{6.13}$$

对式(6.13)进行拉氏变换后可得其传递函数为

$$G(s)=\frac{T'(s)}{I(s)}=\frac{1.72}{s+1.2\times10^{-1}}=\frac{14.3}{8.33s+1} \tag{6.14}$$

式中

$$T'=T+\frac{2.62}{1.2\times10^{-1}}$$

事实上，由于发热体具有一定的热容，又存在热阻，故炉温变化不可能立即反映出来，也就是说存在一定的滞后，因此，将其视为一阶惯性环节加滞后对象，其最终的传递函数为

$$G(s)=\frac{T'(s)}{I(s)}=\frac{14.3}{8.33s+1}\mathrm{e}^{-\tau s} \tag{6.15}$$

式中，τ 为纯滞后时间，测得其值为 20s。

本温控系统使用 PID 控制。PID 控制设计的根本任务是选择适当的三个参数 K_P，K_I，K_D，根据其传递函数利用根轨迹法求得其值分别为：0.0592，0.3941，0.0022。其中最重要的是比例增益 K_P，在实际的 PID 控制过程中，一般都用到比例增益的倒数 $1/K_P$，称为比例带 P，在本系统中 $P=1/K_P=1/0.0592=17$。

在实验过程中，经过调试，当比例带 P 为 20，积分时间为 330s，微分时间为 1s 时，其温度曲线如图 6.30 所示，此时发热体的温度非常稳定，在 40min 内温度变化只有 1.5℃。

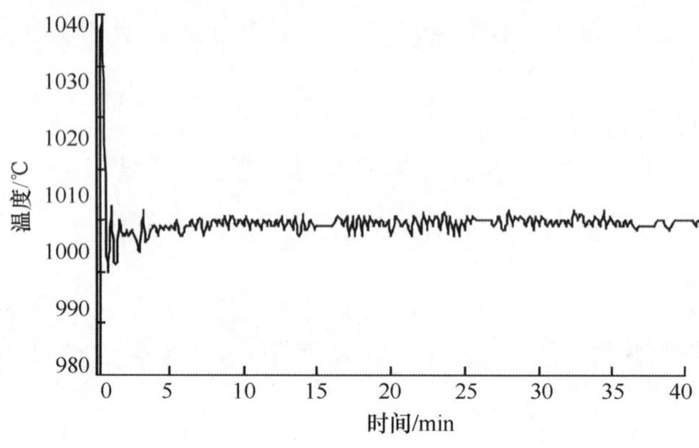

图 6.30 电阻加热温度稳定性曲线

6.2 一种电阻加热熔融拉锥机

6.2.1 熔融拉锥机总体设计

光纤熔融拉锥机是一套精度高、速度慢、模块化的光机电一体化实时自动控制系统[16]。针对传统熔融拉锥机采用火焰加热的弊端，利用已发明的电阻加热系统取代传统的气体加热装置，原有的结构设计与运动方式已不能适用于新的熔锥设备，因此，根据电阻加热装置的特点，参考传统熔融拉锥机的技术指标，设计适用于电阻加热器的新型熔融拉锥机。熔融拉锥机的主要设计指标如表 6.5 所示。

表 6.5 熔融拉锥机主要设计指标

指标	信息(值)
光源波长	1310nm 和 1550nm
光源稳定度	±0.05dB/15min
光探测器波长范围	1100～1700nm
光探测器功率范围	−50～0dBm
单边拉伸速度	0～400μm/s
夹具拉锥运动精度	<0.1μm/步
加热方式	电阻加热
加热器移动范围	0～50mm
加热器运动精度	<5μm/步
封装台运动精度	<5μm/步
探测器类型	InGaAs

根据熔融拉锥机的结构特点，按功能可以分为机械运动系统、光功率检测系统、计算机控制系统和温控系统四大部分[17]。其结构示意图如图 6.31 所示。其

中机械运动系统是整个熔融拉锥工作台中非常重要的部分，其精度直接影响耦合器的性能和质量；按其功能又可分为主拉锥运动、加热装置运动和封装台运动，通过对这三部分运动的精确控制实现光纤器件的制作。光功率检测系统将检测到的光功率转换成电信号，经过 A/D 转换成数字信号传送到计算机。计算机控制系统将这些数据处理后，计算出相应的分光比、插入损耗、附加损耗等性能参数，并实时地显示出来，当输出端达到操作者预先设定的分光比时，计算机发出停机指令，主拉锥平台自动停止拉锥，并退出电阻加热器；随后封装台运动对耦合器进行封装。温控系统主要用来获得与控制熔融光纤所需的温度场。

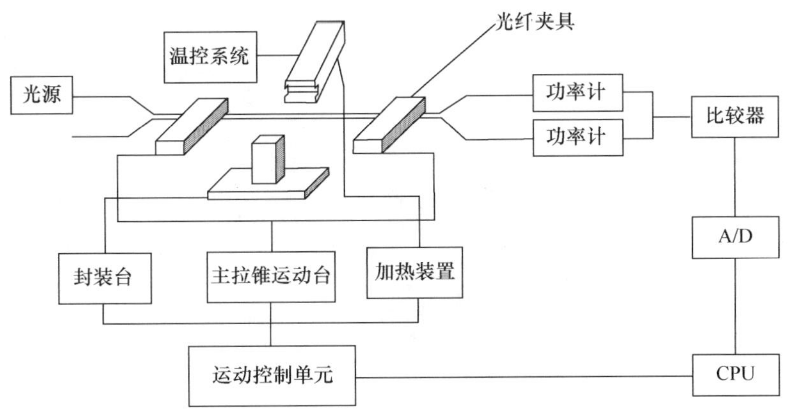

图 6.31　熔融拉锥系统结构

1. 机械运动系统

机械运动系统(见图 6.32)按功能可分为主拉锥运动台、加热装置运动台和封装台三大部分[18]。每个运动副按功能和结构对精度的要求有所不同，其中因双锥区形状的控制主要依赖于主拉锥运动台的运动精度，所以对拉锥运动精度的要求很高。

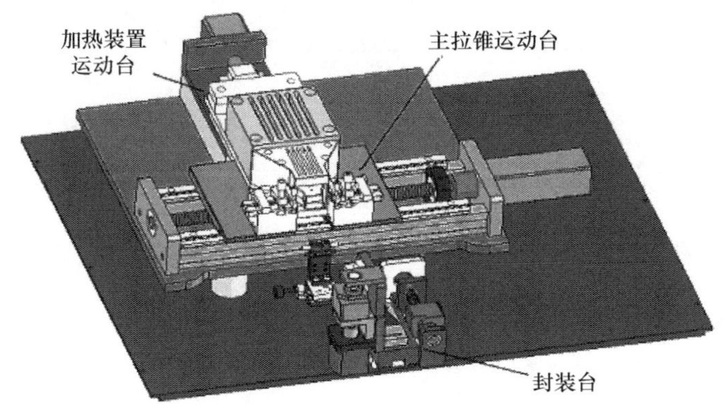

图 6.32　拉锥机运动系统

1）主拉锥运动部分

（1）光纤拉锥。电控平移台光纤拉锥电控平移台是由驱动电机和移动轴杆组成，带动光纤夹具移动，完成拉锥动作。按照主拉锥平台的精度要求，假如采用伺服电机驱动，要求电机要有较大的编码器线数以获得小步距角，同时对驱动器脉冲频率要求很高，这种方案虽然具有响应速度快、运转平稳、精度高的特点，但其控制方法相对复杂且价格昂贵；步进电机一般采用开环控制，在要求高精度时也可以组成闭环控制系统，其可靠性高，配有减速器和高细分数驱动负载适用于高速度高精度场合，组成结构简单且价格相对低廉，因而本设计中采用闭环控制的步进驱动系统。平移台结构示意图如图 6.33 所示。

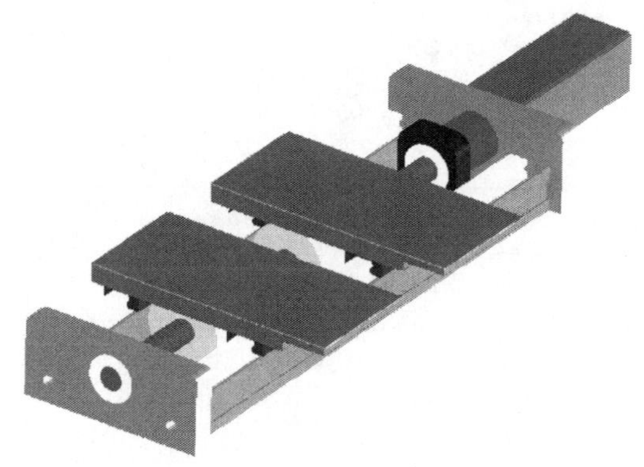

图 6.33　光纤拉锥电控平移台结构

主拉锥平移台的已知参数见表 6.6。步进电机的控制精度由电机的步矩角与驱动器的细分数来确定，这里选用日本东方马达公司（Oriental Motor）的步进电机套装 AS46AA2-H100 系列。该产品自带 100∶1 的减速装置，马达转速范围为 0～3500r/min，电机单体步距角为 0.36°，最大转矩为 4.85N·m；配套驱动器的最大脉冲频率为 250Kpps，细分数为 10。选用此方案后，其分辨率可达 0.002μm/步。

表 6.6　拉锥台参数

滚珠螺杆	导程	2mm
	长度	360mm
	精度	P2
	直径	20mm
拉伸速度		0～400μm/s
夹具和工作台重		40N
电机减速比		100∶1
摩擦系数		<0.1

(2) 光纤夹具。光纤夹具置放在主拉锥平移台上，其功能是固定光纤，使之在拉伸过程中光纤不产生滑动，如图 6.34 所示。

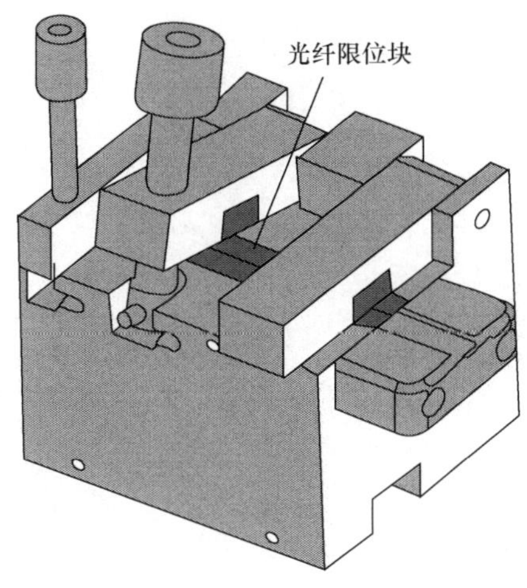

图 6.34　光纤拉锥夹具结构示意图

2) 封装运动部分

(1) 封装电控位移台。因为采用 FBT 技术制作耦合器的耦合区都非常细(微米量级)，所以耦合区十分脆弱，极易断裂，需要采用与光纤材质相近的石英管来保护[19]。封装组合电控位移台就是由计算机控制的一套自动封装装置，结构如图 6.35 所示，这里选用的平移台为 Zolix 公司的 TSA 系列的组合结构，分辨率为 0.001mm，重复定位精度为 0.005mm。

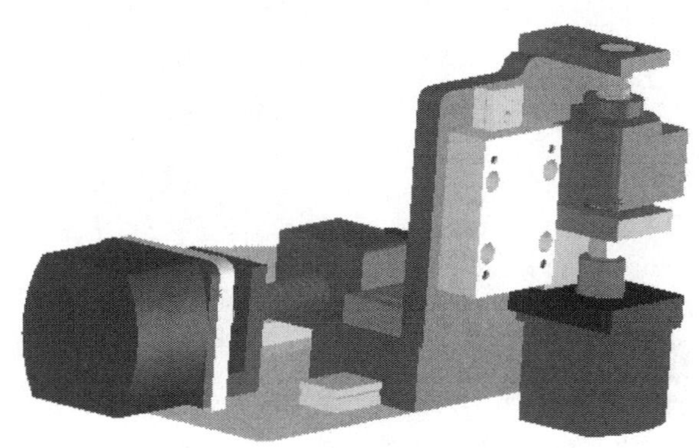

图 6.35　封装电控位移台

(2) 封装夹具设计。封装夹具固定在封装电控位移台上，其结构由吸附座、电阻丝和微调装置组成，如图 6.36 所示。吸附座上钻有 4 个微型的细孔，与微型真空泵连接，在真空泵的作用下产生吸附力，使封装石英管牢牢地吸附在吸附座上。

电阻丝的作用是加速滴胶的凝固，由两根加热电阻丝组成，可由控制系统控制其加热。微调装置的主要功能是用来调节光纤器件拉伸方向的封装位置。

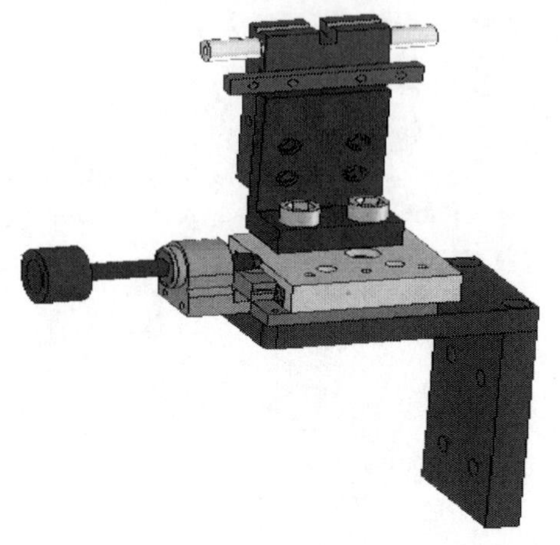

图 6.36　封装夹具结构

3）加热装置运动部分

（1）加热装置电控平移台。由于采用二硅化钼陶瓷作为热源加热，熔融拉锥机必须重新考虑整体结构布局。加热装置直接由计算机控制一维平移台就可以完成定位动作，这大大简化了系统的结构和控制参数，但对装配精度要求较高。减少竖直方向的定位运动，则需另外专门设计不同厚度的精调定位片，以调节加热体竖直方向的位置。在计算机软件中设定了加热装置的初始位置和移动位置，当环境改变时，操作者可以根据需要调整平移台使加热装置运动到指定位置。平移台采用精研丝杠副、V 型导轨副和弹性联轴器进行传动，由步进电机驱动，实现位移调整自动化，其分辨率为 0.625μm，重复定位精度小于 5μm，结构如图 6.37所示。

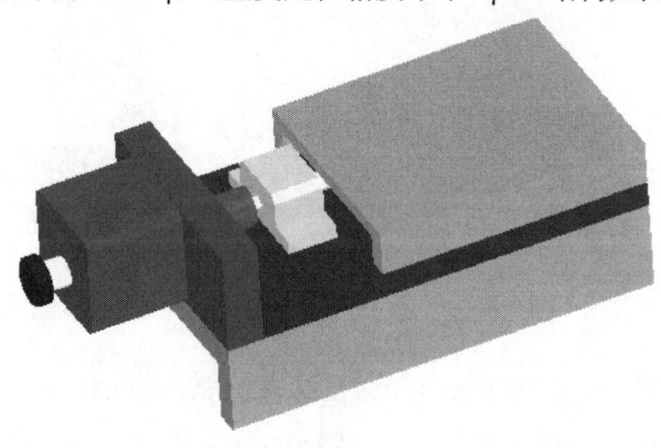

图 6.37　加热装置电控平移台

(2) 加热器工装设计。加热装置是新型熔融拉锥机研制的关键部分，其核心部分电阻发热体的加热区温度可达 1200℃，发热体陶瓷保护层的温度经实验测量也有 300℃左右，因此必须对发热体进行有效的散热和隔热，才能使加热装置整合到熔融拉锥机内部。经过多次分析和改进，最终确定的加热装置结构如图 6.38所示。

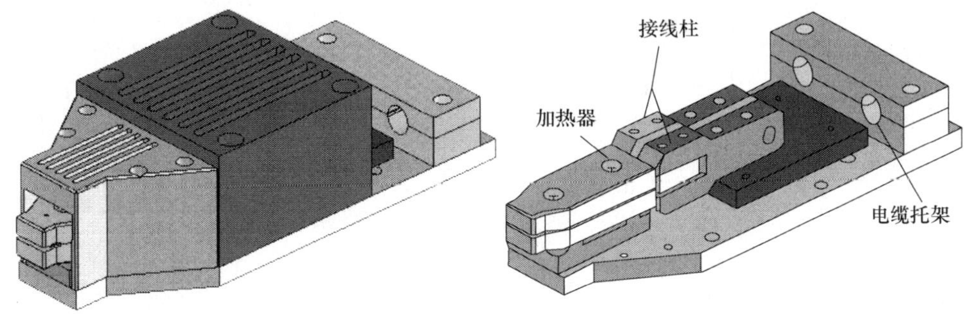

图 6.38　加热装置结构

发热体要达到工作温度，需要通上 100A 左右的电流，由于导线连接处之间存在接触电阻，如果接触电阻太大，连接处就会因发热而产生很高的温度，甚至将导线烧坏，为此，必须加大连接处的接触面积，采用扁平型电极触头。所以导线必须选择 150A 以上规格的单芯软导线，一是可以减少电路中的电阻，二是可以避免导线因长时间发热而损坏。

2. 光功率检测系统

光功率检测系统由激光发生器和光探测器组成[20]。本系统选用红外激光发生器作为光源，其发出的光波长范围为 800～1650nm，其功率的波动范围为 0.03dBm。光探测器的选择必须与红外激光发生器产生的光源相匹配。根据实验和实际应用情况，光探测器的技术指标见表 6.7。

表 6.7　双通道光功率探测采集模块

指标	信息
光功率探测量程	3～－70dBm
光功率线性度	±0.02dB(＋3dBm)
测量波长范围	1550,1310,980,850
探测器光探测材料	InGaAs
探测器响应时间	＜1μs
A/D 转换一次时间	＜4ms

续表

指标	信息
探测器光敏面直径	Φ2mm
探测器响应度	0.80～0.95mA/mW
串口数据传输速度	19.2kpbs
探测器暗电流	<1nA
光口	光探头与裸光纤适配器通过 FC 连接头牢固连接
大小尺寸	8cm×10cm×3.5cm

3. 发热体温控系统

已在 6.1 节中论述过。

4. 熔融拉锥机控制系统

光纤熔融拉锥机控制系统硬件组成如图 6.39 所示。

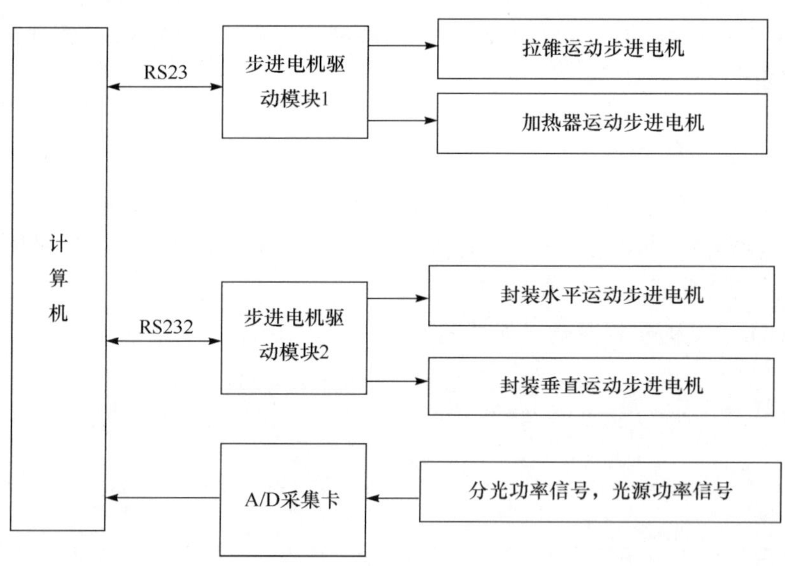

图 6.39 控制系统框图

6.2.2 加热器工装的校核

通过实验测试发现，加热器陶瓷表面温度为 200～300℃，为防止其热传导对拉锥机的运动产生影响，必须经过热分析确定其工装材料与其结构。图 6.40 为其简化的几何模型。

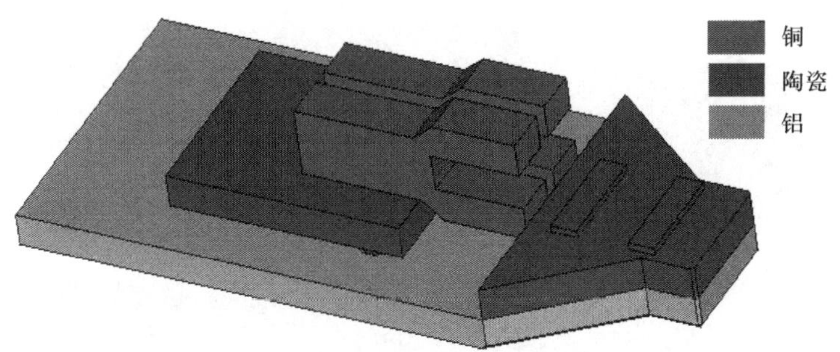

图 6.40　发热体工装几何模型

选用 Ansys 软件中的 Solid87 单元进行网格划分，共划分了 12692 个节点，6498 个单元，如图 6.41 所示。

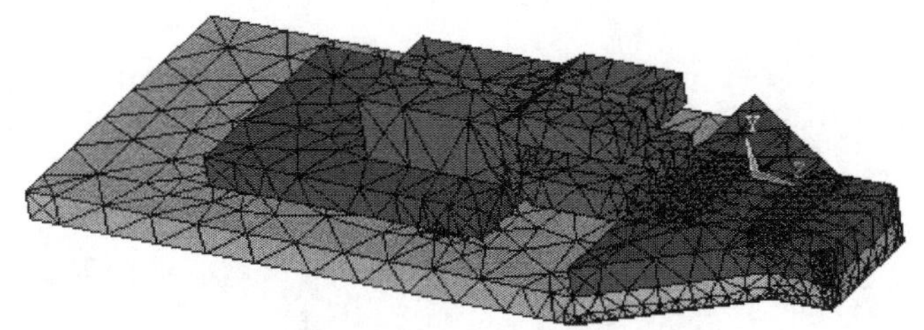

图 6.41　加热器工装网格划分

因为加热器表面的温度经测试为 200～300℃，所以发热体工装与其接触的表面加载 300℃约束，如图 6.42 所示，其余自由表面加载热对流边界。

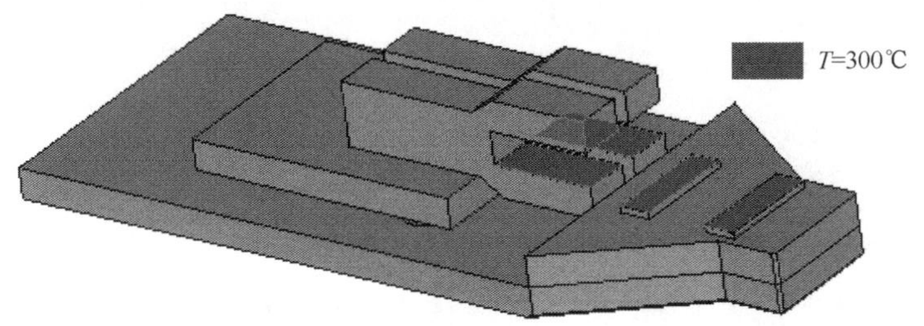

图 6.42　加热器工装约束

经求解，得到加热器工装的温度分布如图 6.43 所示，从图中可以看出，此时铝板的温度为 55℃左右，由于铝板安装在加热器电控平移台，环境温度在 70℃以下不会影响其运动和精度，故加热器的工装设计能满足要求。

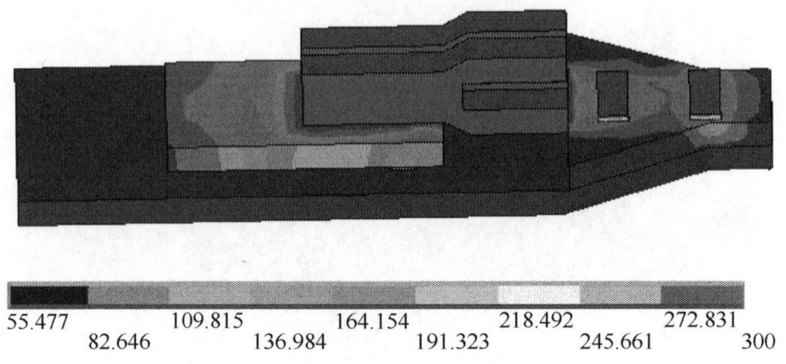

图 6.43　加热器工装的温度分布

6.2.3　熔融拉锥机性能实验

研制的熔融拉锥机如图 6.44 所示。

图 6.44　研制的熔融拉锥机

1. 温度与损耗

1）温度对损耗的影响

电阻加热器相对火焰加热的一个显著优点就是温度可调，利用所设计制造的电阻加热器提供的温度场，当拉伸速度为 200μm/s 时，所制作的光纤耦合器的损耗与温度的关系如图 6.45 所示。可见温度对损耗的影响很大，当拉伸速度为 200μm/s 时，温度控制在 1300～1400℃时，所获得的光纤耦合器损耗最小。

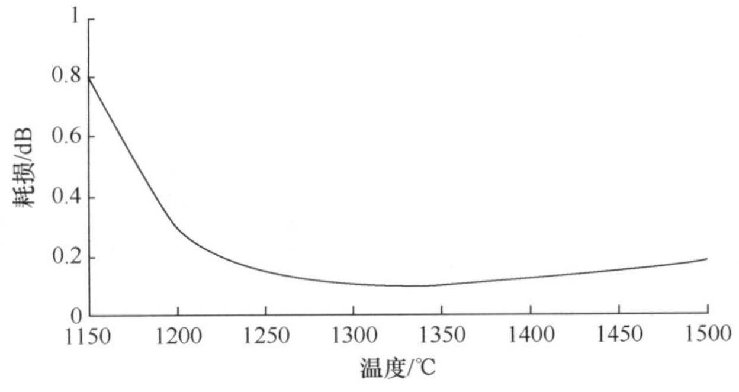

图 6.45　温度与损耗

2）显微形貌测试

利用电子扫描显微镜对不同温度下制作的耦合器进行测试发现：当温度为 1200℃时，耦合器的锥区存在微裂纹，此时熔区存在少量析晶，如图 6.46 所示；当温度大于 1300℃时，锥区没有发现微裂纹，但此时熔区的析晶增多，并且随着温度的增加，晶粒增多增大，如图 6.47 所示。这正是导致光纤耦合器损耗与熔融温度具有图 6.44 所示关系的本质原因。

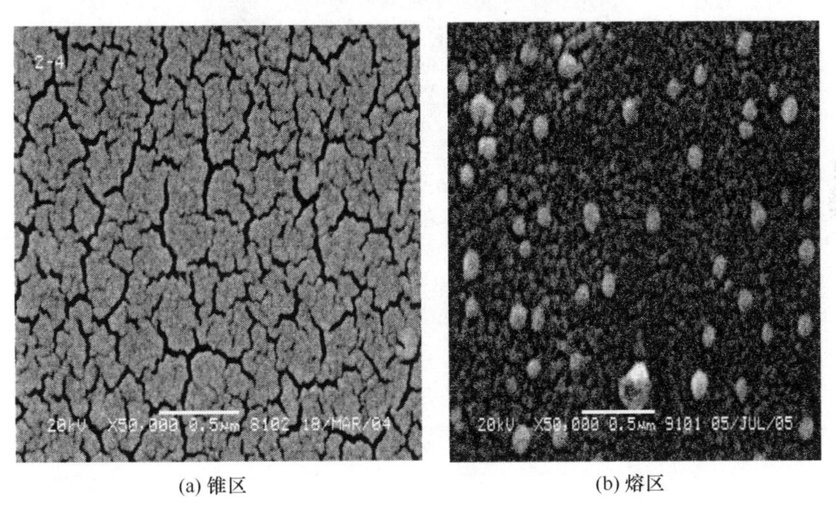

(a) 锥区　　(b) 熔区

图 6.46　熔融温度为 1200℃锥区与熔区的显微形貌

2. 性能离散性

1）实际分光比的离散性

光纤耦合器拉制实验表明(见图 6.48～图 6.50)，电加热式熔融拉锥机显著提高了耦合器的性能一致性和成品率(见表 6.8)。图 6.48 给出了相同参数下的分光比变化。

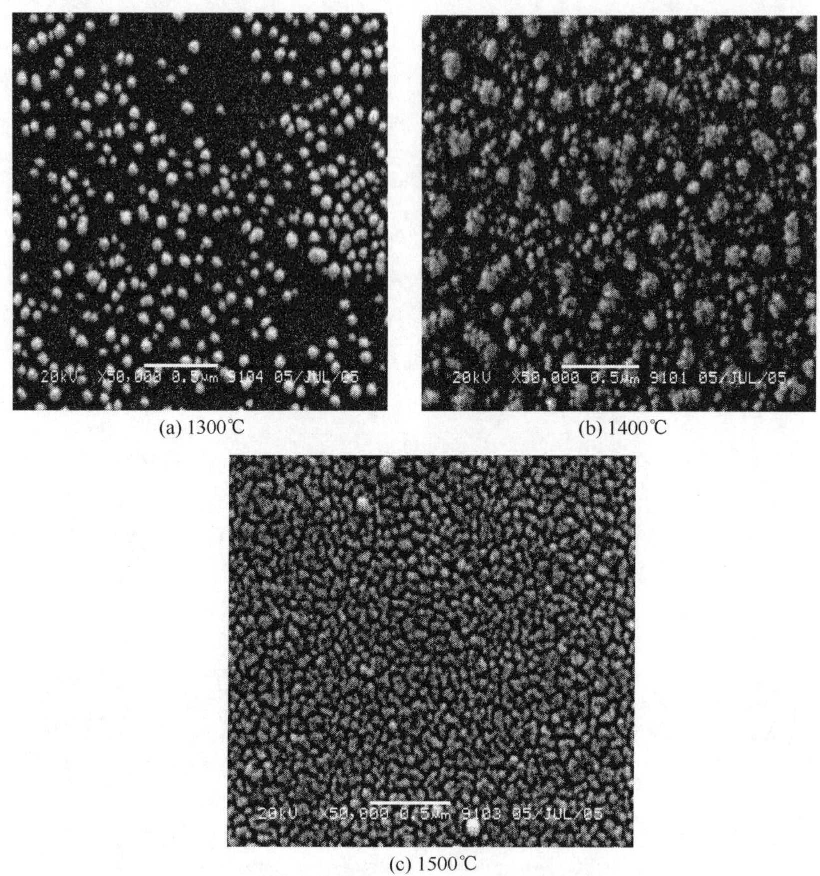

(a) 1300℃　(b) 1400℃　(c) 1500℃

图 6.47　不同温度条件下熔区的显微形貌

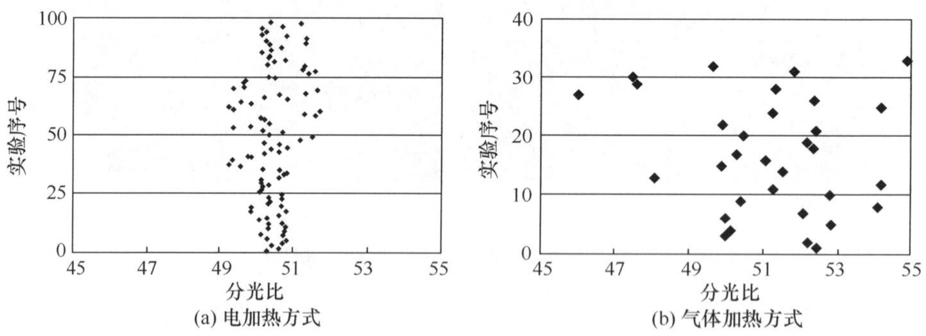

(a) 电加热方式　(b) 气体加热方式

图 6.48　相同工艺参数下的分光比

2）功率损耗的离散性

图 6.49 给出了相同工艺参数下的损耗变化。

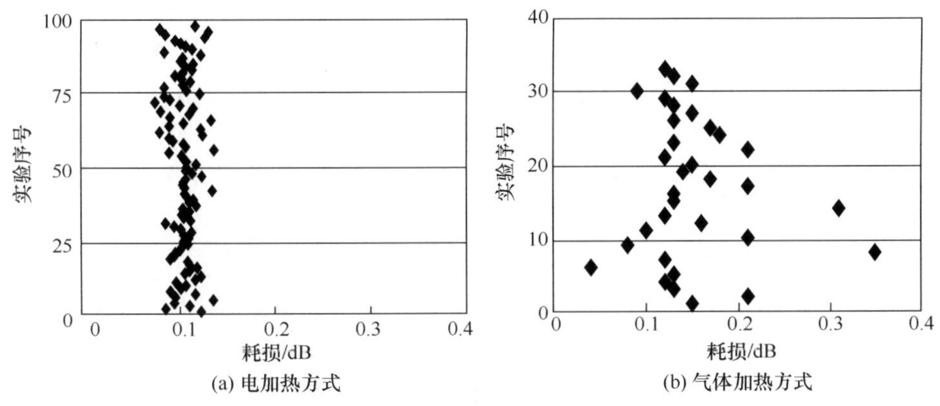

图 6.49　相同工艺参数下的损耗

3）器件拉伸长度的离散性

图 6.50 给出了相同工艺参数下的拉伸长度变化。

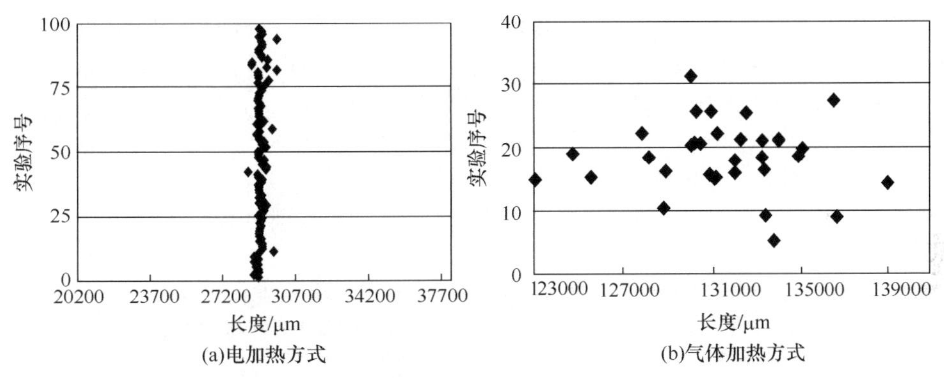

图 6.50　相同工艺参数下的拉伸长度

表 6.8　电阻加热与气体加热方式的耦合器性能

加热方式	功率损耗/dB		分光比/%		拉伸长度/μm	
	平均值	标准偏差	平均值	标准偏差	平均值	标准偏差
气体	0.15	0.06	50.75	2.19	34627	4940
电阻	0.106	0.013	50.46	0.56	29066	212

6.3 小　　结

本章通过比较几种高温加热方式的优缺点，确定了用于光纤熔融拉锥的新型加热方式，选择了一种高温抗氧化金属陶瓷（二硅化钼）作为电阻加热的发热元件材料；设计了发热体的结构，并对其进行了分析；根据电加热器低电压大电流的工作方式与光纤器件熔融对电加热器温度的要求，利用可控硅、温控器、变压器等设计了能满足要求的温控系统与电路，此系统具有自动与手动两套温度控制方案，并分析了该部分的功能，最后制造出了相应的控制柜。

通过实验测量了改进后方案温度随电流变化曲线、温度场分布曲线、升温曲线，并对比初始方案和改进后方案，通过实验表明改进后方案比初始方案合理；比较了电加热与火焰加热温度场分布，表明电加热温度场耦合区部分温度梯度变化较小，温度场分布合理。而火焰加热不但飘移很大，而且温度梯度变化很大，很难满足理想的熔融条件。

基于所研制的电阻加热器，进一步分析了熔融拉锥机的结构和功能，提出了合理化改进方案，设计了一种新型的熔融拉锥机，并对其重要部分进行了校核。实验表明，新电加热式熔融拉锥机成倍地提高了器件性能的一致性。

参考文献

[1] 蔡杉，李占一，董妍，等. SiC 纤维直流电阻加热 CVD 工艺研究. 材料工程，2005，10：47-51.

[2] 魏在福，查鸿逵. 激光加热温度场物理分析. 光学学报，1994，4：355-359.

[3] 周建华，傅桂龙. 高频感应加热设备的温度控制. 锻压技术，1996，1：41-43.

[4] 李锦桥. 二硅化钼电热元件在热处理炉中的应用. 金属热处理，1997，2：37-41.

[5] 杨德明. 二硅化钼复合材料的发展动态. 材料开发与应用，1994，2：24-27.

[6] 孙良成，徐晓刚，廖晓丽. 铬酸镧发热元件的性质. 工业加热，1999，2：37-39.

[7] 孙良成，李德辉. 铬酸镧加热元件的研究. 工业加热，2000，2：17-19.

[8] 郑文裕，陈潮钿. 二氧化锆的性质、用途及其发展方向. 无机盐工业，2000，1：18-20.

[9] 江莞，赵世柯，王刚. 二硅化钼材料的研究现状及应用前景. 无机材料学报，2001，16(4)：577-585.

[10] 黎全，钟钦，林亚风，等. 薄膜电阻加热器的高精度温控. 红外与激光工程，2001，2：131-133.

[11] 洪有为，孙蓓蓓，孙庆鸿，等. 高速高精度数控车床主轴系统三维稳态温度场的数值分析. 精密制造与自动化，2004，11：19-21.

[12] 严庆平. 牛顿冷却定律在热学实验中的应用. 宁德师专学，1994，2：51-54.

[13] 段宇宁. 黑体辐射源研究综述. 现代计量测试，2001：7-11.

[14] 代建华，李元香. 粗糙集理论中基于遗传算法的离散化方法. 计算机工程与应用，2003：13，14.

[15] 江莞，赵世柯，王刚. 二硅化钼材料的研究现状及应用前景. 无机材料学报，2001，7：577-584.

[16] 刘国祥，胡力，叶昆珍，等. 光纤熔锥耦合器的声光调制特性. 光学学报，2001，12：1498-1500.

[17] 王来瑞，张申生，崔健吾，等. 光纤熔融拉锥系统及其应用. 微电子学与计算机，2003，8：142-144.

[18] 王德伦,张德珍,马雅丽. 机械运动方案设计的状态空间方法. 机械工程学报,2003,3:22-27.
[19] 刘俊标,薛虹,顾文琪. 微纳加工中的精密工件台技术. 北京:北京工业大学出版社,2004.
[20] 陈立国,荣伟彬,孙立宁,等. 显微视觉结合光功率检测的光纤耦合方法. 光电工程,2005,4:42-44.

第7章　光纤器件端面研磨导论

自20世纪80年代以来，光纤通信技术以其频带极宽、信息容量巨大、抗电磁干扰能力强等显著优点给通信业带来了革命性的大发展。随着经济一体化发展趋势的显现，人们对电信、数据、交互视频及电子商务等业务的需求急剧膨胀，推动着全球信息化步伐的加快，建设具有巨大信息容量的“全光网络”已成为顺应这一潮流的必然趋势。作为“全光网络”的重要组成部分，FTTO(光纤到办公室)以及FTTH(光纤到家)工程的建设使得光纤连接器等光纤通信元件的需求急剧增加[1,2]。光纤通信元件包括光缆、光纤有源器件、光纤无源器件等。光纤无源器件主要包括光纤连接器、光纤耦合器、滤波器以及光开关等。据ElectroniCast公司预测，到2025年，全球光纤无源器件的销售额将从2000年的14.5亿美元增加到1405.2亿美元，平均年增长率高达20%，增长率为各类光纤通信元件之首[2]。光纤连接器为应用面最广、用量最大的光纤无源器件，2005年，其全球销售额为12.62亿美元；而到2025年，其全球销售额将达到234亿美元。我国预计将成为全球光连接器增大最快和容量最大的市场。2012～2015年内，中国市场年复合增长率为10.57%，估计2016年中国市场容量或将超过67亿元。

光纤连接器端面研磨抛光是典型的光纤无源器件的超精密制造工艺，影响研抛工艺的因素繁多，如研抛速度、运动轨迹、研抛压力、磨粒的粒度与形貌、研抛助剂、被研抛体的材料性能等，而由研抛工艺参数的失配引起的精度误差可使光纤连接器的光学功能品质下降，即插入损耗增大、回波损耗降低。但目前对光纤连接器等光纤无源器件的制造原理和关键制造规律缺乏基础研究，不能为工艺参数的选择提供科学依据，多为经验选择或试凑，使得光纤无源器件的产品质量低下且不稳定。目前我国的光纤连接器等光纤无源器件的生产设备与生产技术基本依赖进口，关键技术由日本和美国掌握，国内生产光纤无源器件的厂家仅为代工厂，产品档次不高、生产规模较小、以劳动密集型的组装为主要生产形式。要改变目前的落后状态，必须立足自主研究开发，研究光纤连接器等光纤无源器件制造中的关键科学问题，为掌握光纤无源器件的高精度制造提供知识与技术基础。

光纤连接器等光纤无源器件的制造属于光学零件的超精密制造范畴，与一般机械零件的超精密制造相比，有其特殊的一面，它是制造科学与光学原理相融合的高精度、高难度的特殊制造技术。光纤器件的性能由光学原理、器件结构以及制造原理与工艺所确定，制造方法、制造精度决定着光学原理的实现及器件光学性能的高低，目前对这一基本问题缺乏系统的规律研究。研究光纤器件界面的光波传输与畸变规律、光纤器件的超精密制造基本机理以及光纤器件的光波传输界面与制造界面之间的融合分析理论，获得光纤器件功能品质-制造精度-制造工艺的相关规律，不仅有助于提高光纤器件的性能，还可为研究开发新的光纤器件的超精密精良制造工艺、技术与成套装备提供理论基础。对光纤器件功能生成原理、制造工艺规律的深层次研究是当前光纤器件制造从技艺走向科学的必需。

7.1　光纤连接器的研究现状

国际电信联盟(ITU)将光纤连接器定义为“稳定地，但并不是永久地连接两根或多根光纤的无源组件”。光纤连接器主要用于实现光纤系统中设备与设备之间、设备与仪表之间、设备与光纤之间以及光纤与光纤之间的非永久性固定连接，是光纤通信系统中不可或缺的无源器件[3]。正是由于光纤连接器的使用，使得光通道间的可拆式连接成为可能，从而方便了光纤系统的测试与维护，又使光纤系统的转接调度更加灵活。光纤连接器伴随着光通信技术的发展而发展。

现在光纤连接器已经形成门类齐全、品种繁多的系列产品，成为光通信以及其他光纤应用领域不可缺少的、应用最广的基础光无源器件之一。目前，应用最广泛的连接器为 FC 型、SC 型、ST 型[3]等三种类型的光纤连接器，见图 7.1。为适应光纤接入网和光纤到户发展的需要，MU 型、LC 型等新一代体积更小、价格更低的光纤连接器将得到更广泛应用。

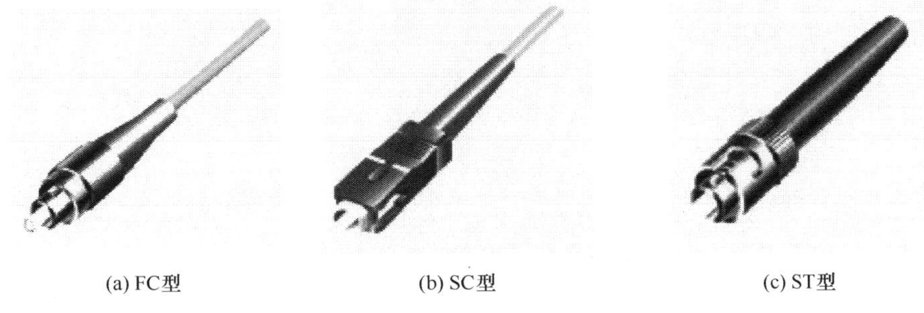

(a) FC型　(b) SC型　(c) ST型

图 7.1　常用光纤连接器的类型

无论是哪种类型的光纤连接器，其核心组成部件包括插针体和陶瓷套筒两部分，结构示意如图 7.2 所示。插针体为陶瓷插芯与光纤的组合体，本文所指的光纤连接器端面即为插针体端面，如图 7.3 所示。插针体的端面一般需经过研磨、抛光加工处理才能使连接器的光学性能达到实用的要求[4~6]。

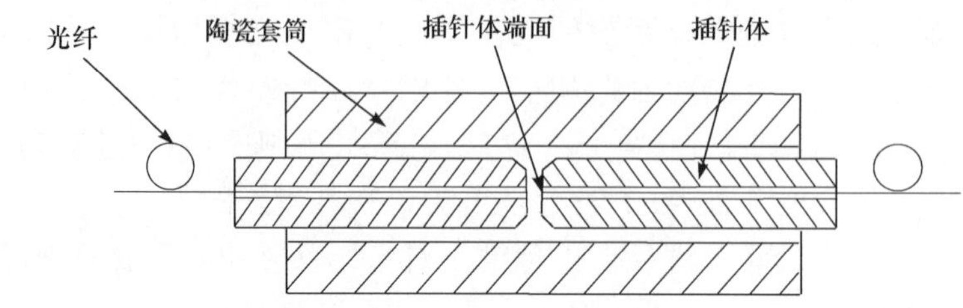

图 7.2　光纤连接器结构示意图

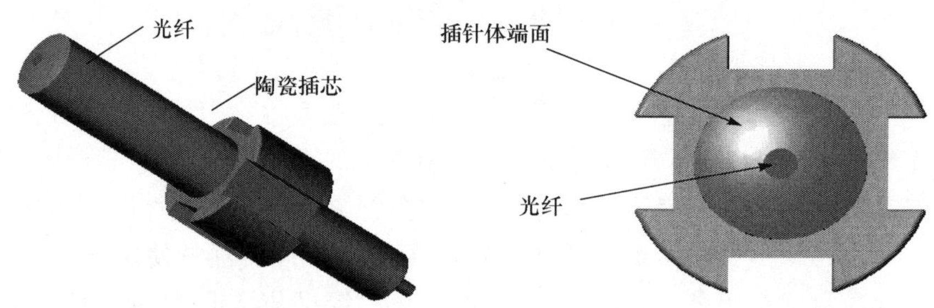

图 7.3　光纤连接器插针体

7.1.1　光纤连接器插针体端面形状

连接器插针体端面研磨抛光后，其端面形状一般有四种形式，即垂直平面端面型[7]、倾斜平面端面型[8]、球面端面型（PC 型）[9]、斜球面端面型（APC 型）[10]，见图 7.4。

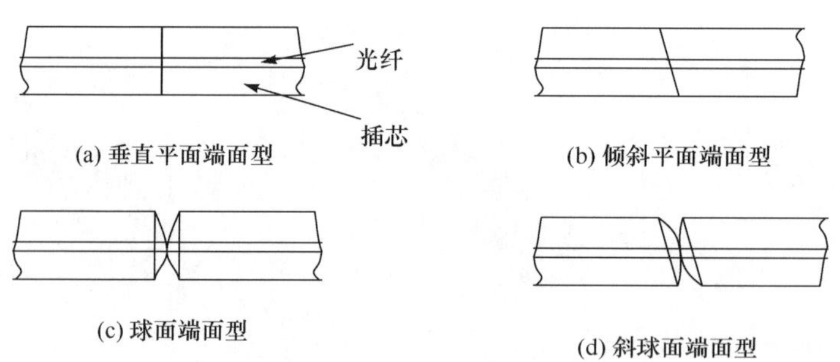

图 7.4　光纤连接器插针体端面形状

图 7.4(a)所示为垂直平面端面型的光纤连接器，它的连接端面为垂直于光纤的芯轴、无弯曲或凹凸不平的抛光平面，这样理论上两连接器插针体中的光纤可实现紧密的物理接触。但实际上两光纤的紧密接触很难实现，两光纤之间存在间隙，从而使得连接器的插入损耗增大，回波损耗值降低。主要原因有[11]：一是不可能将插针体的端面抛光成绝对垂直于光纤芯轴的平面；二是由于目前使用较多的插

针体是氧化锆陶瓷，其硬度高于石英光纤材料，在研抛时由于磨削量的不一致，导致光纤下凹；三是由于插针体、光纤以及黏结用的环氧树脂的热膨胀系数不一致，温度的变化会使光纤相对于插针体下凹。该类型的光纤连接器的回波损耗值一般低于 30dB。

图 7.4(b)所示为倾斜平面端面型的光纤连接器，它的连接端面与光纤芯轴不成直角，在光纤连接时，与平面端面型的光纤连接器一样，两光纤之间存在间隙，但由于反射光的入射角大于光纤的数值孔径，从而使反射光不能进入光纤纤芯而进入包层并最终泄漏出去，因而可减少对激光光源及系统的影响。光纤连接器插针体端面抛光成倾斜端面可以将其回波损耗值值提高到 40dB，但其插入损耗也往往增大到高速光纤系统所容许的 0.3dB 以上。

要提高以上两种插针体端面形式的光纤连接器的回波损耗值，就应将两光纤之间的间隙消除，以减少菲涅尔反射。通常有两种方法：一种是光纤之间的间隙用折射率与光纤纤芯相同的物质填满，即采取折射率匹配法[12]；另一种是想办法使两光纤端面直接保持紧密的物理接触。采用折射率匹配的方法对提高光纤连接器的回波损耗有一定作用，回波损耗可提高到 45dB；但对于需频繁插拔的连接器来说也是不适合的。首先，折射率匹配物质会使插针磨损粒屑发生迁徙和聚集；其次，由于折射率匹配材料的折射率与温度有关，因此光纤端面填充了折射率匹配材料的光纤连接器的回波损耗受环境温度的影响比较明显，使得连接器的可靠性下降，另外，折射率匹配材料的长期稳定性也存在问题。因此目前的主流技术采用使连接器光纤实现紧密接触的物理接触技术(PC 及 APC)。

要使连接器的两光纤达到物理接触，一般是将连接器插针体端面研抛成球面[13]，如图 7.4(c)所示。将两插针体进行对接时，可将接触面积有效减至紧密环绕光纤端面的周围区域，其接触区域的直径约为 250m，有效接触面积仅为图 7.4(a)所示的垂直平面端面型连接器的接触面积的 1/100，球面形插针体端面在弹簧所加载轴向力的作用下将产生弹性变形，这样，即使光纤相对于插针体存在轻微凹陷，也可使光纤纤芯仍保持紧密的物理接触。由于减小了折射率突变，极大地减少了菲涅尔反射，不仅提高了光纤连接器的回波损耗值，还降低了插入损耗。经过精密抛光的 PC 型光纤连接器的回波损耗值可提高到 45dB，其插入损耗可降低到 0.1dB 以下，可以满足高速光纤传输系统的一般要求。

为进一步抑制反射光对激光光源及系统的影响，提高高速光纤传输系统的可靠性，可在将光纤端面抛光成球面的同时，保证端面法线与纤芯轴线成一定的角度，成斜球面状[10]，如图 7.4(d)所示。这样反射光难以回到输入光纤，从而不能返回光源。当倾斜角增大时，回波损耗值得到了提高，但插入损耗也将增大，因而必须选择合适的倾斜角度，一般为 6°～10°。经过精密抛光的倾角为 8°的 APC 型光纤连接器的回波损耗可达 60dB 以上，但其插入损耗也增大到 0.2dB 以上。APC

型与 PC 型光纤连接器相比，确能提高其回波损耗值，但产生的插入损耗也较高，它的制造和使用都比 PC 型更困难。因此，目前工程上广泛使用的连接器多为 PC 型光纤连接器。

7.1.2　提高光纤连接器回波损耗的途径

目前，光纤技术正在向高带宽、高数据速率的方向发展，对光纤连接器的技术性能和可靠性提出了更高的要求。随着光纤传输系统的网络化、远程化、智能化水平的不断提高和深入，对光纤连接器的光学传输性能也相应提出了新的要求以适应新技术的发展。提高光纤连接器回波损耗的研究主要集中在回波损耗的产生机理、光纤连接器结构、光纤连接器制造等几个方面。就产生机理方面而言，光纤端面间隙、端面形状、端面变质层、端面划痕及凹坑等因素都是造成回波损耗的原因。因此，有针对性地从结构设计以及制造工艺等方面加以改进更新是提高光纤连接器性能的主要技术发展方向。目前，提高光纤连接器回波损耗存在如图 7.5 所示的三种基本方法，即光纤端面之间的间隙用与纤芯折射率相同的物质填充、使光纤端面倾斜而辐射反射光、使光纤端面物理接触消除间隙。

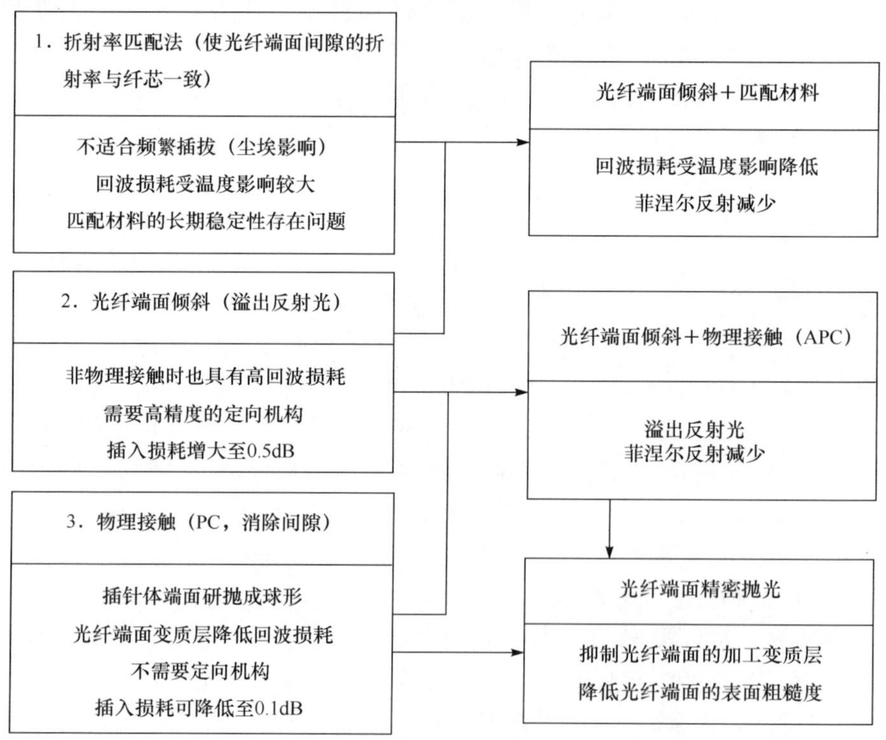

图 7.5　提高光纤连接器回波损耗的途径

对于PC型光纤连接器，提高其回波损耗的方式主要集中在如下两个方面：①消除两光纤端面之间的间隙，使其保持物理接触；②减薄由研磨产生的光纤端面变质层的厚度以及减小变质层折射率与光纤纤芯本体折射率的差值。而具体实现方式主要在于不断寻求新的研磨抛光原理，研发新的光纤连接器端面精密研磨抛光设备和研磨抛光工艺，以减薄光纤端面变质层、降低光纤端面粗糙度、避免光纤凹陷、保证插针体端面形状参数合格等。

7.1.3　光纤连接器端面研磨与抛光

由于平面端面型及斜面端面型光纤连接器对接时，在不使用折射率匹配材料的情况下，难以消除两光纤端面之间的间隙，而不能使光纤产生紧密的物理接触，其回波损耗等性能难以满足高速光纤传输系统的要求，因而现场使用的光纤连接器绝大部分为将插针体端面研磨抛光成球面的PC型连接器。因此，仅讨论PC型光纤连接器插针体端面的研磨与抛光。目前国内外的研究主要集中在改进研磨抛光设备和研磨抛光工艺[14,15]，以满足去除光纤端面变质层、避免光纤凹陷、保证插针体端面形状参数合格等几方面的要求。

评价PC型光纤连接器的质量，除插入损耗、回波损耗等光学性能参数外，还必须测量连接器插针体端面在研磨抛光后的形状参数，包括曲率半径、顶点偏移量及纤芯凹陷量等三个重要参数。只有使端面形状参数保证在一定的范围之内，才能保证光纤保持良好的物理接触；另外，还要尽量去除光纤端面的变质层，并测试光纤端面是否有划痕或其他污损。因此，光纤连接器的研磨与抛光过程对提高其光学性能非常关键。目前，这一方面的先进技术大多为日本所发明和掌握，我国相对落后。

日本的Shinsuke等[16]对光纤端面研抛变质层进行了探索性的测试试验研究。在抛光光纤端面之前，分别使用磨粒大小为3μm、1μm、0.5μm的金刚石砂纸进行研磨，利用非接触表面轮廓仪（WYKO）及原子力显微镜得到了研磨后的光纤端面显微照片及粗糙度值，并应用椭圆偏振解析法测量了光纤端面变质层的折射率及厚度。另外，他还建立了变质层折射率及厚度影响连接器回波损耗的数学模型，并通过腐蚀减薄变质层的方法对数学模型进行了验证，试验结果与计算结果吻合较好。

Huang等[17]发明了一种超精密的光纤连接器端面磨削设备，该设备使用杯型砂轮作为磨削工具，对提高插针体端面曲率半径的一致性效果较好，但该方法一次仅能加工一颗插针体，效率过低。Suzuki等[4]、Ling等[18]采用胶质状的二氧化硅磨料与超细金刚石磨料混合的研磨抛光助剂对光纤连接器端面进行了研磨抛光试验研究，连接器的回波损耗提高到55dB，且插针体端面的曲率半径、顶点偏移、光纤凹陷的一致性非常好。但由于该方法采用胶质状的研磨剂，研磨效率较低，故没有得到推广。

7.2　与光纤连接器端面研磨抛光加工相关的几个问题

目前应用最为广泛的光纤为 SiO_2 玻璃光纤，它是由纯度达 99.999%以上的 SiO_2 组成的非晶态石英玻璃，属于典型的硬脆材料，其抗压强度是抗拉强度的 20 余倍[19]。硬脆材料具有弹性模量高、硬度高、脆性大、断裂强度与屈服强度比较接近等特点，在加工表面上容易产生大量的裂纹或凹坑，从而造成加工表面质量不高。目前针对光纤连接器端面研磨抛光的研究主要集中在研磨抛光工艺参数与连接器光学性能的关系上，对研磨抛光加工时的光纤材料去除以及研磨变质层成因的研究则少有报道。下面就硬脆材料塑性域超精密加工理论、光学玻璃超精密研磨抛光加工变质层、SiO_2 玻璃的压缩特性等三个与光纤连接器端面研磨抛光机理存在较密切联系的问题作一简单概述。

7.2.1　硬脆材料塑性域超精密加工理论的研究

超精密加工的精度为亚微米级乃至纳米级，包括超精密切削、超精密磨削以及超精密研磨抛光等加工方式，是一门新兴的综合性加工技术。要实现硬脆材料的超精密加工，关键问题就是要实现硬脆材料的塑性域加工，这是以“硬脆材料在尖锐压头的轻微力作用下能够产生塑性变形”这一事实为基础的。

1. 硬脆材料超精密加工模型

目前，对硬脆材料超精密加工模型的定量研究集中在超精密切削和超精密磨削，而硬脆材料超精密研磨抛光模型多为定性分析。硬脆材料超精密加工模型是建立在大量试验研究和理论分析之上的。

Bifano 等[20]应用显微压痕法并依据 Griffith 断裂扩展准则，首次建立了玻璃材料在磨削时不产生裂纹的磨粒的临界切削深度。林滨[21]通过单颗金刚石磨粒磨削试验及金刚石砂轮端面磨削和往复式平面磨削试验，将宏观线性断裂力学与微观断裂物理学相结合，研究了工程陶瓷的微量磨削加工机理，提出磨削深度微量化是实现工程陶瓷材料实现塑性域磨削的前提条件，但并未给出陶瓷材料塑性域磨削时的脆-塑转变临界条件的定量关系式。Chen 等[22]通过分析砂轮与工件的接触状态，建立了光学玻璃超精密磨削加工时单个磨粒切削的几何模型，将磨粒近似为等积形状的八面体，推导出单个磨粒最大切削厚度值 a_{gmax} 的计算公式为

$$a_{gmax}=\left(\frac{4v_w}{v_s N_d C}\sqrt{\frac{a_p}{d_e}}\right)^{\frac{1}{2}} \tag{7.1}$$

式中，v_w 为工件的进给速度；v_s 为砂轮速度；a_p 为磨削深度；N_d 为砂轮动态有效

磨刃数；d_e 为砂轮的当量直径；C 为常数。

在考虑磨削时冲击载荷以及磨削液对脆-塑转变的影响后，Chen 等[22]还建立了脆性材料在超精密磨削时脆-塑转变的临界切削深度公式；对光学玻璃等脆性材料的磨削试验研究后，认为砂轮的动态有效磨粒数是影响脆性材料在超精密磨削时发生脆-塑转变的关键因素。

赵奕[23]在对脆性材料单晶硅的压痕和刻划试验基础上，分析了脆性材料在外力作用下的变形方式，对脆性材料切削过程中的脆-塑转变机制进行了研究；基于断裂力学及塑性力学的能量理论，建立了切削脆性材料时产生塑性变形所需的能量 E_p 和产生脆性变形所需的能量 E_f 之比：

$$\kappa=\frac{E_p}{E_f}=\frac{\zeta E^{\frac{5}{3}} h_D^{\frac{2}{3}} \tau_s}{(HK_c)^{\frac{4}{3}}(1-\nu^2)} \tag{7.2}$$

式中，ζ 为和刀具几何形状有关的几何常数；h_D 为切削层厚度；E 为材料的弹性模量；τ_s 为材料的剪切屈服强度；H 为材料的硬度；K_c 为材料的断裂韧性；ν 为材料的泊松比。

如 $\kappa<1$（材料产生塑性变形所需能量小于产生脆性变形所需能量），切削时，材料以塑性去除方式占主导地位；而当 $\kappa>1$ 时，切削时，材料主要以脆性方式去除。从而得到脆性材料实现脆-塑转变的临界切削层厚度 h_{Dc} 的表达式：

$$h_{Dc}=\frac{K_c^2 H^2 (1-\nu^2)^{\frac{3}{2}}}{\zeta \tau_s^{\frac{3}{2}} E^{\frac{5}{2}}} \tag{7.3}$$

2. 硬脆材料超精密加工脆-塑转变机理

超精密加工模型的建立主要以试验所表征的现象为基础，但要揭示硬脆材料超精密加工的规律和本质，就必须研究其脆-塑转变的机理。然而，目前对脆-塑转变的机理还没有统一的认识，得到认可的主要有能量说、应力均布效应机理及滑移机理等几种解释，后两种理论均将切削区静压值作为导致脆性材料在超精密加工时发生脆-塑转变的基本条件。

Bifano[20]认为在硬脆材料的加工中，材料产生脆性断裂破坏还是塑性变形取决于这两种变形中哪种变形所需的能量首先得到满足。由于脆性断裂破坏所需的能量与切削层深度的平方成正比，而塑性变形所需的能量与切削层深度的三次方成正比，因此材料产生塑性变形所需能量和产生脆性变形所需能量的比值与切削层深度成正比。当切削层深度小到一定程度时，材料产生塑性变形所需能量将小于脆性断裂破坏所需能量，被加工材料将以塑性变形方式去除。

Yan 等[24]对比了常压下的单晶硅超精密切削试验和 400MPa 外界静压条件下的单晶硅刻划试验之后，提出脆-塑转变源于切削区应力均布效应。当切深小于材料的临界切深时，刀具刃口半径与切削厚度相当，消除了应力集中，整个切削区处于高静压状态，此时的切削刃附近的应力状态均布与高静压试验时的应力状态相似，硬脆材料的塑性增强，材料以塑性变形的方式被切除掉，从而实现硬脆材料的塑性域加工并可得到超光滑的光学表面。

滑移机理认为，硬脆材料的脆性断裂和塑性变形之间存在一个临界状态，当硬脆材料的滑移面被激活时，材料的择优滑移面将产生塑性滑移而不会发生解理断裂。Shibata 等[25]基于斯密特定律认为当脆性晶体材料滑移面和滑移方向上的切应力达到一临界值时，滑移面就被激活，产生塑性滑移，并根据这一理论提出“滑移倾向系数”作为脆-塑转变的判据。史国权等[26]认为单晶光学脆性材料切削存在两种形式：一种是沿特征解理面的解理断裂破坏；另一种是沿特征滑移面的剪切滑移变形，提出将解理面上抗拉强度与抗剪强度的比值作为脆-塑转变的判据。

目前，对脆性材料超精密加工时发生脆-塑转变机理的研究方法主要包括能量法、有限元仿真法以及分子动力学仿真法。

7.2.2 光学玻璃超精密研磨抛光加工变质层的研究

超精密研磨抛光可以实现镜面、高精度加工，通常作为脆性光学零件的最终加工方法。目前对于研磨抛光机理的阐述主要有微细磨削[27]、表面流动[28]、化学作用[29]等三种观点。但研磨抛光过程不可能由一种观点来解释，事实上，研磨抛光是磨粒对工件表面的切削、活性物质的化学作用及工件表面挤压变形等综合作用的结果，究竟哪一种作用占主导地位则取决于工件与磨粒材料的性质以及研磨抛光工艺条件等。

光学玻璃在超精密研磨抛光后，虽然在其表层/次表层一般不会产生裂纹，但在其表层仍然会产生一层较薄的加工变质层，该变质层的机械性能、物理化学性能、光学性能等特性与本体材料存在差异，因而有可能影响到光学器件的性能。目前对光学玻璃的超精密研抛加工表面变质层的研究还很不充分。

Kasai 等[30]应用椭圆偏光解析法，在测试了各种玻璃的研磨变质层的折射率及厚度后发现，含有金属离子的光学玻璃（如燧石、轻钡火石、硼硅冕玻璃等）的研磨变质层的折射率 n_f 小于其基体的折射率，如燧石（F-2）玻璃的研磨变质层折射率相比于其基体材料的折射率下降了约 6%；而对于不含金属离子的 SiO_2 玻璃或金属离子含量极少高硅氧玻璃等，其研磨变质层折射率与其基体折射率相比却有所提高，如在名义研磨抛光压力为 2×10^{-4} MPa 时，SiO_2 玻璃研磨变质层折射率提高了约 0.4%，厚度约为 40nm。Malin 和 Vedam[31]也得到了类似的结果。Kasai等[30]对这一现象的解释是：①光学玻璃在研磨抛光时，金属离子容易从表面溶出，从而使得玻璃表层的折射率减小；②研磨时磨粒使玻璃表层材料受到局部高压，引起表层材料的密度增加，从而使得玻璃表层的折射率增大。研磨变质层的折射率与其基体相比是减小还是增大，依赖于这两种因素的平衡。

7.2.3　SiO_2 玻璃压缩特性的研究

自 Bridgman 和 Simon[32]首次报道 SiO_2 玻璃在高压下可产生永久性的体积压缩以来，许多学者对 SiO_2 玻璃在高压下产生不可逆压缩及压缩后的特性进行了研究，取得了许多成果。

Cohen 和 Roy[33]研究了常温下 SiO_2 玻璃在 0.4～12GPa 静水压力作用下的特性，当静水压力达到 2Gpa 时，SiO_2 玻璃即出现不可逆压缩；当静水压力达到 12GPa，卸去压力后，SiO_2 玻璃的折射率从 1.46 提高到了 1.55。Polian 和 Grimsditch[34]发现 SiO_2 玻璃的最高压缩率约为 20%，当静水压力超过 25GPa 时，压缩率不再随压力的增大而增大。

通过 X 射线、核磁共振、拉曼光谱、红外光谱等测试手段研究了压缩后的 SiO_2 玻璃的分子微观结构，均发现其 Si—O—Si 键角随 SiO_2 玻璃的压缩程度而变化，压缩率越高，Si—O—Si 键角越小。

Agarwal[35]、Kitamura 等[36]、Tan 等[37]研究了经过压缩处理后的 SiO_2 玻璃的密度、折射率等参数与 $1100cm^{-1}$ 红外特征峰波数的关系，发现：SiO_2 玻璃的 $1100cm^{-1}$ 红外特征峰波数随密度的增加而降低，且呈线性关系；SiO_2 玻璃的折射率与其密度也呈线性关系，密度越高，折射率越高。

Meade 和 Jeanloz[38]应用分子动力学仿真法研究了 SiO_2 玻璃在高压作用下的微观结构变化及产生不可逆压缩的机理。

Tomozawa 等[39]应用显微红外光谱测试手段研究了标准 SiO_2 玻璃光纤受到单向压缩或拉伸力时的微观结构变化。通过不同弯曲直径的 U 型毛细管给光纤施加 0.45～1.94GPa 单向压缩或拉伸力，依据 SiO_2 玻璃的 $1100cm^{-1}$ 红外特征峰波数与 Si—O—Si 键角的关系，发现：当光纤受到拉伸时，其 Si—O—Si 键角增大；而当光纤受到压缩时，其 Si—O—Si 键角减小。

由理论分析及有限元分析可知，SiO_2 玻璃等材料在压头作用下，即使只对压头施加一轻微的压力，压头附近材料受到的压应力也可超过其屈服应力；超精密研磨抛光加工时，磨粒附近材料的受力状况类似于压头的压痕作用。因此，总结 SiO_2 玻璃在高压作用下的压缩特性，对研究光纤端面研磨变质层的成因有很好的借鉴作用。

参 考 文 献

[1] 邓礼东. 光纤连接器的现状与发展. 现代有线传输，2000，(12)：8-14.

[2] 宋金声. 光纤无源器件市场发展趋势. 世界电子元器件，2001，(6)：50-52.

[3] 林学煌. 光无源器件. 北京：人民邮电出版社，1998.

[4] Suzuki H，Kuriyagawa T，Shoji K. Precision polishing of optical fiber connector//The 11th

Annual Meeting of the American Society for Precision Engineering. California: The American Society for Precision Engineering, 1996: 557-560.

[5] Yin L, Huang H, Chen W K, et al. Polishing of fiber optic connectors. Machine Tools & Manufacture, 2004, 44: 659-668.

[6] Lin S I-EN. Effect of polishing conditions on terminating optical connectors with spherical convex polished ends. Applied Optics, 2002, 4(11): 88-95.

[7] Kihara M, Nagasawa S, Tanifuji T. Return loss characteristics of optical fiber connectors. Journal of Lightwave Technology, 1996, 14(9): 1986-1991.

[8] Nagasawa S, Yokoyama Y, Ashiya F, et al. A high-performance single-mode multifiber connector using oblique and direct endface contact between multiple fibers arranged in a plastic ferrule. IEEE photonics Technology Letters, 1991, 3(10): 937-939.

[9] Shintaku T, Sugita E, Nagase R. Highly stable physical-contact optical fiber connectors with spherical convex ends. Journal of Lightwave Technology, 1993, 11(2): 241-248.

[10] Takahashi M. Elastic polishing plate method and conditions for forming angled convex surface on ferrule end-face. Journal of Lightwave Technology, 1997, 15(9): 1675-1680.

[11] 金正旺. 光纤活动连接器插针体端面形状结构和研磨工艺探讨. 光通信研究, 1994, (3): 43-46.

[12] Kihara M, Nagasawa S, Tanifuji T. Temperature dependence of return loss for optical fiber connectors with refractive index-matching material. IEEE Photonics Technology Letters, 1995, 7(7): 795-797.

[13] Young W C, Shah V, Curtis L. Loss and reflectance of standard cylindrical-ferrule single-mode connectors modified by polishing a 10 degrees oblique endface angles. IEEE Photonics Technology Letters, 1989, 1(12): 461-463.

[14] 杨福兴. 光纤连接器超精密加工技术的研究. 航空精密制造技术, 2003, 39(3): 1-3.

[15] Huang H, Yin L, Chen W K, et al. Ultraprecision abrasive machining of fibre optic connectors. Key Engineering, 2004, 257-258: 171-176.

[16] Matsui S, Ohira F, Koyabu K , et al. Characterization of machining-damage layer for optical fiber ends-Relation between damaged layer and return loss. Journal of the Japan Society for Precision Engineering, 1998, 64(10): 1467-1471.

[17] Huang H, Chen W K, Yin L, et al. Micro/meso ultra precision grinding of fibre optic connectors. Precision Engineering, 2004, 28: 95-105.

[18] Yin L, Huang H, Chen W K. Influences of nanoscale abrasive suspensionsons on the polishing of fibre optic connectors. International Journal of Advanced Manufacturing Technology, 2004, 25(7-8): 685-690.

[19] 王玉芬, 刘连城. 石英玻璃. 北京: 化学工业出版社, 2007.

[20] Bifano T G, Dow T A, Scattergood R O. Ductile-Regime grinding: A new technology for machining brittle materials. Journal of Engineering for Industry, 1991, 113(5): 184-189.

[21] 林滨. 工程陶瓷超精密磨削机理与实验研究[博士学位论文]. 天津: 天津大学, 1999.

[22] Chen M J, Zhao Q L, Dong S, et al. The critical conditions of brittle-ductile transition and the factors influencing the surface quality of brittle materials in ultra-precision grinding. Journal of Material Processing Technology, 2005, 168: 75-82.

[23] 赵奕. 脆性材料超精密车削脆塑转变及影响表面质量因素的研究[博士学位论文]. 哈尔滨:哈尔滨工业大学, 1999.

[24] Yan J W, Syoji K, Kuriyagawa T, et al. Ductile regime turning at large tool feed. Journal of Material Processing Technology, 2002, 121: 363-372.

[25] Shitaba T, Fujii S, Makino B, et al. Ductile-regime turning mechanism of single-crystal silicon. Precision Engineering, 1996, 18(2-3): 129-137.

[26] 史国权, 仇健, 于骏一, 等. 用飞切法加工光学晶体平面镜. 机械工程学报, 2000, 36(3): 73-77.

[27] Xie Y S, Bhushan B. Effects of particle size, polishing and contact pressure in free abrasive polishing. Wear, 1996, 200: 281-295.

[28] Zong W J, Li D, Cheng K, et al. The material removal mechanism in mechanical lapping of diamond cutting tool. International Journal of Machine Tools & Manufacture, 2005, 45: 783-788.

[29] Cook L M. Chemical processes in glass polishing. Journal of Non-Crystalline Solids, 1990, 120: 152-171.

[30] Kasai T, Horio K, Yamazaki T, et al. Polishing to reveal micro-defects on glass. Journal of Non-Crystalline Solids, 1994, 177: 397-404.

[31] Malin M, Vedam K. Ellipsometric studies of environment-sensitive polish layers of glass. Journal of Applied Physics, 1977, 48(3): 1155-1157.

[32] Bridgman P W, Simon I. Effects of very high pressures on glass. Journal of Applied Physics, 1953, 24: 405-413.

[33] Cohen H M, Roy R. Densification of glass at very high pressure. Physics and Chemistry of glass, 1965, 6(5): 149-161.

[34] Polian A, Grimsditch M. Room-temperature densification of -SiO_2 versus pressure. Physical Review B, 1990, 41(9): 6086-6087.

[35] Agarwal A, Tomozawa M. Corelation of silica glass properties with the infrared spectra. Journal of Non-Crystalline Solids, 1997, 209: 166-174.

[36] Kitamura N, Toguch Y, Funo S, et al. Refractive index of densified silica glass. Journal of Non-Crystalline Solids, 1993, 159: 241-245.

[37] Tan C Z, Arndt J, Xie H S. Optical properties of densified silica glasses. Physica B, 1998, 252: 28-33.

[38] Meade C, Jeanloz R. Frequency-dependent equation of state of fused silica to 10 GPa. Physical Review B, 1987, 35: 236-244.

[39] Tomozawa M, Lee Y K, Peng Y L. Effect of uniaxial stress on silica glass structure investigated by IR spectroscopy. Journal of Non-Crystalline Solids, 1998, 242: 104-109.

第 8 章　影响光纤连接器光学性能的关键因素及端面研磨抛光工艺试验研究

光纤连接器是实现光纤之间活动连接的无源光纤器件，它具有将光纤与有源器件、光纤与其他源器件、光纤与系统和仪表进行活动连接的功能。目前，光纤通信技术正在向高带宽、高数据速率的方向发展，在性能上要求光纤连接器的插入损耗更低、回波损耗更高。本章首先基于光学理论分析了光纤连接器插入损耗、回波损耗的产生机理，提出了提高光纤连接器光学性能的方法；其次应用弹性 Hertz 接触理论，得出了 PC 型光纤连接器插针体端面形状参数(端面曲率半径、顶点偏移、光纤凹陷量)应满足的数值域。

8.1　影响光纤连接器光学性能的关键因素研究

8.1.1　光纤连接器的性能指标[1]

评价光纤连接器光学性能的指标主要有插入损耗及回波损耗。

1. 插入损耗

插入损耗是指光纤中的光信号通过活动连接器之后，其输出光功率相对于输入光功率的比率的分贝数，其表达式为[1]

$$I_{\mathrm{L}} = -10\lg\frac{P_{\mathrm{o}}}{P_{\mathrm{i}}} \tag{8.1}$$

式中，I_{L} 为插入损耗，dB；P_{o} 为输出端的光功率；P_{i} 为输入端的光功率。

插入损耗用来衡量光纤连接器给系统造成的光功率衰减，它会使光的通过率下降，因此插入损耗数值越小越好。对于该项性能，国际电讯联盟(ITU)建议应根据 20 个样品的测试，确定出平均损耗、标准偏差和样品最大损耗，其中平均损耗值应不大于 0.3dB[2]。

光纤连接器对接时，光纤纤芯直径、数值孔径、折射率分布的差异以及光纤之间的横向错位、角度倾斜、端面间隙等因素都是造成插入损耗的原因[1,3]。由连接器两端光纤参数不一致而产生的损耗可通过选择参数完全匹配的光纤(如同一根光纤)来消除；随着光纤连接器结构的改进及制造水平的提高，光纤连接器的对中定位机构的精度较容易达到亚微米级。图 8.1 所示的光纤横向错位可满足 $d<0.8\mu\mathrm{m}$，光纤角度倾斜可满足 $\theta<0.1°$，使得由光纤横向错位、角度倾斜产生的

插入损耗可降低到 0.1dB 以下[1]。其中，由光纤连接器端面研磨抛光加工决定的两光纤之间的端面间隙是造成光纤连接器插入损耗的最主要因素。

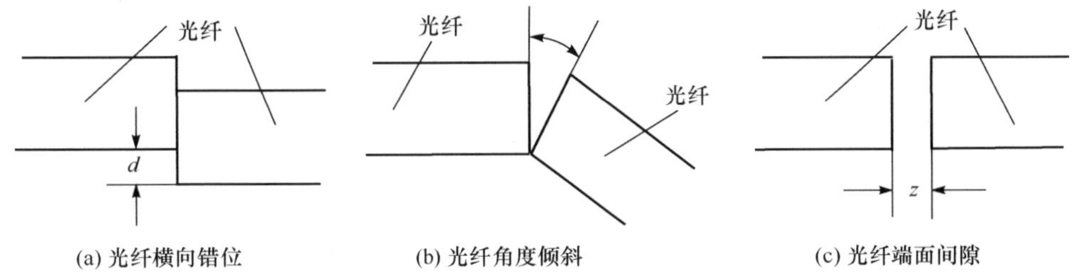

图 8.1　光纤连接器对接时光纤之间的错位、倾斜及间隙

2. 回波损耗

回波损耗又称后向反射损耗，它是指在光纤连接处，后向反射光（如图 8.2 所示的光束 2）功率相对输入光功率的比率的分贝数，其表达式为[1]

$$R_L = -10\lg \frac{P_r}{P_i} \tag{8.2}$$

式中，R_L 为插入损耗，dB；P_r 为后向反射光功率；P_i 为输入端的光功率。

光纤连接器的回波损耗数值越大越好，以减少反射光对光源和系统的影响。对于光纤通信系统来说，随着系统传输速率的不断提高，反射对系统的影响也越来越大，来自连接器的反射将影响高速率激光器（开关速率为 Gbit/s 级）的稳定度，并导致分布噪声的增大和激光器抖动[4]。另外，如图 8.2 所示，光信号在连接器端面光纤之间的多次反射，使得原始光信号 1 和因延迟而随后到来的光信号 3 之间产生附加光程差，当满足一定相位条件时，会造成光信号的增强或减弱，从而造成系统的传输质量下降。因此，随着光纤传输系统对连接器回波损耗的要求越来越高，ITU 建议光纤连接器的回波损耗值不应小于 45dB[2]。

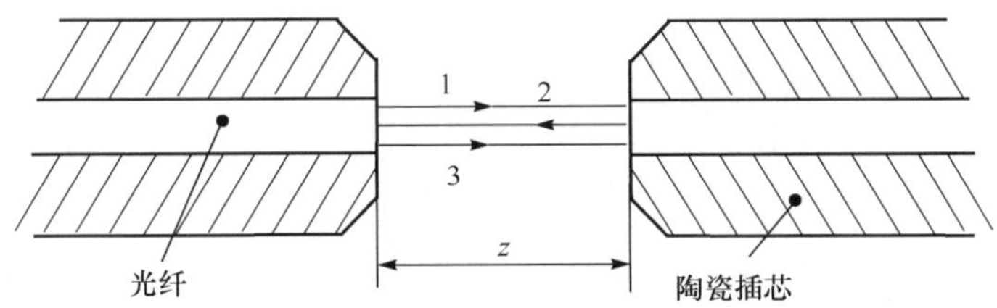

图 8.2　光信号在连接器光纤端面之间的反射示意图

8.1.2　光纤端面间隙对连接器光学性能的影响

光线在遇到折射率不同的界面时会出现菲涅尔反射[5]。如果在连接器的两个光纤端面之间存在图 8.1(c)所示的间隙 z，由于空气与光纤的折射率存在较大差

异，光线在间隙处可产生多次反射，从而降低光纤连接器的光学性能。由于研磨抛光连接器端面时容易使光纤凹陷于陶瓷插芯，从而有可能使连接器的对接光纤端面产生间隙。例如，光纤凹陷于陶瓷插芯 0.1μm，陶瓷插芯端面发生几何接触时，则光纤端面理论上可产生 0.2μm 的间隙。

1. 光纤端面间隙产生的连接器插入损耗[1]

光纤端面间隙产生的插入损耗来自于两方面的原因：一方面，由于光线在间隙之间产生菲涅尔反射引起的插入损耗；另一方面，间隙中的空气吸收光能引起的插入损耗[1]。即

$$I_{Lz}=I_{LF}+I_{LX} \tag{8.3}$$

式中，I_{Lz}为光纤端面间隙引起的总插入损耗，dB；I_{LF}为菲涅尔反射引起的插入损耗，dB；I_{LX}为间隙中的空气吸收光能引起的插入损耗，dB。

由菲涅尔反射引起的插入损耗 I_{LF} 为[1]

$$I_{LF}=-10\lg\frac{16K^2}{(1+K)^4} \tag{8.4}$$

式中，$K=n_0/n$；n_0 为光纤纤芯折射率，$n_0=1.463$；n 为空气折射率，$n=1$。

对于单模光纤，间隙中的空气吸收光能引起的插入损耗 I_{LX} 为[6]

$$I_{LX}=-10\lg\frac{1}{[1+(\lambda z)^2/(2\pi n_1\omega^2)]^2} \tag{8.5}$$

式中，z 为光纤端面间隙，μm；λ 为波长，μm；

$$\omega=\left(0.65+\frac{1.619}{V^{3/2}}+\frac{2.879}{V^6}\right)a$$

$$V=2\pi a n_0\sqrt{2\Delta/\lambda}$$

$\Delta=\dfrac{n_0-n_1}{n_1}$，为相对折射率；$a$ 为光纤纤芯半径，对于单模光纤，$a=5$μm；n_0 为光纤纤芯折射率，$n_0=1.463$；n_1 为光纤包层折射率，$n_1=1.455$。

波长 $\lambda=1.31$μm 时，由光纤端面间隙光能吸收引起的插入损耗曲线如图 8.3 所示。当端面间隙 $z=0.2$μm 时，$I_{LX}=0.003$dB。

通过计算得到，只要光纤端面存在间隙，由菲涅尔反射引起的插入损耗 $I_{LF}=0.32$dB；而当端面间隙 $z=0.2$μm 时，由光纤端面间隙光能吸收引起的插入损耗 I_{Lz}相比于 I_{LF}可忽略不计。可见，光纤端面间隙引起的插入损耗主要是因为光线菲涅尔反射造成的。只要连接器光纤端面存在间隙，引起的插入损耗就不能满足光纤通信的基本要求。因此，为了降低光纤连接器的插入损耗，必须消除光纤端面之间的间隙。

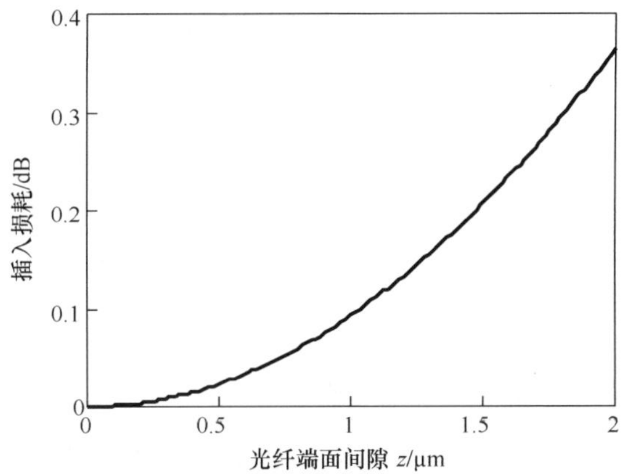

图 8.3　光纤端面间隙光能吸收引起的插入损耗(波长 $\lambda=1.31\mu m$)

2. 光纤端面间隙产生的连接器回波损耗

光纤连接器之所以存在回波损耗是由于光线在遇到折射率不同的界面时会出现菲涅尔反射。因此,如果两光纤对接处存在间隙,就会引起光线在对接处产生菲涅尔反射,从而造成光纤连接器的回波损耗。假设光纤端面为理想表面,无划痕、凹坑、污物等,两光纤之间的间隙为空气介质,如图 8.2 所示,此时,空气间隙可视为薄膜。由薄膜光学原理[5]可推得光纤端面存在间隙时的连接器回波损耗为

$$R_{Lz}=-10\lg\left\{2\left(\frac{n_0-n}{n_0+n}\right)^2\left[1-\cos\left(\frac{4\pi}{\lambda}nz\right)\right]\right\} \tag{8.6}$$

式中,R_{Lz}为光纤端面间隙引起的连接器回波损耗,dB;n_0 为光纤纤芯折射率,$n_0=1.463$;n 为空气折射率,$n=1$;λ 为波长,μm;z 为光纤端面间隙,μm。

图 8.4 所示为光波波长 λ 为 1.31μm 时,连接器端面间隙与回波损耗的关系

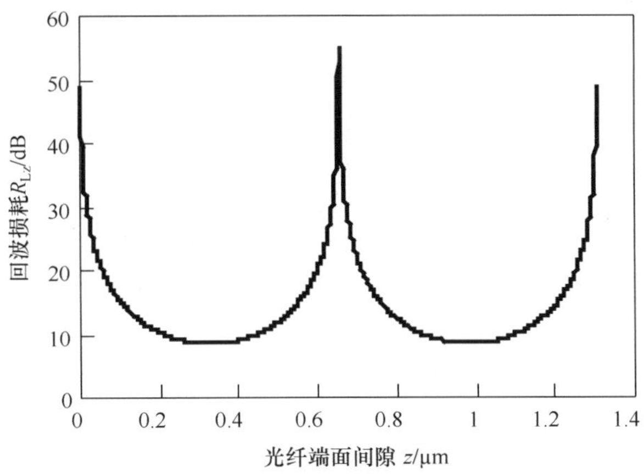

图 8.4　光波波长为 1.31μm 时,连接器光纤端面间隙与回波损耗的关系

曲线。光纤端面间隙为 0.2μm 时,连接器回波损耗就可低至 10dB。随着光纤端面之间间距的变化,连接器回波损耗呈现出周期性变化规律。光纤连接器光纤端面间隙为零时,由于不存在反射,回波损耗值为无穷大;当间距 z 达到$\lambda/4$ 时,回波损耗降到最小。但由于连接器两光纤端面间隙难以精确控制,因此,为提高连接器光学性能,最理想的方法就是消除连接器光纤之间的间隙,使得连接器光纤端面实现紧密接触的物理接触(physical contact,PC),从而防止因光纤端面间隙而引起的菲涅尔反射。

8.1.3 光纤端面粗糙度对光反射和透射的影响

当连接器的光纤端面不平整光滑时,入射到光纤表面上的光线经由光纤粗糙表面的反射和透射,会造成光程差,影响光纤传输系统的稳定性。

1. 光纤端面粗糙度对光反射的影响

为避免入射光在光纤表面产生漫反射,故对其表面粗糙度有较严格的要求。如图 8.5 所示,将粗糙表面简化为细微台阶表面,a、b 两束平行光从空气中入射到粗糙光纤表面,同时到达 A、C 点,入射角为 θ,其反射角与入射角相等。a 束光的光程为 AB,b 束光的光程为 $CO+OB$,则 a、b 两束光的光程差 Δ 为[6]

$$\Delta=[(CO+OB)-AB]=2\left(\frac{h}{\cos\theta}-\sin\theta\cdot 2\sin\theta\frac{h}{\cos\theta}\right)=2h\cos\theta \tag{8.7}$$

从光学基本理论可知,要避免漫反射,光程差不能超过光波长的八分之一,即

$$2h\cos\theta\leqslant\Delta\leqslant\frac{\lambda}{8},\qquad h\leqslant\frac{\lambda}{16}\frac{1}{\cos\theta} \tag{8.8}$$

式中,Δ 为光程差,nm;h 为台阶高度,nm;λ 为光波长,nm;θ 为光入射角。

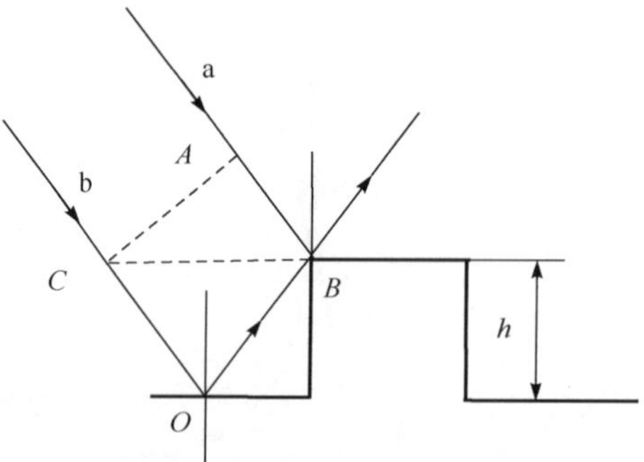

图 8.5 粗糙表面对光线反射产生的光程差

光在光纤中传输时,入射角一般$\leqslant 8°$,入射光基本垂直于光纤端面,即当$h\leqslant\frac{\lambda}{16}$时,入射到光纤端面的光就不会产生漫反射。光纤传输系统中的光在红外区,其波

长 λ 在 1310～1550nm，则只要光纤端面粗糙度的凹凸不平，$h \leqslant 97$nm，光入射后就不会在光纤端面产生漫反射。

2. 光纤端面粗糙度对光透射的影响

如图 8.6 所示，θ_1 和 θ_2 分别为入射角和折射角。a、b 两束平行光从空气中入射到粗糙光纤表面，经折射后离开玻璃。a 光的行程为 $C \rightarrow F$，b 束光的行程为 $A \rightarrow G$。光程差 Δ 为[6]

$$\Delta = (CF \cdot n_1) - (AB \cdot n_0 + BG \cdot n) \tag{8.9}$$

根据光学及几何关系，得

$$\Delta = h\left(\sqrt{n_0^2 - \sin^2\theta_1} - \cos\theta_1\right) \tag{8.10}$$

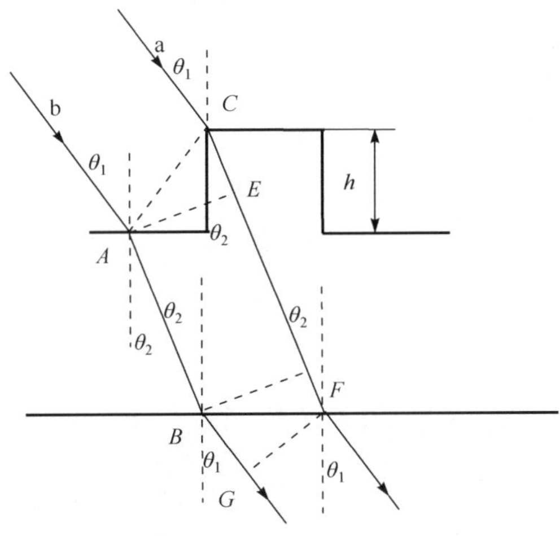

图 8.6　粗糙表面对光线透射产生的光程差

要避免光程差对系统稳定性的影响，应满足 $\Delta \leqslant \dfrac{\lambda}{8}$，即

$$h \leqslant \frac{\lambda}{8\left(\sqrt{n_0^2 - \sin^2\theta_1} - \cos\theta_1\right)} \tag{8.11}$$

式中，Δ 为光程差，nm；h 为台阶高度，nm；λ 为光波长，nm；θ_1 为光入射角；n 为空气折射率，$n=1$；n_0 为光纤折射率，$n_0 = 1.463$。

当光波长 $\lambda = 1310$～1550nm，则 $h \leqslant 418$nm。由此可见，光透射对表面粗糙度的要求比光反射对表面粗糙度的要求低一些。

因此，经精密研磨、抛光加工得到的光纤端面，只要其表面粗糙度 $R_a < 50$nm，则基本上不会影响到光纤连接器的光学性能。

8.1.4　插针体端面形状参数及其对连接器光纤物理接触的影响

由 8.1.2 节可知，如果在连接器的两个光纤端面之间存在间隙，会引起光纤连接器的光学性能的降低。为减小插入损耗及提高回波损耗，应消除连接器两光纤端面之间的间隙，即使连接器光纤端面之间实现紧密的物理接触(PC)。

要使连接器的两光纤达到物理接触，一般是将连接器插针体端面研磨成凸球面[7~11]，如图 8.7(a)所示。这样将两插针体进行对接时，可将插针体端面接触面积减至紧密环绕光纤端面的周围区域，与图 8.7(b)所示的平面端面型连接器相比，只要通过弹簧给插针体施加一个较小的轴向力，就可使陶瓷插芯端面产生适当的弹性变形，如图 8.8 所示，在此弹性压偏范围内，即使光纤相对于插针体存在轻微凹陷，也可使对接光纤保持紧密的物理接触[8~11]，从而减小光传输通道的折射率突变。这样就减少了菲涅尔反射，可提高光纤连接器的光学性能。

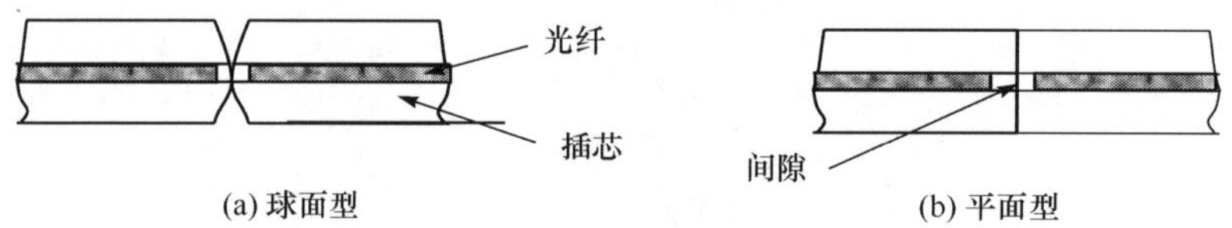

图 8.7　光纤连接器插针体端面形状

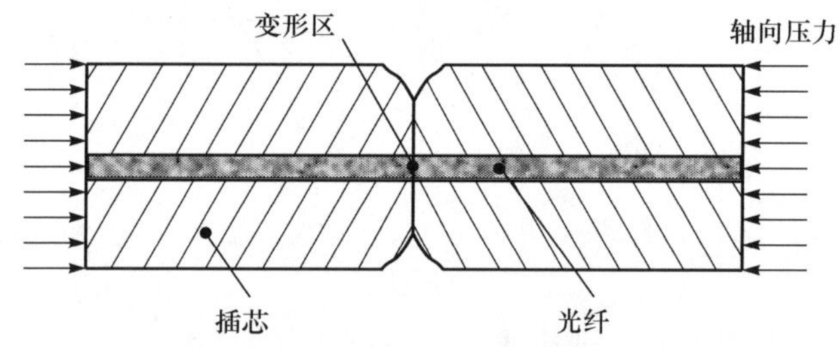

图 8.8　施加轴向压力，消除连接器两光纤端面之间的间隙

1. 插针体端面几何形状参数

描述 PC 型光纤连接器插针体端面的主要几何形状参数包括球形端面曲率半径、光纤凹陷量以及球形端面顶点相对于光纤轴心的偏移(顶点偏移)。顶点偏移和光纤凹陷都会引起连接器光纤端面的间隙。

1) 光纤凹陷量

由于插芯材料 ZrO_2 与光纤材料 SiO_2 的硬度、断裂韧性等性能存在较大差异，连接器插针体研磨抛光时，两种材料的去除率可能不一致，从而将造成光纤凹陷或凸出于插芯。光纤凹陷或凸出量必须符合一定规范才能保证连接器对接时光纤端面保持可靠的物理接触。假设顶点偏移为零的情况下，定义光纤凹陷量如图 8.9 所示，U 是光纤端面与其插针体凸球面顶点的高度差，称为光纤球面凹陷量。若 U 为正值，光纤凸出球面；U 为负值，光纤凹入球面。在光纤连接器端面干涉仪上测得的光纤凹陷量即为光纤球面凹陷量 U。w 表示光纤端面与陶瓷插芯顶面的高度差，称为光纤平面凹陷量。若 w 为正值，光纤凸出陶瓷插芯；若 w 为负值，则光纤凹进陶瓷插芯。光纤球面凹陷量与光纤平面凹陷量有如下关系：

$$w=\frac{U-r^2}{2R} \tag{8.12}$$

式中，w 为光纤平面凹陷量；U 为光纤球面凹陷量；r 为光纤半径；R 为插针体凸球面的曲率半径。

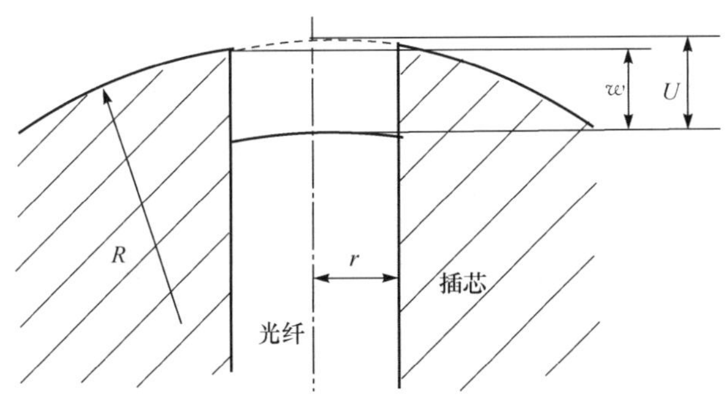

图 8.9　光纤连接器插针体端面光纤凹陷量定义

2）顶点偏移量

顶点偏移是指陶瓷插芯圆柱体轴心与插针体凸球面最高点之间的径向距离，如图 8.10 所示的尺寸 t。它会导致 PC 型光纤连接器产生光纤端面间隙及不稳定物理接触，因此必须尽量减小端面顶点偏移的大小。

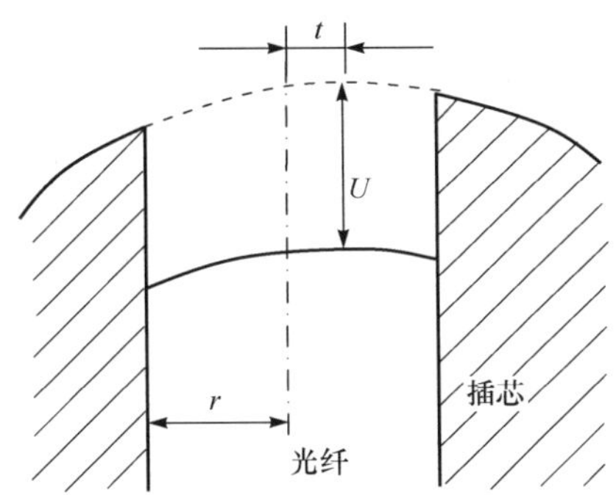

图 8.10　光纤连接器插针体端面顶点偏移

2. 插针体端面形状参数对连接器光纤物理接触的影响

连接器光纤端面间隙会引起不稳定的物理接触，为保证物理接触的可靠性，有必要确定曲率半径、光纤凹陷量和顶点偏移的数值范围。

1）顶点偏移产生的等效光纤凹陷

两个插针体对接时，为确定顶点偏移造成的等效光纤凹陷，不仅需考虑偏移的大小，还需考虑两个插针体的对接方向。两个插针体对接时顶点偏移造成的极大和极小等效光纤凹陷情况如图 8.11 所示。

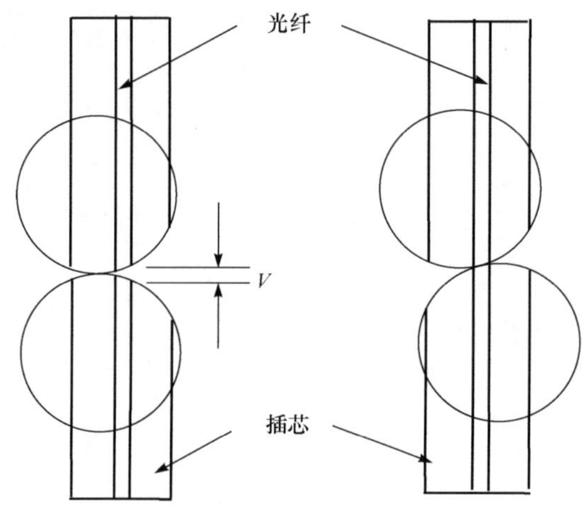

图 8.11　插针体端面顶点偏移造成的等效光纤凹陷

图 8.12 示出了两个插针体端面正视图。令光纤轴心为坐标原点，定义连接器外部件的定位键的方向为 y 方向，插针体 1 顶点偏移定位为(x_1, y_1)，插针体 2 顶点偏移为(x_2, y_2)。

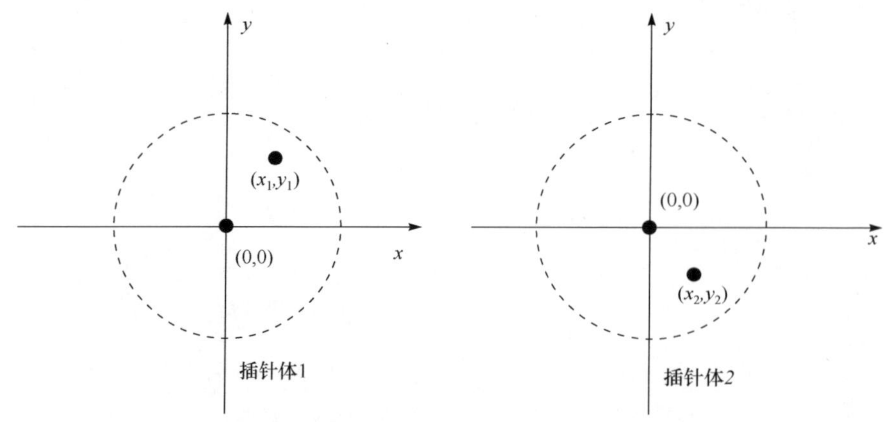

图 8.12　插针体端面顶点偏移

运用几何学的方法估算出插针端面顶点偏移造成的等效光纤凹陷量 V 为

$$V=\frac{r}{2R}\sqrt{(x_1+x_2)^2+(y_1+y_2)^2} \tag{8.13}$$

可以假设插针体端面的顶点偏移符合二维高斯分布

$$f(x,y)=\frac{1}{2\pi\sigma^2}\exp\left(-\frac{x^2+y^2}{2\sigma^2}\right) \tag{8.14}$$

式中，σ 为标准偏差。

顶点偏移可用累计概率函数 $F(t)$表示为

$$F(t)=\int_0^t 2\pi t f(x_i,y_i)\mathrm{d}t=1-\exp\left(-\frac{t^2}{2\sigma^2}\right) \tag{8.15}$$

式中

$$t=\sqrt{x_i^2+y_i^2},\quad i=1,2$$

当随机选用两个插针体对接时，由式(8.13)和式(8.14)可得到等效光纤凹陷量 V 的概率函数表达式为

$$g(V)=\frac{V}{\sigma\dfrac{r}{R}}\exp\left[-\frac{V^2}{\left(\sigma\dfrac{r}{R}\right)^2}\right] \tag{8.16}$$

等效光纤凹陷量 V 累计概率函数可表示为

$$G(V)=\int_0^V g(V)\mathrm{d}V=1-\exp\left[-\frac{V^2}{\left(\sigma\dfrac{r}{R}\right)^2}\right] \tag{8.17}$$

令顶点偏移和等效光纤凹陷的累计概率函数相等，由式(8.15)和式(8.17)得到等效光纤凹陷量 V 为

$$V=\frac{rt}{\sqrt{2}R} \tag{8.18}$$

式中，V 为等效光纤凹陷量；t 为端面顶点偏移；r 为光纤半径，62.5μm；R 为插针体端面的曲率半径。

图 8.13 为插针体端面顶点偏移量与其引起的等效光纤凹陷量的关系曲线。当插针体端面的曲率半径 R＝20mm 时，如果顶点偏移量 t 为 50μm，就会产生 0.1μm 的等效光纤凹陷量。

2）插针体端面形状参数的确定

给插针体施加轴向压力 P，两个插针体对接时的变形及位移情况如图 8.14 所示。根据弹性 Hertz 接触理论[12]，两插针体端面接触圆的半径 a 为

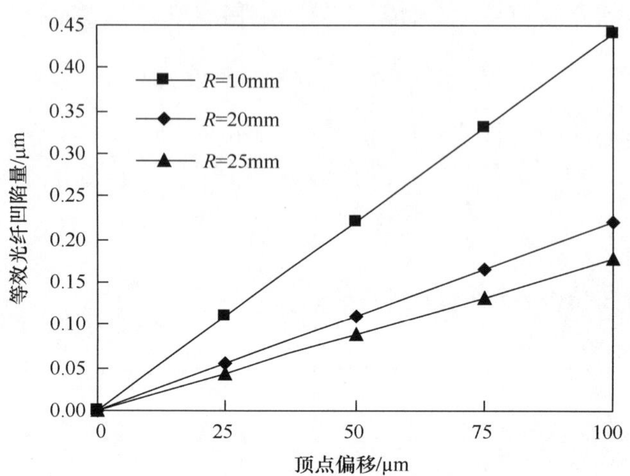

图 8.13　插针体端面顶点偏移产生的等效光纤凹陷量

$$a=\left(\frac{3PR^*}{4E^*}\right)^{1/3} \tag{8.19}$$

两插针体互相接近的距离 δ 为

$$\delta=\left(\frac{9P^2}{16R^*E^{*2}}\right)^{1/3} \tag{8.20}$$

式中，P 为施加在插针体上的轴向压力，N；a 为两插针体端面接触圆的半径，mm；δ 为两插针体互相接近的距离，mm；R^* 为两插针体端面相对曲率半径，mm；E^* 为等效弹性模量，MPa。

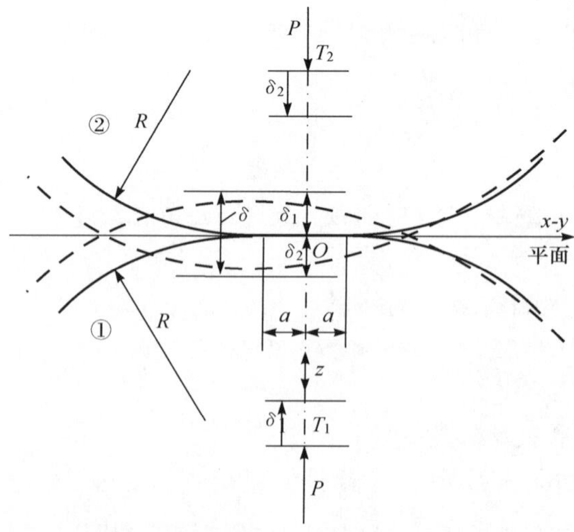

图 8.14　插针体对接时的接触变形示意图

两插针体端面相对曲率半径 R^* 可表示为

$$\frac{1}{R^*}=\frac{1}{R_1}+\frac{1}{R_2} \tag{8.21}$$

式中，R_1 为插针体 1 的端面曲率半径，mm；R_2 为插针体 2 的端面曲率半径，mm。

插针体的等效弹性模量 E^* 可表示为

$$\frac{1}{E^*}=\frac{2(1-\nu^2)}{E} \tag{8.22}$$

式中，E 为插针体材料的弹性模量，MPa；ν 为插针体材料的泊松比。

插针体材料为二氧化锆陶瓷，其弹性模量 $E=150\times10^3$MPa，泊松比 $\nu=0.23$。两插针体端面对接时，其接触圆的半径 a 应等于光纤半径 r，即 0.0625mm，由式(8.19)计算得到两个对接插针体端面曲率半径 R 与轴向压力 P 的关系曲线，如图 8.15 所示。不论是从光纤连接器的制造工艺上还是使用上，都应使其插针体端面的曲率半径基本保持一致。从图 8.15 中可以看出，只有当施加在连接器上的轴向压力 P 维持在 2.5～3N 时，两对接插针体的端面曲率半径才能基本一致。另外，由图 8.13 可知，当插针体端面存在顶点偏移且曲率半径 R 小于 10mm 时，将会引起较大的等效光纤凹陷。因此，插针体端面曲率半径 R 的最佳值应在 15～25mm。

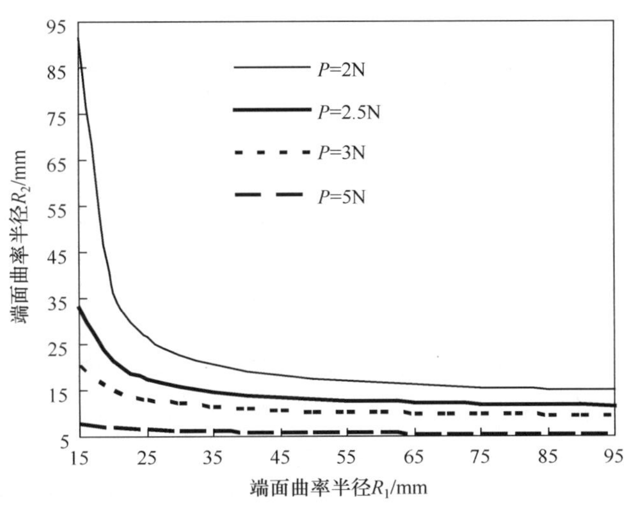

图 8.15　两对接插针体端面接触圆的半径 a 等于光纤半径时，曲率半径与轴向压力的关系

确定了轴向压力 P 及插针体端面曲率半径 R 的最佳值后，由式(8.20)可计算出两对接插针体互相接近的距离。为计算方便，令对接的两个插针体的端面曲率半径 R 相等，且保持在最佳值范围。计算结果如图 8.16 所示，可以看出，当光纤连接器插针体端面曲率半径 R 保持在 15～25mm 范围内，且施加在连接器上的轴

向力 P 为 2.5～3N 时，两对接插针体互相接近的距离 δ 在 0.36～0.48μm 范围内。此时若插针体端面的光纤凹陷量 U 在 0.18～0.24μm，光纤就能保证良好的物理接触。另外，由图 8.13 可知，插针体端面的顶点偏移可产生等效光纤凹陷，考虑制造工艺的制约，设定插针体端面的顶点偏移量 $t \leqslant 50\mu m$，其引起的等效光纤凹陷量为 0.1μm。因此，插针体端面的光纤凹陷量 U 一般应小于 0.1μm。

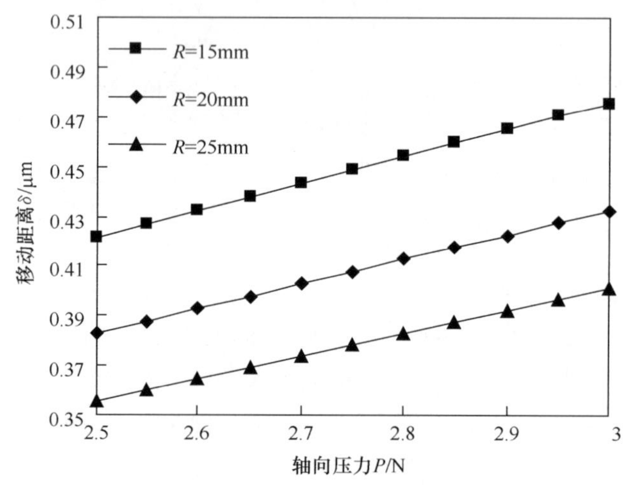

图 8.16 两对接插针体互相接近的距离

综上所述，对典型氧化锆陶瓷插芯，要使连接器的光纤端面保持可靠的物理接触，插针体端面形状参数的最佳值应符合以下要求：

(1) 曲率半径 $R=15\sim25mm$；

(2) 顶点偏移 $t \leqslant 50\mu m$；

(3) 光纤凹陷量 $U \leqslant 0.1\mu m$。

8.1.5 光纤端面变质层与连接器光学性能的关系

光纤连接器插针体端面需要用细微颗粒的金刚石砂纸进行研磨加工，由于研磨加工时的金刚石磨粒对光纤表面的机械作用，使得在光纤表面及亚表面产生破坏层[13～16]，姑且将该破坏层称为变质层。变质层的折射率与光纤本体的折射率有所差异，因而影响到光纤连接器的光学性能[17,18]。有关变质层的成因及其性质将在第 9、10 章论述。

1. 变质层对连接器插入损耗的影响

端面存在变质层的光纤对接的物理接触模型如图 8.17 所示。由于变质层折射率与光纤纤芯折射率的差异而产生的菲涅尔反射引起的插入损耗 I_{LD} 为[1]

$$I_{LD}=-10\lg\left[\frac{16K^2}{(1+K)^4}\right] \tag{8.23}$$

式中，I_{LD}为光纤端面变质层产生的连接器插入损耗，dB；$K=n_0/n_2$；n_0 为光纤纤芯折射率，$n_0=1.463$；n_2 为光纤端面变质层折射率。

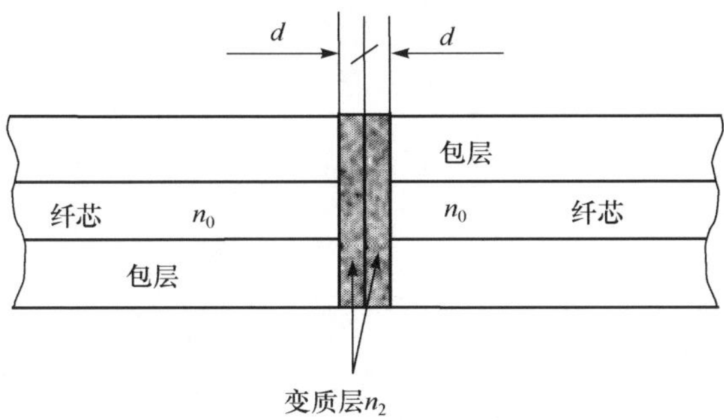

图 8.17　光纤对接的物理接触模型

图 8.18 所示为光纤端面变质层菲涅尔反射引起的光纤连接器插入损耗曲线，可见由光纤端面变质层产生的光纤连接器插入损耗远小于 ITU 规定的 0.3dB。

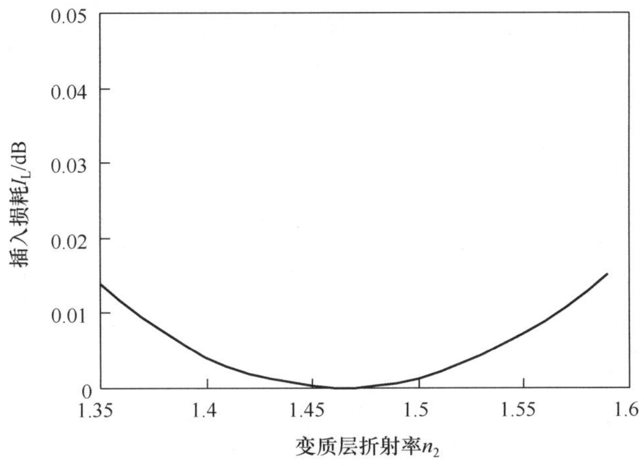

图 8.18　光纤端面变质层菲涅尔反射引起的插入损耗

2. 变质层对连接器回波损耗的影响

假设两对接光纤端面的变质层一致，如图 8.17 所示，根据薄膜光学原理[5]，由变质层产生的连接器的回波损耗可表示为

$$R_{LD}=-10\lg\left\{2\left(\frac{n_0-n_2}{n_0+n_2}\right)^2\left[1-\cos\left(\frac{8\pi n_2 d}{\lambda}\right)\right]\right\} \tag{8.24}$$

式中，R_{LD}为光纤端面变质层产生的连接器回波损耗，dB；λ 为光波波长，μm；d 为

光纤端面变质层厚度，μm。

图 8.19 所示为两光纤物理接触时，光纤端面变质层折射率与连接器回波损耗的关系。相比纤芯的折射率，端面变质层折射率无论是升高还是降低，都使得连接器的回波损耗降低。因此，要制造出高回波损耗的光纤连接器，应使光纤端面变质层的折射率相对于标准光纤的纤芯折射率的变化尽量减小。

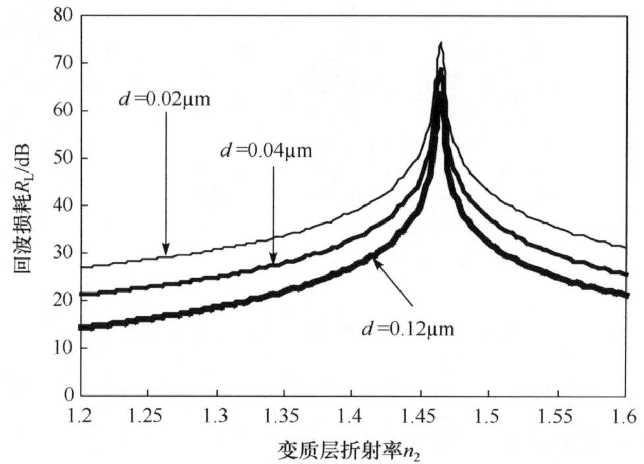

图 8.19　变质层折射率与回波损耗的关系（n_0=1.463，λ=1.31μm）

图 8.20 为光纤端面变质层折射率与变质层厚度的关系。要使连接器的回波损耗达到一定值，变质层的折射率偏离标准光纤纤芯折射率越大，则变质层厚度应越小。

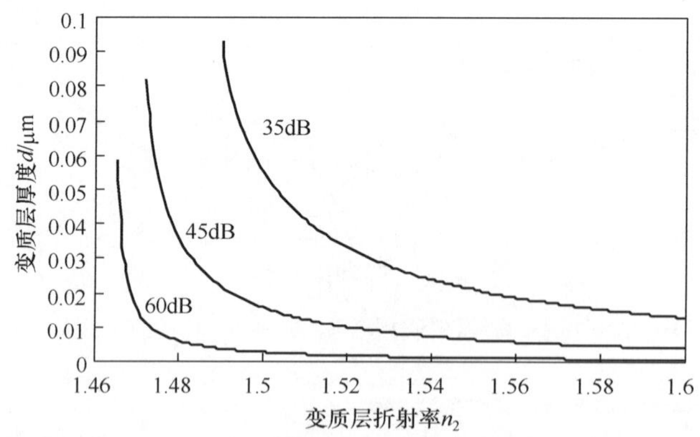

图 8.20　变质层折射率与变质层厚度的关系（n_0=1.463，λ=1.31μm）

对于 PC 型光纤连接器，其光纤端面实现了物理接触，从而使得由于光纤端面之间的间隙而产生的插入损耗与回波损耗得以消除。可见，光纤端面变质层是光纤物理接触(PC)型连接器产生回波损耗最根本原因，提高光纤连接器回波损耗的关键就是要抑制光纤端面变质层。

综上所述，光纤连接器插针体端面研磨抛光质量与连接器光学性能的关系如表 8.1 所示。当连接器插针体端面形状参数及光纤表面粗糙度满足要求时，光纤端面的研磨抛光变质层是造成光纤连接器产生回波损耗的最主要因素。

表 8.1　光纤连接器端面研磨抛光质量与连接器光学性能的关系

	与光纤连接器光学性能的相关性	解决办法
光纤端面之间对接间隙	与光纤连接器光学性能的降低有极强的相关性，使连接器的插入损耗升高、回波损耗降低	研磨、抛光后，光纤连接器插针体端面形状参数满足以下要求： (1) 曲率半径 $R=15\sim25$mm； (2) 顶点偏移 $t\leqslant50\mu$m； (3) 光纤凹陷 $U\leqslant0.1\mu$m。 则可消除连接器光纤端面之间的间隙，使光纤端面保持可靠的物理接触
光纤端面的表面粗糙度	对光纤连接器光学性能的影响极小	研磨抛光后，光纤端面的表面粗糙度 $R_a<50$nm 时，即可满足要求
光纤端面的研磨抛光变质层	对光纤连接器插入损耗影响较小，与连接器回波损耗的降低有极强的相关性	光纤端面研磨抛光引起的变质层成因不明，有待研究

8.2　光纤连接器端面研磨抛光试验

综合 8.1 节所述，合格的光纤连接器端面研磨抛光后的质量要求见表 8.2。为找到较优的光纤连接器端面研磨、抛光工艺参数，本节设计了一系列试验，研究了不同的研磨抛光工艺参数对光纤连接器插针体的端面形状、光纤表面质量以及连接器插入损耗与回波损耗的影响规律。

表 8.2　光纤连接器插针体端面研磨抛光质量要求

	光纤	插芯
材料	SiO_2	ZrO_2
端面曲率半径 R/mm	15～25	
顶点偏移 t/μm	≤50	
光纤凹陷 U/μm	≤0.1	
表面粗糙度 R_a/nm	≤50	≤100
表面划痕	光纤纤芯上不能有划痕	无要求
插入损耗 I_L/dB	<0.3	
回波损耗 R_L/dB	>45	

8.2.1 试验设备及基本步骤

1. 研抛及测试设备

光纤连接器插针体端面研磨抛光试验用到的主要仪器和设备有：

(1) 光纤连接器插针体端面研磨抛光机，如图 8.21 所示。该机器采用行星轨道式运转机构，可调节研抛压力、时间和橡胶垫硬度，最多可同时研抛 12 个插针体，研抛砂纸粘贴在抛光盘上的橡胶垫上，插针体固定在夹具上，通过调节齿圈(内齿轮)及主轴转速可得到不同的研抛轨迹及研抛速度。

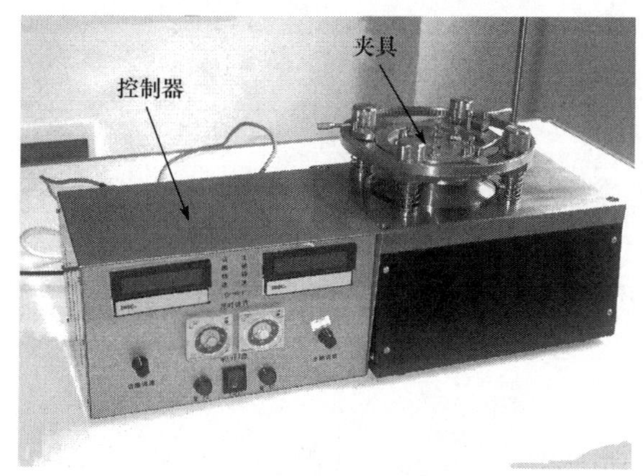

图 8.21 光纤连接器插针体端面研磨抛光机

(2) 非接触式光纤连接器插针体端面测试仪，如图 8.22 所示。该仪器可测量研抛后的连接器端面的几何形状参数，包括端面曲率半径、光纤凹陷/凸起量、顶点偏移等。

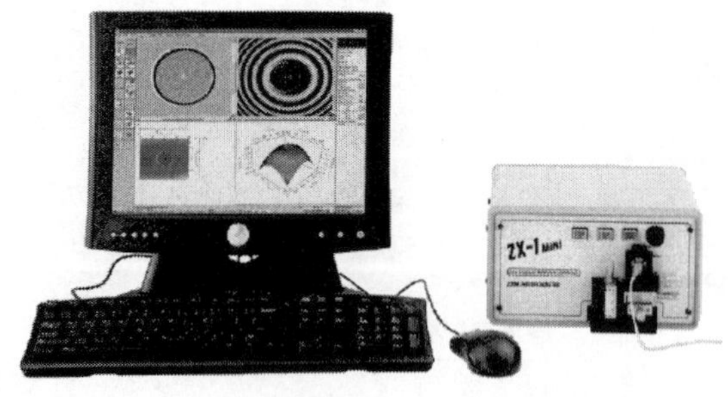

图 8.22 光纤连接器插针体端面测试仪

(3) 光纤连接器插损/回损仪，如图 8.23 所示。回波损耗采用 RIFOCS 588RL

型回损仪测量，插入损耗值采用 RIFOCS 575L 型光功率计测量，两种仪器均能在 1.31μm 及 1.55μm 两个波长下工作。试验测量连接器的插入损耗及回波损耗时，采用波长为 1.31μm 红外光。

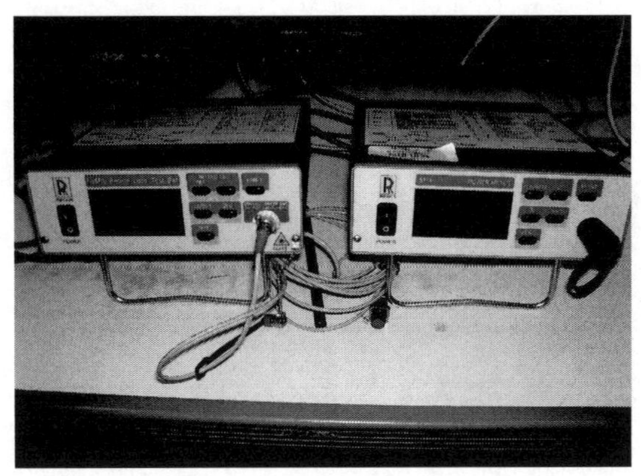

图 8.23　光纤连接器插损/回损仪

测试光纤端面研磨抛光后的表面质量的设备为扫描电子显微镜（SEM）、非接触表面轮廓仪（WYKO）以及椭圆偏振光谱仪器。

2. 试验基本步骤

光纤连接器插针体最后的组装与端面研磨抛光的基本过程如图 8.24 所示。首先用 353ND 双组分环氧树脂胶将剥去涂敷层的光纤（直径为 125μm）黏结到陶瓷插芯（外径为 2.5mm，内孔直径为 126μm）内，然后将其放入温度为 120℃ 固化

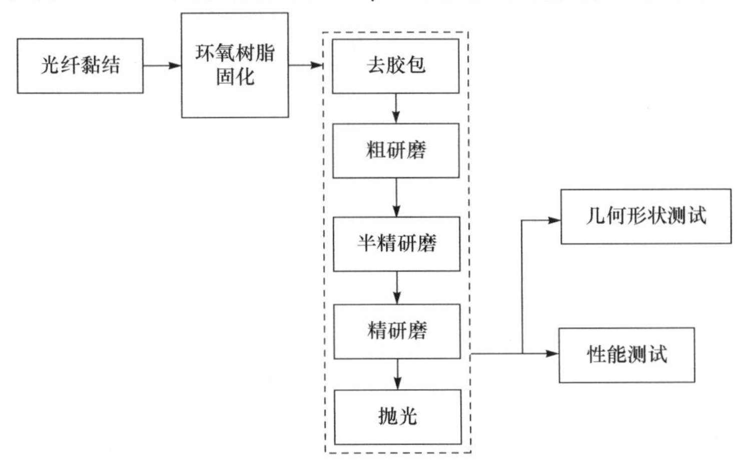

图 8.24　光纤连接器插针体组装与端面研磨抛光加工过程

炉中固化 2min。去胶包采用颗粒大小为 15μm 的 SiC 去胶砂纸；粗研磨、半精研磨及精研磨分别采用磨粒大小为 6μm、3μm、1μm 或 0.5μm 的金刚石砂纸研磨；抛光采用磨粒大小为 0.05μm 的 Al_2O_3 抛光砂纸。研磨、抛光时，在研磨、抛光砂纸均匀喷上适量蒸馏水作为研磨、抛光助剂，称为湿研磨或湿抛光；如果不添加蒸馏水，而使研磨、抛光砂纸保持干燥，则称为干研磨或干抛光。每一步研磨、抛光完成后用无水乙醇及无尘擦拭纸将插针体端面清洗干净，然后用干涉仪测量连接器插针体端面的曲率半径、顶点偏移、光纤凹凸量，用回损/插损仪测量其回波损耗和插入损耗。以下除特别申明，各图表中的光纤连接器各项性能参数均为 24 个连接器的平均值。

8.2.2 研抛机运动参数及研磨压力的确定

1. 研磨抛光机运动参数的确定

为保证光纤连接器的质量及提高加工效率，连接器研磨抛光机的运动参数(主轴及内齿轮的转速)必须满足以下要求：第一，应为连接器插针体端面的粗研磨、精研磨、抛光等工序分别选择合适的研磨切削速度；第二，应使连接器端面相对于研磨砂纸形成一系列密集而不重合的运动轨迹，以达到研磨砂纸的均匀磨损；第三，应当使连接器端面上每点相对于研磨砂纸的运动路程基本相等，以达到连接器端面上各点的材料去除量一致，从而满足插针体端面的顶点偏移量 $t<50\mu m$。另外，研磨抛光机运动参数的优化结果如表 8.3 所示。

表 8.3 光纤连接器研磨抛光机运动参数优选结果

序号	主轴转速/(r/min)	内齿轮转速/(r/min)	应用范围
1	132	31	粗研磨
2		38	半精研磨、精研磨
3		43	精研磨、抛光
4		47	半精研磨、精研磨
5		54	粗研磨

2. 最佳研磨压力的确定

用置于橡胶垫上的金刚石砂纸对插针体端面进行研磨的主要目的之一就是要保持插针体端面曲率半径符合表 8.2 所列的标准。研磨时插针体置于弹性较好的橡胶垫上，给插针体施加不同的压力以形成不同的端面曲率半径，如图 8.25 所示。

本文所指的研磨压力是指单颗插针体所受到的压力 P,通过调整研磨插针体的个数及夹具体的配重,可实现研磨压力的调整。

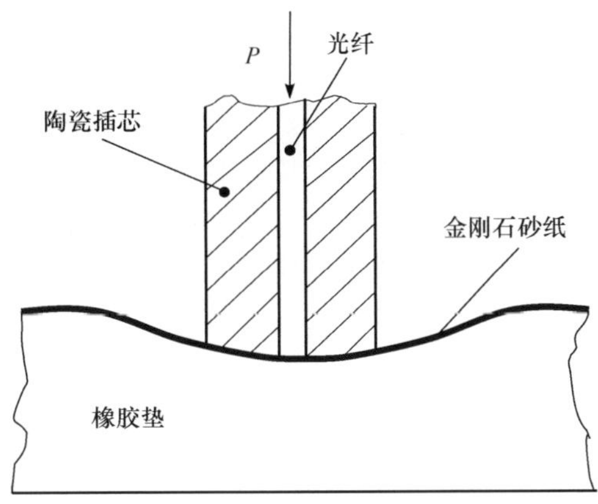

图 8.25　光纤连接器插针体端面研磨示意图

为确定插针体端面研磨压力 P 对端面曲率半径的影响,分别选用 6μm、3μm、1μm 磨粒的金刚石砂纸对插针体依次进行粗、半精、精研磨各 60s,研磨分为湿研磨和干研磨两种情况。研磨压力与精研磨后的插针体端面曲率半径的关系如图 8.26 所示。由图可以看出,不管是湿研磨还是干研磨,要使插针体端面曲率半径保持在 15～25mm,研磨压力 P 的最佳范围应为 1～2N。这也证明,湿研磨和干研磨两种情况下,插针体端面材料的去除基本一致。在同一研磨压力 P 下,插针体端面曲率半径符合正态分布规律,图 8.27 为研磨压力 $P=1.5$N 时插针体端面曲率半径的分布图,曲率半径满足表 8.2 所列要求。

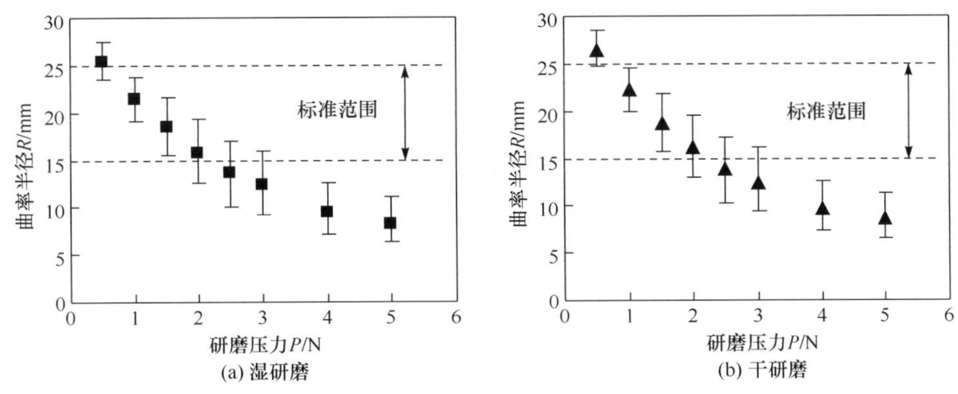

图 8.26　研磨压力与光纤连接器插针体端面曲率半径的关系

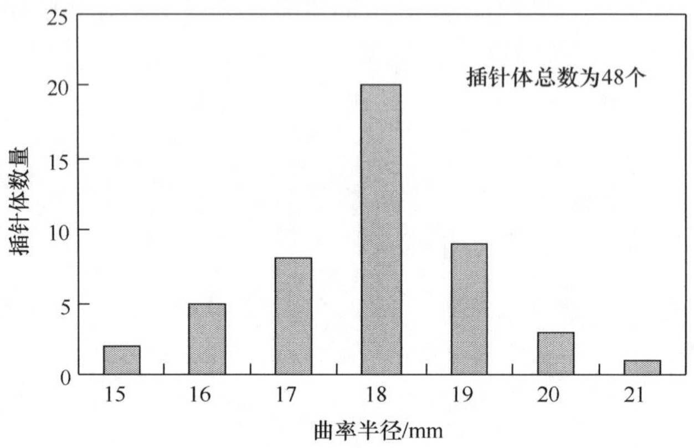

图 8.27 光纤连接器插针体端面曲率半径分布图(研磨压力 P=1.5N)

8.2.3 光纤连接器端面研磨试验

1. 光纤研磨加工表面粗糙度

通过非接触式光学表面轮廓仪测量分别由 6μm、3μm、1μm、0.5μm 粒度的金刚石砂纸依次湿研磨 60s、60s、30s、30s 后的光纤表面粗糙度及表面形貌,得到金刚石磨料粒度与光纤表面粗糙度 R_a 的关系曲线如图 8.28 所示,研磨后光纤表面微观形貌的过滤图形如图 8.29 所示。金刚石磨料粒度≤3μm 时,光纤表面粗糙度 R_a 远小于 50nm,可满足表 8.2 提出的对光纤研磨加工表面粗糙度的质量要求。

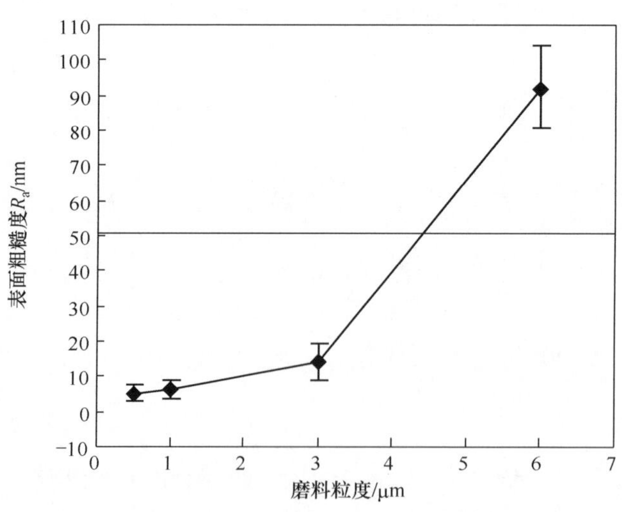

图 8.28 金刚石磨料粒度与光纤表面粗糙度的关系

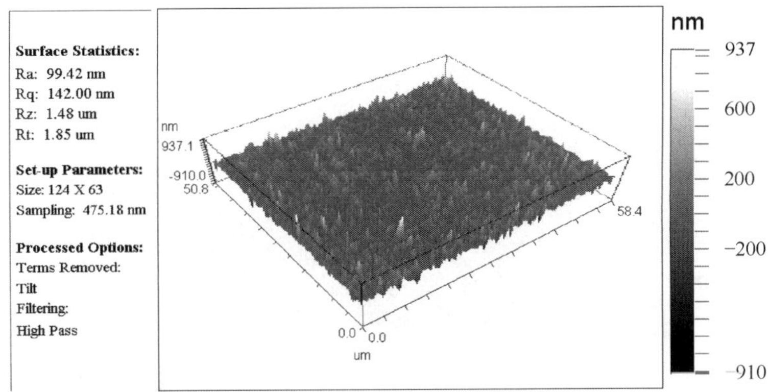

Title: Subregion
Note: X offset:55　Y offset:67

(a) 6μm磨粒金刚石砂纸研磨60s后光纤表面微观形貌

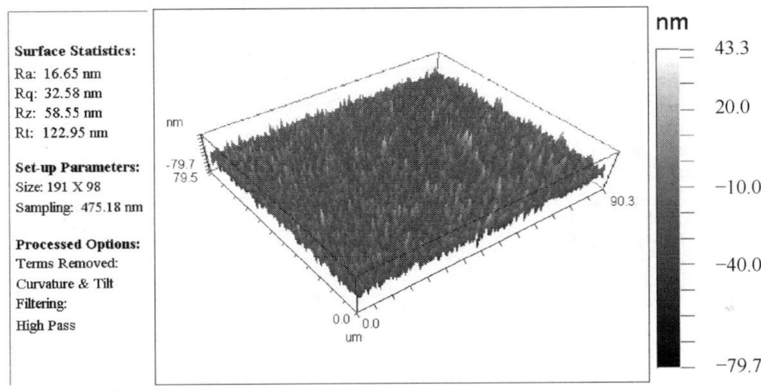

Title: Subregion
Note: X offset:15　Y offset:40

(b) 3μm磨粒金刚石砂纸研磨60s后光纤表面微观形貌

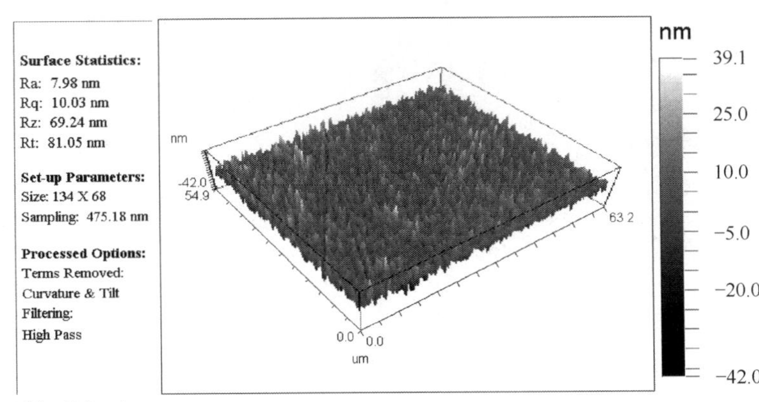

Title: Subregion
Note: X offset:55　Y offset:51

(c) 1μm磨粒金刚石砂纸研磨30s后光纤表面微观形貌

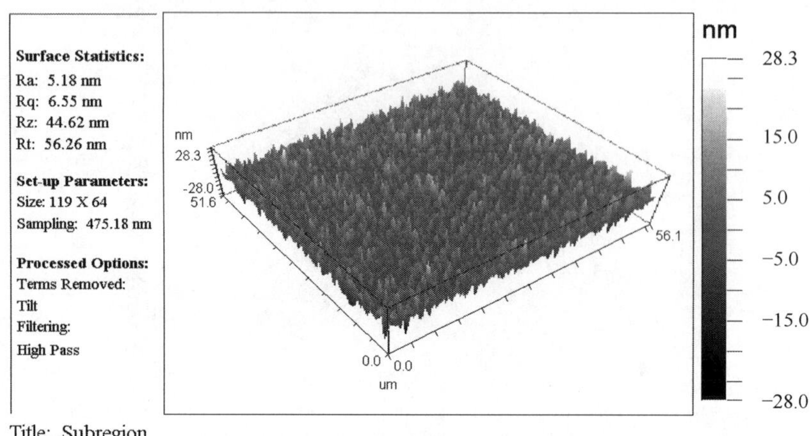

(d) 0.5μm磨粒金刚石砂纸研磨30s后光纤表面微观形貌

图 8.29 金刚石砂纸研磨后光纤表面微观形貌

2. 光纤凹陷

图 8.30 所示为光纤凹陷与金刚石磨料粒度的关系。可以看出,用金刚石砂纸研磨连接器插针体端面,产生的光纤凹陷量小于 10nm。

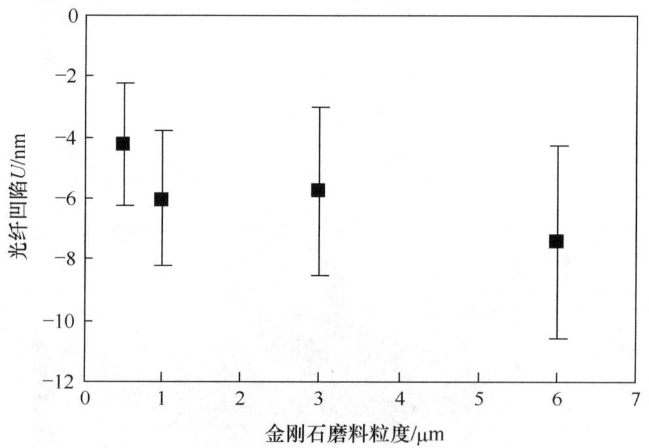

图 8.30 金刚石磨料粒度与光纤凹陷的关系

3. 插入损耗与回波损耗

图 8.31 所示为光纤连接器插针体端面分别由 6μm、3μm、1μm、0.5μm 粒度的金刚石砂纸依次湿研磨 60s、60s、30s、30s 后,测得的磨料粒度与光纤连接器回波

损耗及插入损耗的关系。当金刚石研磨砂纸的粒度≤3μm 时，连接器的插入损耗小于 0.1dB，符合表 8.2 所列的质量要求；光纤连接器端面经精研磨后，其回波损耗仍小于 40dB，未达到表 8.2 所列的质量要求。

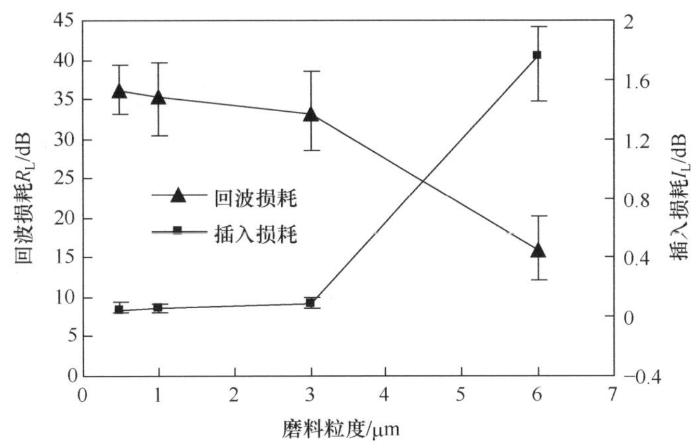

图 8.31　金刚石磨料粒度与连接器回波损耗及插入损耗的关系

4. 光纤研磨变质层

测试光纤研磨变质层的仪器为 Horiba Jobin Yvon 公司生产的具有显微聚焦功能的 EX-SITU UVISEL 型椭圆偏振光谱仪。由于使用 6μm 粒度的金刚石砂纸粗研磨得到的光纤表面粗糙度高达 100nm 左右，如图 8.32 所示，光纤表面凹凸不平，在红外光的照射下会产生较强的漫反射，使得变质层测量无法完成。因此，仅测量由 3μm、1μm、0.5μm 粒度金刚石砂纸研磨后的光纤研磨变质层折射率与变质层厚度。

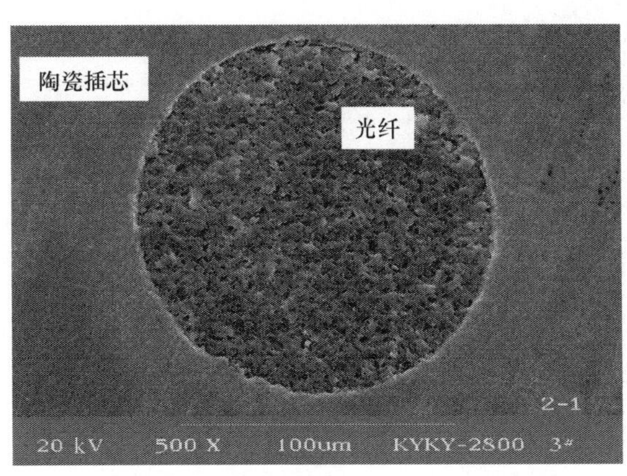

图 8.32　6μm 粒度金刚石砂纸研磨后，插针体端面的 SEM 图像

测得的光纤研磨变质层折射率与厚度如图 8.33 所示。与标准光纤纤芯折射率 $n_0=1.463$ 相比，光纤研磨变质层折射率有所增大且与磨料粒度相关。用 3μm 粒度金刚石砂纸半精研磨连接器插针体端面 60s 后，再用 1μm、0.5μm 粒度金刚石砂纸精研磨连接器插针体端面 30s，变质层的平均折射率由约 1.52 降低到约 1.50，变质层厚度亦由约 0.165μm 迅速降低到约 0.065μm。将由椭圆偏振光谱仪测得的光纤研磨变质层折射率与厚度代入式(8.24)计算得到的光纤连接器回波损耗与由回波损耗仪测得的光纤连接器回波损耗一同列于图 8.34，回波损耗的计算值与测量值匹配较好，证明光纤研磨变质层是产生光纤连接器回波损耗的最主要因素。

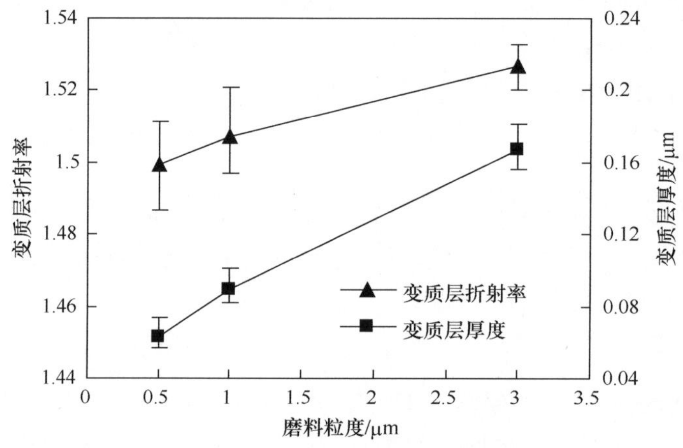

图 8.33　金刚石磨料粒度与光纤研磨变质层折射率及厚度的关系

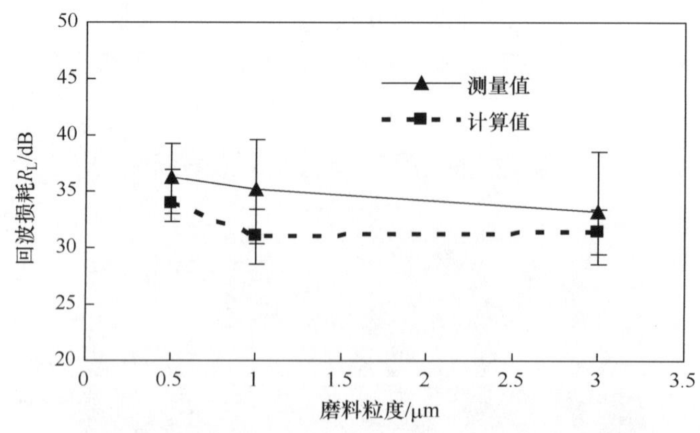

图 8.34　光纤连接器回波损耗测量值与计算值的对比

综上所述，分别用 6μm、3μm、1μm、0.5μm 粒度的金刚石磨粒砂纸按照 8.2.2 节所确定的研磨运动参数、研磨压力等工艺参数对光纤连接器插针体端面进行粗研磨、半精研磨、精研磨加工后，光纤连接器插针体端面形状参数、光纤表面粗糙度、连接器插入损耗均符合表 8.2 所列出的质量要求；但由于光纤研磨变质层的存在，使得连接器的回波损耗小于 40dB，未达到表 8.2 所列的质量要求。因此，应通过抛光加工或其他方法，将研磨产生的变质层减薄甚至去除，从而达到提高光纤连接器回波损耗的要求。

8.2.4　光纤连接器端面抛光试验

用不同粒度的金刚石砂纸对光纤连接器插针体端面粗、半精、精研磨后，由于光纤研磨变质层的存在使得光纤连接器回波损耗偏低，因此，选用 0.05μm 粒度的氧化铝砂纸对精研磨加工后的光纤连接器插针体端面进行抛光实验研究，以验证抛光加工对光纤连接器光学性能的影响效果。抛光设备与研磨设备一致，为图 8.21 所示的光纤连接器端面研抛机。为避免抛光对插针体端面曲率半径、顶点偏移造成不良影响，抛光加工时设置的研抛机的运动参数以及抛光压力与研磨加工时一致。

1. 抛光加工与光纤凹陷

图 8.35(a)、(b)所示为用粒度为 0.05μm 的氧化铝砂纸对插针体端面分别进行湿抛光、干抛光后产生的光纤凹陷。湿抛光可使插针体端面光纤产生较大凹陷，如果将连接器插针体端面湿抛光时间控制在 20s 内，则光纤凹陷量可控制在 0.1μm 内，能够满足表 8.2 所示的光纤连接器端面研磨抛光加工的质量要求；如果连接器插针体端面湿抛光时间超过 20s，则湿抛光产生的光纤凹陷量超过 0.1μm，不符合表 8.2 所示的质量标准。在其他抛光工艺条件一致的情况下，用粒度为 0.05μm 的氧化铝砂纸对插针体端面进行干抛光，发现光纤凹陷与抛光前相比变化很小，并不随抛光时间的增加而发生变化。

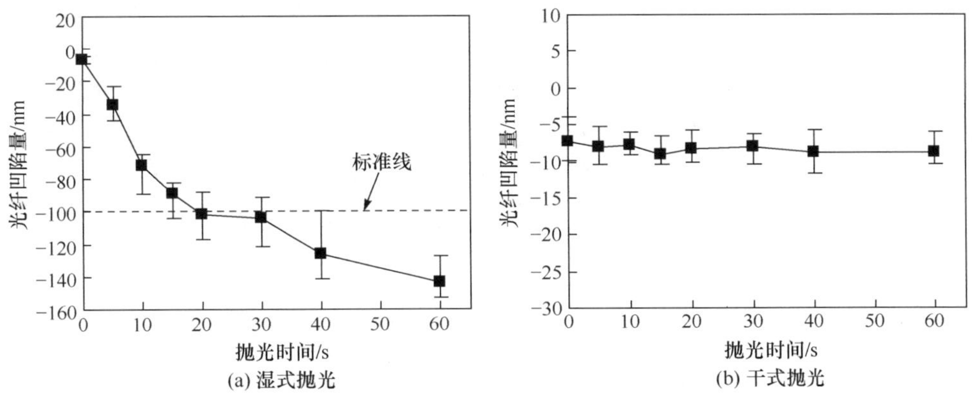

(a) 湿式抛光　(b) 干式抛光

图 8.35　抛光时间与光纤凹陷量的关系

2. 抛光加工与光纤连接器回波损耗

图 8.36(a)、(b)所示为用粒度为 0.05μm 的氧化铝砂纸对插针体端面分别进行湿抛光、干抛光后测得的光纤连接器回波损耗。氧化铝砂纸湿抛对提高连接器的回波损耗效果明显，抛光时间是影响连接器回波损耗的关键因素，在 0～15s 这段较短的时间内，连接器回波损耗迅速提高到较好水平；抛光时间超过 15s 后，连接器回波损耗基本达到稳定值，稳定在 45～50dB。干抛后连接器的回波损耗没有提高，基本与抛光前的回波损耗一致，保持在 32～38dB。可见，用氧化铝砂纸湿式抛光连接器插针体端面对提高光纤连接器的光学性能效果明显，而干式抛光不能提高光纤连接器的光学性能。

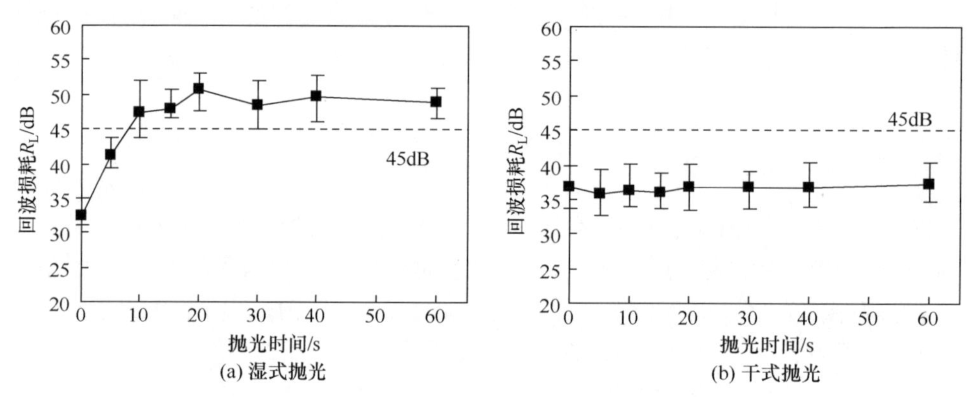

图 8.36　抛光时间与光纤连接器回波损耗的关系

3. 抛光后光纤端面变质层测试

首先按以上优选的研磨工艺条件经粗研磨、半精研磨、精研磨对一批光纤连接器端面进行研磨加工，然后将该批连接器分成三组，其中一组湿抛光 15s，一组干抛光 15s，另外一组不抛光。应用椭圆偏振光谱仪测量出光纤端面变质层的折射率与厚度的变化情况分别示于图 8.37、图 8.38。可以发现：相比于经精研磨而未抛光的光纤连接器端面，湿抛光 15s 后，变质层的平均厚度减薄了约 40%，变质层的平均折射率降低了约 1.3%；而干抛光 15s 后，变质层的平均折射率与厚度基本未变。

4. 光纤抛光机理分析

由以上光纤连接器抛光试验可知，当用硬度低于金刚石的 Al_2O_3 细微颗粒对光纤连接器插针体端面分别进行湿抛光和干抛光时，发现湿抛使光纤明显凹陷于陶瓷插芯，但由于变质层减薄而提高了连接器的回波损耗等光学性能；而干抛光基本不出现光纤凹陷，也不能提高光纤连接器的回波损耗等光学性能。这证明湿抛

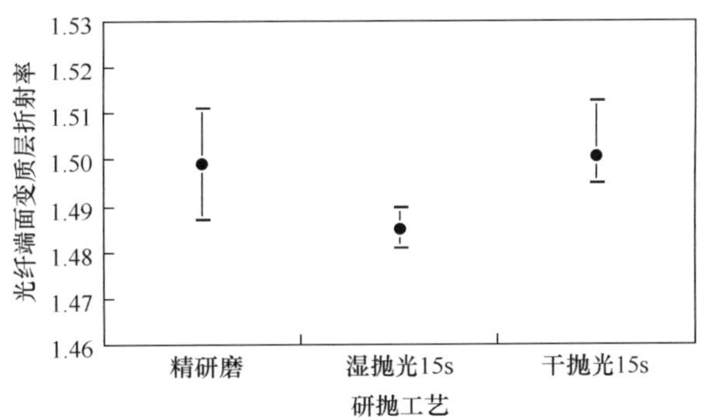

图 8.37　不同研抛工艺条件下的光纤端面变质层折射率

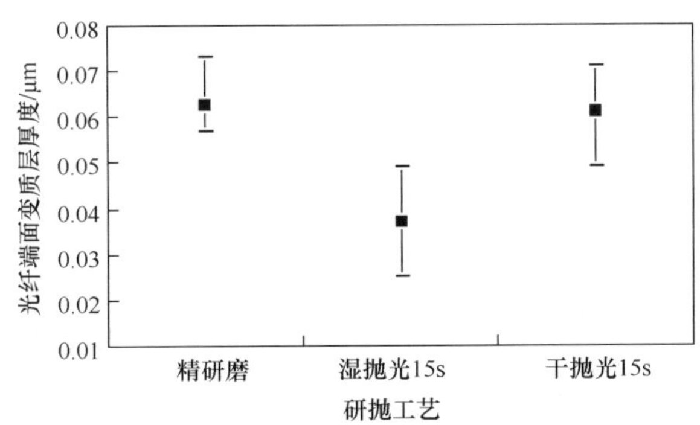

图 8.38　不同研抛工艺条件下的光纤端面变质层厚度

光去除光纤材料的能力强，而干抛光去除光纤材料的能力低，也就是说用氧化铝砂纸抛光光纤时仅依赖于磨粒的机械作用很难将光纤材料去除。Cook[7] 认为抛光时光纤表面与磨粒粗糙峰会出现瞬间高压、闪温，光纤的组成成分 SiO_2 与 H_2O 发生水合反应，从而生成了一种新的容易去除的物质如式(8.25)所示，使得光纤材料得以去除。

$$\begin{matrix}\equiv Si \\ \equiv Si\end{matrix} \rangle O + H_2O \longrightarrow 2 \equiv Si - OH \tag{8.25}$$

虚线表示硅氧网络的断裂处，反应生成的≡Si—OH 为单羟基团。该单羟基团在抛光砂纸上的 Al_2O_3 细微颗粒反复作用下不断地被去除，使得光纤表面的材料得以去除。

5. 插针体端面形状参数与光纤连接器光学性能的关系

一组光纤连接器端面湿抛光 15s 后，其光纤凹陷、端面曲率半径、顶点偏移量值与光纤连接器插入损耗及回波损耗的关系分别如图 8.39、图 8.40、图 8.41 所示。可以看出，连接器端面湿抛光后，只要光纤凹陷、端面曲率半径、顶点偏移量值符合表 8.2 所列值域范围，连接器的插入损耗均小于 0.3dB，回波损耗一般大于 45dB，满足光纤传输系统对连接器光学性能的要求。

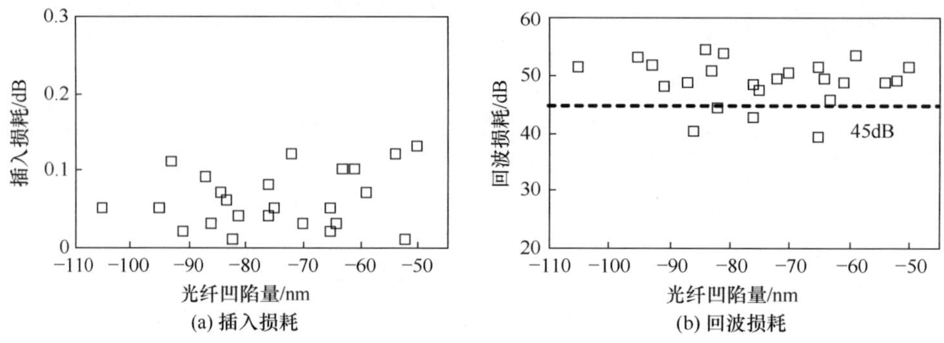

(a) 插入损耗　　(b) 回波损耗

图 8.39　光纤凹陷量与光纤连接器光学性能的关系(湿抛 15s)

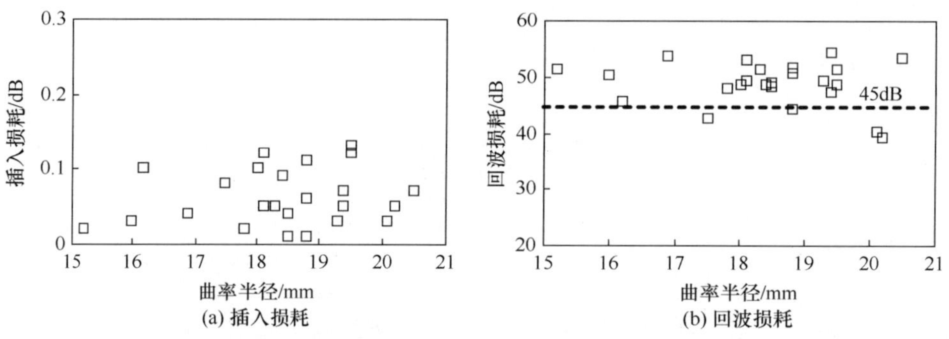

(a) 插入损耗　　(b) 回波损耗

图 8.40　插针体端面曲率半径与光纤连接器光学性能的关系(湿抛 15s)

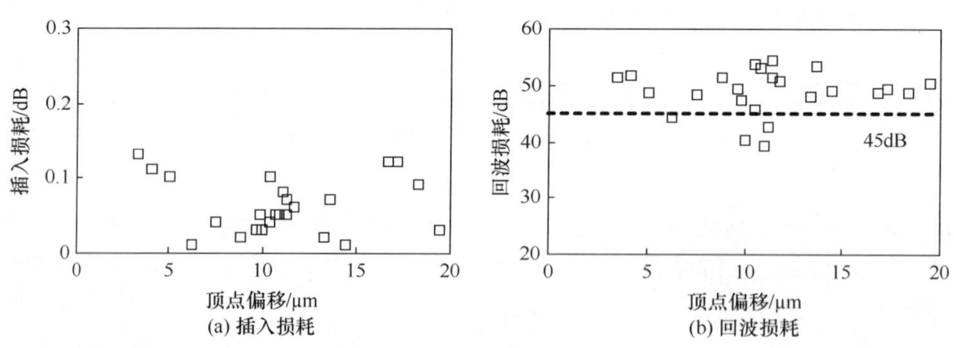

(a) 插入损耗　　(b) 回波损耗

图 8.41　插针体端面顶点偏移与光纤连接器光学性能的关系(湿抛 15s)

综上所述，光纤连接器端面在经过粗、半精、精研磨后，再以氧化铝砂纸+蒸馏水抛光 10～20s，通过对比插针体端面形状参数、光纤端面变质层等对连接器光学性能的影响规律，可以证实：只要光纤凹陷、端面曲率半径、顶点偏移量值符合表 8.2 所列值域范围，连接器光纤端面之间的间隙就可消除，研抛变质层是产生连接器回波损耗的最主要因素。

8.3 小　　结

基于光学原理，本章建立了光纤端面之间间隙、表面粗糙度、研磨变质层等制造因素影响光纤连接器性能的计算模型，并通过光纤连接器端面研磨抛光试验对理论推导进行了验证，得到如下主要结论：

(1) 理论推导了光纤端面间隙影响连接器插入/回波损耗的计算模型。经过计算发现，即使光纤端面表面质量与其基体完全一致，当连接器光纤端面仅存在 0.2μm 的间隙时，则该间隙产生的插入损耗就高达 0.32dB，回波损耗可低至 10dB，无法满足光纤通信的基本要求。消除光纤连接器对接光纤端面间隙并使其保持可靠接触的关键是：连接器插针体端面经研磨抛光后，其端面曲率半径、顶点偏移、光纤凹陷量等几何形状参数应满足一定要求，即曲率半径 R=15～25mm；顶点偏移 $t \leqslant 50\mu m$；光纤凹陷 $U \leqslant 0.1\mu m$。

(2) 推导了光纤端面变质层影响连接器光学性能的计算模型。当连接器插针体端面形状参数满足要求时，光纤端面之间的间隙可得以消除，此时，由研抛引起的光纤端面的变质层成为阻碍提高光纤连接器性能的最主要因素。抑制变质层是提高连接器性能的最佳途径之一。

(3) 确定了一组既能保证研抛效率又能保证研抛质量的研抛加工工艺参数。当研磨抛光机主轴 H 的转速设定为 132r/min 时，内齿轮的转速应在31～54r/min 内调整；单颗光纤连接器插针体最佳研抛压力应为 1～2N。

(4) 选用不同粒度的金刚石砂纸作为研磨介质、0.05μm 颗粒的氧化铝砂纸作为抛光介质，研究了不同的研磨抛光条件对光纤连接器插针体端面几何参数以及连接器光学性能的影响规律。发现连接器插针体用不同粒度的金刚石砂纸进行粗、半精、精研磨后，仍需用氧化铝砂纸+蒸馏水抛光 10～20s，才能使连接器的回波损耗值提高到 45dB 以上；而氧化铝砂纸干抛连接器不能提高光纤连接器的回波损耗。从半精研磨、精研磨到湿抛光，光纤研抛变质层的平均厚度约由 0.165μm 减薄至 0.035μm，变质层的平均折射率约由 1.51 降低至 1.48。

参 考 文 献

[1] 林学煌. 光无源器件. 北京：人民邮电出版社，1998.

[2] 刘沪阳. 光纤连接器的现状与发展. 电信科学,1996,12(5):44-49.

[3] 黄尚廉,石文江,饶云江. 单模光纤连接损耗研究. 光子学报,1994,23(2):127-132.

[4] Hetcht J. 光纤光学. 贾东方译. 北京:人民邮电出版社,2004.

[5] 石顺祥,张海兴,刘劲松. 物理光学与应用光学. 西安:西安电子科技大学出版社,2000.

[6] 王承遇, 陶瑛. 玻璃表面处理技术. 北京:化学工业出版社,2004.

[7] Cook L M. Chemical processes in glass polishing. Journal of Non-Crystalline Solids, 1990, 120:152-171.

[8] Suzuki N, Saruwatari M, Okuyama M. Low insertion and high return-loss optical connectors with a spherically convex-polished end. Electronics Letters, 1986, 22(2):110-112.

[9] Shintaku T, Nagase R, Sugita E. Connection mechanism of physical-contact optical fiber connectors with spherical convex polished ends. Applied Optics, 1991, 30(36):5260-5265.

[10] Shintaku T, Sugita E, Nagase R. Highly stable physical-contact optical fiber connectors with spherical convex ends. Journal of Lightwave Technology, 1993, 11(2):241-248.

[11] Takahashi M. Generating mechanism of maintaining force for optical fiber installed in ferrule hole. Journal of Lightwave Technology, 1998, 16(4):549-553.

[12] Johnson K L. 接触力学. 徐秉业译. 北京:高等教育出版社,1992.

[13] 袁巨龙. 功能陶瓷的超精密加工技术. 哈尔滨:哈尔滨工业大学出版社,2000.

[14] 左敦稳. 现代加工技术. 北京:北京航空航天大学出版社,2005.

[15] 阿尔达玛茨基. 光学零件的金刚石加工. 贺佩华译. 北京:机械工业出版社,1991.

[16] 蔡立,田守信. 光学零件加工技术. 武汉:华中工学院出版社,1987.

[17] Kihara M, Nagasawa S, Tanifuji T. Temperature dependence of return loss for optical fiber connectors with refractive index-matching material. IEEE Photonics Technology Letters, 1995, 7(7):795-797.

[18] Kihara M, Nagasawa S, Tanifuji T. Return loss characteristics of optical fiber connectors. Journal of Lightwave Technology, 1996, 14(9):1986-1991.

第 9 章　连接器端面研磨加工时光纤材料的去除

由第 8 章可知，对光纤端面进行研磨加工是制造高性能光纤连接器的关键工序，因此，研究光纤端面研磨加工的材料去除将为制定合理的光纤连接器端面研磨抛光工艺路线、提高光纤连接器的质量以及研究光纤端面研磨变质层的成因提供依据。

光纤研磨加工过程是金刚石研磨砂纸表面众多单个磨粒于光纤表面综合作用的结果。光纤是由纯度达 99.999%以上的 SiO_2 组成的非晶态玻璃[1,2]，具有高硬度和低断裂韧性，表现出高度脆性的性质，从而导致光纤在精密加工过程中，容易出现脆性裂纹或凹坑，影响光纤已加工表面质量。近年来，许多研究人员发现：玻璃、陶瓷等脆性材料也呈现出塑性的一面，在一定条件下材料也能以塑性方式去除，即脆性材料加工的材料去除模式可实现脆性-塑性转变，这为玻璃、陶瓷等脆性材料实现塑性加工得到高质量的加工表面提供了良好的前景[3~5]。硬脆材料加工的切屑去除一般可分为脆性去除、半脆性半塑性去除、塑性去除三种方式[6]。脆性去除是因裂纹的生成、扩展和交叉而形成崩碎切屑来完成材料去除的；而脆性材料的塑性去除是指切削层材料以剪切变形方式形成显著的塑性流，最后以韧性破坏方式而形成切屑来完成材料去除[6~8]。在过去，虽发现研磨脆性材料可得到高质量加工表面，但对其机理尚缺乏研究。本章在对光纤材料进行压痕试验的基础上分析了光纤在外力作用下的变形方式，找到了实现光纤塑性域研磨加工的依据；应用 Bifano 法则，计算得到了实现光纤由脆性去除转变到塑性去除的临界切深；根据 Hertz 接触理论构建了金刚石磨粒研磨连接器插针体组合端面时光纤的切削深度模型，获得了实现光纤塑性域研磨的条件，并通过光纤研磨试验对该模型进行了验证，为研究变质层形成的原因及数值仿真奠定了基础。

为叙述方便，首先在表 9.1 中列出光纤材料、金刚石磨粒（人工合成多晶金刚石）以及 ZrO_2 陶瓷材料的力学性能。

表 9.1　光纤、氧化锆陶瓷及金刚石磨料的材料力学性能[1,9,10]

材料名称	维氏显微硬度 H_v /GPa	弹性模量 E /GPa	断裂韧性 K_{IC} /(MPa·$\sqrt{m}$)	泊松比 ν
SiO_2 玻璃光纤	6.654[1)]	72.1	0.794	0.17
金刚石磨料	78～102	975		0.25
ZrO_2 陶瓷	18.36	150	6～9	0.23

1）由 MHT-4 型显微硬度计测得。

9.1　光纤压痕试验研究

工程中判断材料为脆性还是塑性主要有两种方法：第一种方法是根据材料的拉伸断裂强度 σ_f 与屈服强度 τ_f 的比值来判别，当 $\sigma_f<2\tau_f$ 时，为脆性材料，当 $\sigma_f>2\tau_f$ 时，为塑性材料；另一种方法是根据材料的拉伸断裂强度 σ_f 与维氏硬度 H_v 的比值判别，令

$$h=12\frac{\sigma_f}{H_v} \tag{9.1}$$

当 $h>1$ 时，为塑性材料；当 $h<1$ 时，为脆性材料[9]。材料的维氏硬度也是表明材料是否易于产生塑性变形的指标，材料的维氏硬度越高，越不易产生塑性变形；材料的维氏硬度越低，越容易产生塑性变形。脆性材料的主要特点就是硬度高、断裂韧性低、断裂强度与屈服强度比较接近，一般情况下，对其加工时加工表面易产生裂纹和凹坑等缺陷[3~5,10,11]。但是，许多研究人员也发现，玻璃、陶瓷等脆性材料在一定条件下，材料去除也可实现从脆性到塑性的转变，从而得到质量良好的加工表面。

9.1.1　光纤的宏观特性和细观特性

在宏观上，光纤属典型的脆性材料，断裂发生时，材料并未进入塑性变形阶段而仍处在弹性阶段，无任何征兆就出现应力跌落现象，其实际断裂强度 σ_f 远低于理论断裂强度 σ_t[1]，如图 9.1(a)所示，这种在塑性变形之前发生断裂的现象称为脆性断裂[9]。

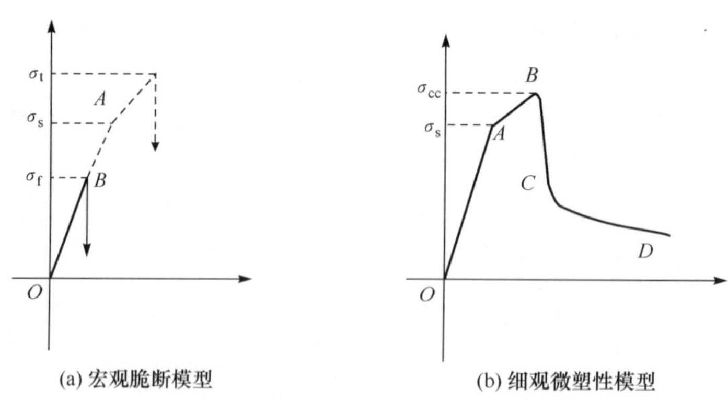

(a) 宏观脆断模型　　(b) 细观微塑性模型

图 9.1　光纤材料的本构模型

但是，材料的脆性或塑性是一个相对概念，任何材料都包含脆性和塑性两个方面，在细观上，脆性材料也会表现出塑性性质[9,12]。冯西桥[13]通过球磨实验发现脆性材料在断裂前也伴随着塑性变形，脆性材料的细观力学模型如图 9.1(b)所

示，其典型的应力应变曲线分为四个阶段，即线弹性阶段(OA)，强化阶段(AB)，应力跌落阶段(BC)和应变软化阶段(CD)，其最大承载应力 σ_{cc} 大于其微压屈服应力 σ_s；杨小云[14]发现脆性材料在受到较大压力时可发生脆性到塑性的转变，其应力应变关系与金属材料相类似；Bridgeman 和 Simon[15]、Marsh[16]等在用压头印压玻璃等脆性材料时发现压头下方产生的高静压可使脆性材料具有塑性变形能力；Zhang 和 Subhas[17]、Zhang 和 Mahdi[18]、Care 和 Fischer-Cripps[19]在应用有限元法仿真 SiO_2 玻璃等脆性材料的微压痕时发现，只有使用如图 9.1(b)所示的细观弹塑性模型时才能使压痕的数值仿真结果与实验结果吻合较好，证明光纤等脆性材料在细观上具有塑性强化性质；Blackey 和 Scattergood[8]在推导了脆性材料发生脆-塑转变的临界切削深度公式之后，应用扫描电子显微镜对金刚石刀具切削单晶硅等脆性材料的切屑形貌进行了研究，发现：当切削深度小于临界切削深度时，切屑呈连续带状，为塑性去除；而当切削深度大于临界切削深度时，切屑呈现不连续的脆性破碎状，为脆性去除。以上结果都表明光纤等脆性材料在细观上具有塑性性质，对研究研磨加工时光纤材料的脆-塑转变机理提供了有力的依据。

9.1.2　光纤压痕试验

用维氏金刚石压头对脆性材料进行压痕试验，是研究脆性材料在外力作用下的变形过程的常用手段。为揭示光纤在研磨时材料去除的脆-塑转变机理，应当研究光纤在外力作用下产生的变形过程和类型。维氏金刚石压头对光纤端面的印压过程与用金刚石磨粒研磨光纤的过程存在相关性，因此，借助压痕试验对查明光纤在研磨时的材料去除机理必然有很大帮助。图 9.2 为维氏金刚石压头几何示意图，压头端部呈四角正棱锥形，两对棱的夹角为 148°，两对面夹角为 136°。

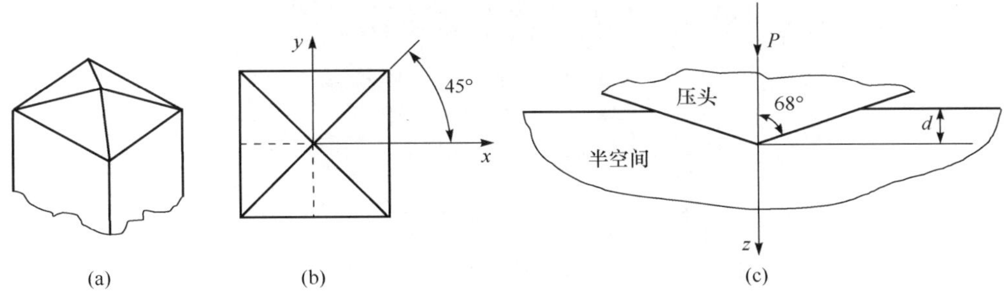

图 9.2　维氏金刚石压头几何示意图

当试验所加载荷<0.1N 时，光纤端面的压痕试验在 MTS XP 型纳米压痕仪上进行。当试验所加载荷≥0.1N 时，对光纤端面的压痕试验在 MHT-4 型显微硬度计上进行。该显微硬度计的最小载荷为 0.05N、载荷分辨率为 0.01N。在进行压痕试验前，对光纤端面进行了超精密抛光，以得到无划痕及凹坑的光滑表面。压

痕试验所加载荷分别为 0.02N、0.04N、0.06N、0.1N、0.3N、0.6N，保压时间为 15s。

图 9.3 为载荷 $P=0.02$N 时的压痕形貌 SEM 图像，光纤表面只留下了一个塑性凹坑状压痕，没有脆性裂纹产生，压痕周围也没有出现明显的材料堆积隆起现象。这表明，即使是光纤等脆性材料，当所加载荷很小时，也能产生塑性变形，这为光纤材料的塑性去除提供了可能。图 9.4 为载荷 $P=0.06$N 时的压痕形貌 SEM 图像，可以看到沿压痕对角线处存在辐射状的细微裂纹，表明光纤已经开始发生脆性破坏。

图 9.3　光纤压痕形貌的 SEM 图像(载荷 $P=0.02$N)

图 9.4　光纤压痕形貌的 SEM 图像(载荷 $P=0.06$N)

图 9.5 和图 9.6 分别为载荷为 0.3N 和 0.6N 时的光纤表面压痕形貌 SEM 图像。可以看出，在压痕对角线及棱边周围产生了明显的裂纹。Lawn 和 Wilshaw[20]、龚江宏[12]等对玻璃、陶瓷等脆性材料进行的大量压痕试验结果表明，在加载过程中，实际上是在压头顶尖的正下方首先产生中央裂纹，然后沿压痕对角线产生径向裂纹，

随着载荷的继续增加，最后在压痕侧面产生崩碎状的侧向裂纹，如图 9.7 所示。

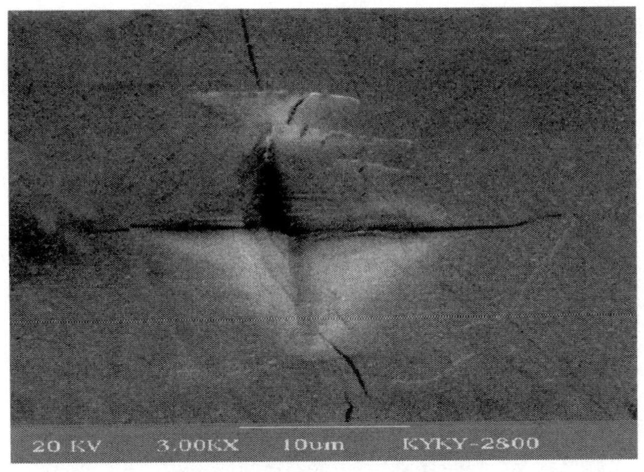

图 9.5　光纤压痕形貌的 SEM 图像(载荷 $P=0.3$N)

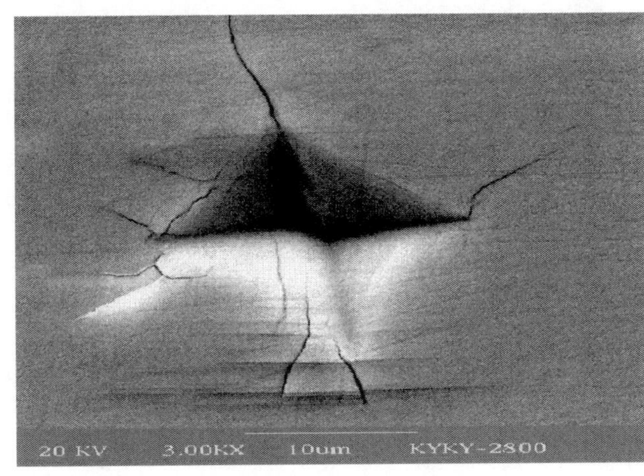

图 9.6　光纤压痕形貌的 SEM 图像(载荷 $P=0.6$N)

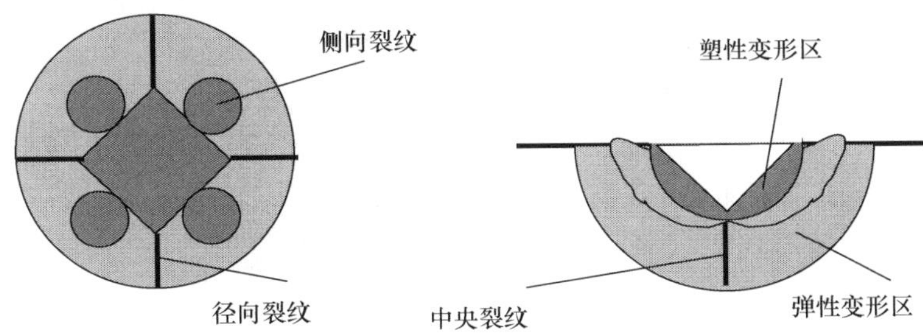

图 9.7　维氏金刚石压头作用下，光纤材料表面裂纹类型

9.1.3 压痕形成过程

通过用维氏金刚石压头对光纤的压痕试验，发现光纤在垂直载荷作用下的变形可分为图 9.8 所示的几个过程：

(1) 如图 9.8(a)所示，载荷很小时，在压头和光纤材料接触区产生一塑性变形区，没有任何裂纹产生，卸载后压痕保留，说明脆性材料也存在一个塑性变形区。由于压痕仅由塑性变形形成，原来的法向集中载荷 P 便分布于整个压痕形变区域上，由图 9.2 可知，定义压痕过程中压痕形变区表面上所承受的平均接触压力 p_0 为材料的显微硬度，有

$$H_v \approx p_0 = \alpha_0 \frac{P}{\pi a^2} \tag{9.2}$$

式中，H_v 为材料的维氏显微硬度，MPa；p_0 为压痕形变区表面上所承受的平均接触压力，MPa；P 为载荷，N；a 为压痕对角线的半长，mm；α_0 为压头几何形状确定的单位一量纲常数，对于维氏压头，$\alpha_0=1.854$。

(2) 如图 9.8(b)所示，当载荷继续增大，塑性区进一步增大。试验观察表明：中央裂纹只有在压痕载荷 P 达到或超过某一临界值 P_c 时才出现；而当载荷低于这一临界值时，压痕过程只导致光纤材料表面的局部塑性变形。中央裂纹首先出现在压头正下方应力集中处。Lawn 经过大量试验及对中央裂纹成核模型的研究，得到玻璃等硬脆材料生成裂纹的临界载荷 P_c 与材料力学性能的关系为[12,20]

$$P_c = \left(\frac{54.47\alpha}{\eta^2\theta^4}\right)\left(\frac{K_{IC}}{H_v}\right)^3 K_{IC} = \lambda_0 \left(\frac{K_{IC}}{H_v}\right)^3 K_{IC} \tag{9.3}$$

式中：α 为归一化因子，$\alpha=1$；η 为与压痕参数有关的单位一量纲常数，$\eta=1$；θ 为与压痕参数有关的单位一量纲常数，$\theta=0.2$；λ_0 为综合系数，$\lambda_0=34043$；K_{IC} 为材料的断裂韧性，$\text{MPa}\cdot\text{m}^{\frac{1}{2}}$。

对于光纤材料，将表 9.1 中所列的光纤的材料力学性能代入式(9.3)求得光纤材料的临界载荷 $P_c=0.046\text{N}=46\text{mN}$。该值与 9.1.2 节的压痕试验结果吻合较好。

(3) 如图 9.8(c)所示，载荷进一步加大，中央裂纹成比例扩展。

(4) 如图 9.8(d)所示，载荷减小时，中央裂纹开始闭合，但不会完全复原。

(5) 如图 9.8(e)所示，载荷继续减小时，应力场弹塑性边界的应力失配导致产生侧向裂纹。

(6) 如图 9.8(f)所示，载荷卸去，侧向裂纹继续扩展，直至光纤表面，最后破碎。

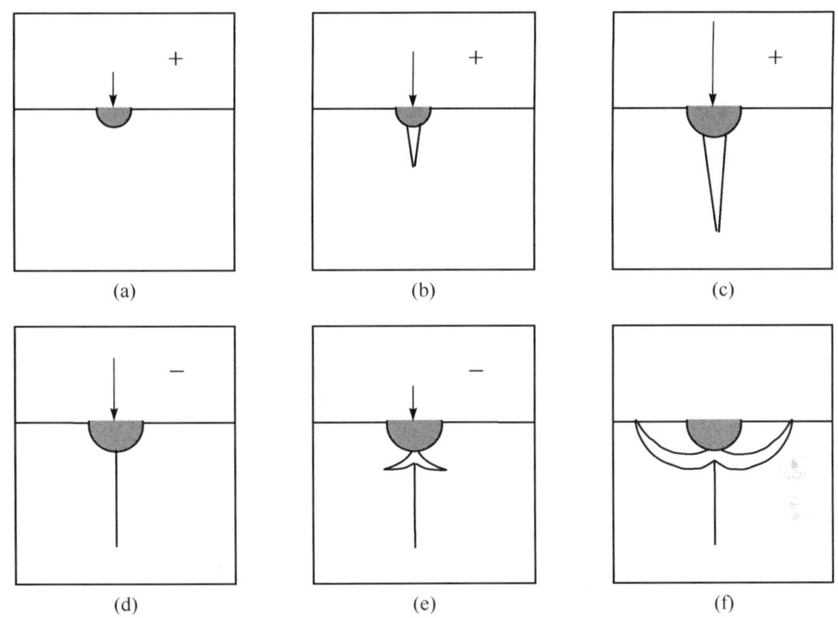

图 9.8　光纤在维氏金刚石压头作用下，压痕裂纹形成过程示意图

通过以上压痕作用过程可知，当 $P \leqslant P_c$ 时，光纤表面压痕由塑性变形所致；而当 $P \geqslant P_c$ 时，光纤材料内部及表面出现裂纹。以上压痕试验也证明了光纤在宏观上表现为脆性性质，而在条件具备时，光纤在细观上可表现出塑性强化性质，为实现光纤的塑性域研磨加工找到了依据。因此，在光纤研磨加工过程中，如果限制金刚石磨粒与光纤材料的相互作用在图 9.8(a)状态下，即可实现光纤材料的塑性去除，从而提高光纤端面的研磨表面质量。

压痕过程在光纤材料内部引起的应力场比较复杂，影响压痕应力场分布的因素很多，如压头形状、压痕压制载荷、材料性能等；此外，由于尖锐压头与脆性材料表面的接触通常会在接触点附近形成一个极高的静水压力区，导致材料产生显著的局部半球形塑性变形区(如图 9.7 所示)，因而在光纤表面的压头接触点附近形成的压痕应力场实际上是一个复杂的弹塑性应力场，在研究研磨时光纤材料的塑性去除时，只需关注磨粒附近塑性变形区的弹塑性应力场即可。实际上，光纤研磨过程中，其受力状态极为复杂，为便于分析，将其简化为多个单颗粒金刚石磨粒共同对光纤表面研磨的过程，以单颗粒金刚石磨粒研磨作为光纤研磨加工理论研究的基础。固着磨料研磨加工光纤过程中，磨粒对光纤只有滑动挤压和犁削作用，而没有滚动挤压的作用。这一过程的实质是光纤表层材料在磨粒刃的切向力和挤压力组合作用下被去除的过程。单颗磨粒的受力状况如图 9.9 所示，磨粒相对于光纤沿 v 方向运动，在外载荷为 P 时，磨粒受到法向挤压力 F_n 及切向剪切力 F_t 的作用。

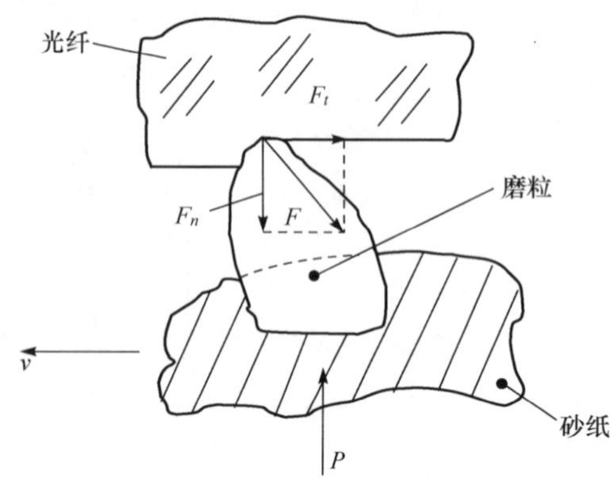

图 9.9 金刚石磨粒受力状况

9.2 研磨过程中光纤材料去除的脆-塑转变研究

9.2.1 光纤材料去除的脆-塑转变临界切削深度

从光纤压痕试验可知,当载荷 P 足够小时,压头在光纤表面只留下了一个塑性凹坑;只有当载荷 P 大于临界载荷 P_c 时,才会在光纤表面产生脆性破坏。由式(9.2)可知,由于光纤的硬度为材料固有属性,压头压入光纤的深度随载荷 P 的变化而改变。也就是说,对于光纤材料,存在一个临界深度 d_c,当压头压入光纤的深度小于 d_c 时,光纤材料表面只产生塑性变形;当压头压入光纤的深度大于 d_c 时,光纤材料表面将产生脆性裂纹。

对于光纤这种脆性材料的研磨加工,只有当外部条件使材料表现出塑性特性并完成材料去除时才能得到高质量的加工表面。近年来,许多学者围绕脆性材料产生塑性变形的临界条件对脆-塑转变做了大量的理论与试验研究,其中最有代表性的是 Bifano 等[21]提出的能量假说,通常被称为 Bifano 法则[3~5]。

Bifano 等[21]认为在硬脆材料的加工中,材料是产生脆性断裂破坏还是塑性变形取决于这两种变形中哪种变形所需的能量首先得到满足。由于脆性断裂破坏所需的能量与切削层深度的平方成正比,而塑性变形所需的能量与切削层深度的三次方成正比,因此材料产生塑性变形所需能量和产生脆性破坏所需能量的比值与切削层深度成正比。当切削层深度小到一定程度时,材料产生塑性变形所需能量将小于脆性破坏所需能量,被加工材料将以塑性方式去除。Bifano 等应用显微压痕及划痕试验方法,并依据 Griffith 断裂扩展准则对玻璃等脆性材料精密加工的脆性-塑性转变临界条件进行了研究,得到金刚石压头与工件接触点附近不生成裂纹而只产生塑性变形的临界切削深度 d_c 为[21]

$$d_c=\frac{ER}{H_v^2} \tag{9.4}$$

式中，d_c 为临界切削深度，mm；E 为材料的弹性模量，MPa；R 为材料的断裂能，J；H_v 为材料的显微维氏硬度，MPa。

当材料发生断裂时，有

$$R\propto\frac{K_{IC}^2}{H_v} \tag{9.5}$$

式中，K_{IC}为材料的断裂韧性，MPa·$\sqrt{m}$。

将式(9.5)代入式(9.4)得到

$$d_c\propto\left(\frac{E}{H_v}\right)\left(\frac{K_{IC}}{H_v}\right)^2 \tag{9.6}$$

即

$$d_c=k\left(\frac{E}{H_v}\right)\left(\frac{K_{IC}}{H_v}\right)^2 \tag{9.7}$$

式中，k 为根据脆性材料特性而确定的常数。

Bifano 等[21]根据 SEM 观察玻璃经精密加工后的表面形貌发现，当工件表面裂纹所占面积小于 10%时，可认为工件材料以塑性模式去除，此时 $k=0.15$。即脆性材料实现脆性-塑性转变的临界切削深度为

$$d_c=0.15\left(\frac{E}{H_v}\right)\left(\frac{K_{IC}}{H_v}\right)^2 \tag{9.8}$$

将表 9.1 中 SiO_2 玻璃光纤的材料性能值代入式(9.8)，得到光纤发生脆性-塑性转变的临界切削深度 $d_c=0.023\mu m$。在光纤研磨过程中，如果磨粒的切削深度大于光纤的脆性-塑性转变临界切削深度，光纤材料性质表现如图 9.1(a)所示，则切削层光纤材料将因裂纹的生成、扩展和交叉而形成崩碎切屑[6]，如图 9.10(a)所示，中位裂纹引起表面和亚表面损伤，获得的加工表面质量低；如果磨粒的切削深度低于其脆性-塑性转变的临界切削深度，光纤材料性质表现如图 9.1(b)所示，则切削层光纤材料以剪切变形方式形成显著的塑性流，最后以韧性破坏方式形成切屑[6~8]，加工后的表面和亚表面没有裂纹产生，也没有脆性剥落时的凹凸不平现象，可以获得高质量的加工表面。

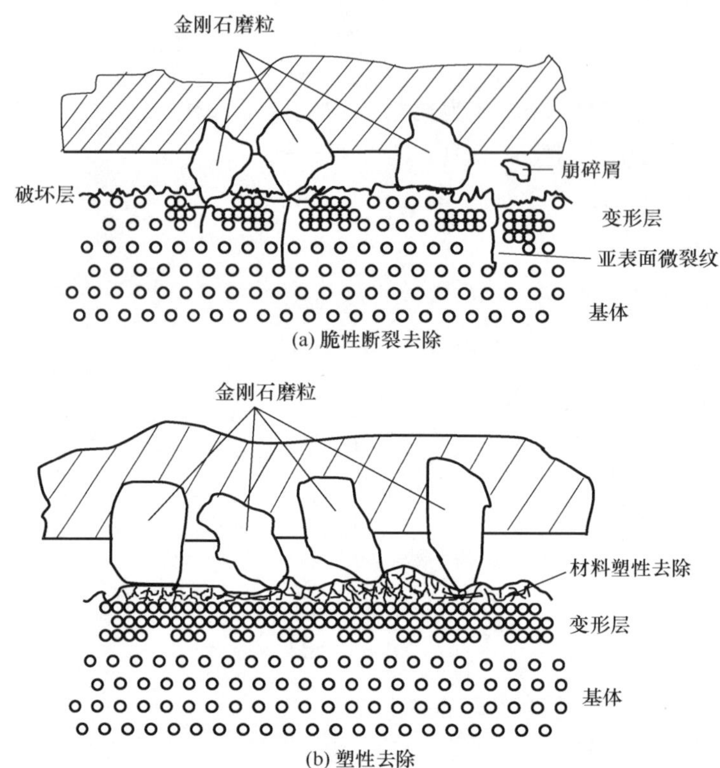

图 9.10　光纤研磨加工的材料去除示意图

9.2.2　金刚石磨粒对光纤的最大切削深度计算

图 9.11 为金刚石磨料研磨砂纸的磨粒形貌。由图可以发现同规格砂纸上金刚石磨粒的直径变化较大，只有少部分磨粒凸出，因此在研磨过程中实际上只有一部分磨粒参与研磨。

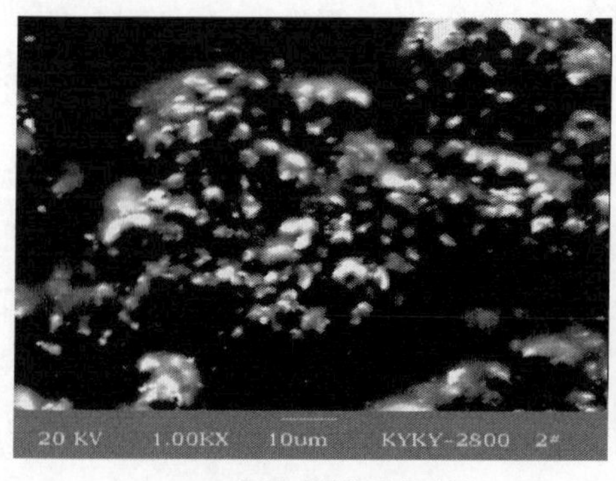

(a) 6μm金刚石颗粒研磨砂纸

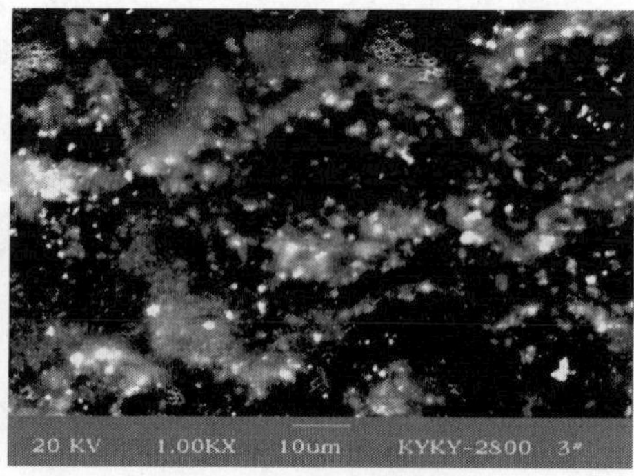

(b) 3μm金刚石颗粒研磨砂纸

(c) 1μm金刚石颗粒研磨砂纸

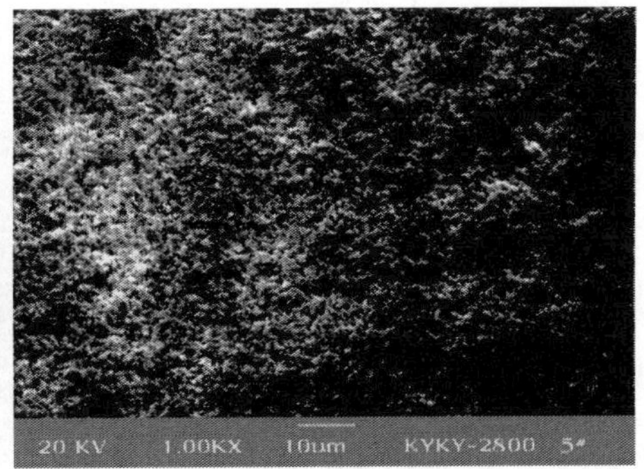

(d) 0.5μm金刚石颗粒研磨砂纸

图 9.11　金刚石磨料研磨砂纸表面形貌 SEM 图像

Wang 和 Hutchings[22]通过划痕试验以及接触力学，对砂纸上实际参与研磨磨粒的数量进行了深入研究，得到如下关系：

$$n=\zeta \frac{1}{D_{\mathrm{m}}^{2}}\sqrt{\frac{PA_{0}}{H}} \tag{9.9}$$

式中，n 为在名义研磨面积 A_0 上实际参与研磨的金刚石磨粒数；D_{m} 为砂纸磨料粒度的标称尺寸，实际上是磨粒直径的平均值，mm；P 为施加的研磨压力，N；A_0 为名义研磨面积，mm^2；H 为被研磨材料的硬度，MPa；ζ 为系数，$\zeta=0.62$。

光纤插针体端面研磨示意图如第 8 章中图 8.25 所示，光纤粘接于 ZrO2 陶瓷插芯内，且光纤横截面面积仅为陶瓷插芯横截面面积的 1/400，因此，实际参与研磨磨粒的数量应由陶瓷插芯的材料性能决定。研磨时，施加的研磨压力 $P=1\sim2\mathrm{N}$；名义研磨面积等于陶瓷插芯横截面面积，$A_0=\pi\times1.25^2=4.91\mathrm{mm}^2$；$ZrO_2$ 陶瓷硬度 $H_{\mathrm{c}}=18360\mathrm{MPa}$(见表 9.1)。由式(9.9)计算得到用金刚石砂纸研磨光纤连接器端面时的单颗插针体上实际参与研磨的磨粒数量，如表 9.2 所示。

表 9.2　单颗插针体上实际参与研磨的磨粒数量

磨料粒度/μm		6	3	1	0.5
参与研磨磨粒数量	$P=1\mathrm{N}$	281	1125	10132	40531
	$P=1.5\mathrm{N}$	345	1379	12412	49651
	$P=2\mathrm{N}$	398	1593	14336	57347

将磨粒近似看成球形，通过对研磨过程中磨粒与工件的接触状态进行分析，应用 Hertz 接触理论[23]，得到单颗金刚石磨粒对光纤的最大切削深度：

$$d=\left(\frac{9P_{\mathrm{m}}^{2}}{16\frac{D_{\mathrm{m}}}{2}E^{*2}}\right)^{\frac{1}{3}} \tag{9.10}$$

$$\frac{1}{E^*}=\frac{1-\nu_a^2}{E_a}-\frac{1-\nu_f^2}{E_f} \tag{9.11}$$

式中，d 为金刚石磨粒切削深度，mm；P_m 为单颗金刚石磨粒所受压力，令研磨压力均匀 P 分布于各个磨粒上，则 $P_m=P/n$，N；E^* 为等效弹性模量，MPa；E_f 为光纤材料的弹性模量，MPa；E_a 为金刚石磨料的弹性模量，MPa；ν_f 为光纤材料的泊松比；ν_a 为金刚石磨料的泊松比。

将式(9.9)代入式(9.10)，得到

$$d=\left(\frac{9PH_c}{8\zeta^2E^{*2}A_0}\right)^{\frac{1}{3}}D_m \tag{9.12}$$

式中，H_c 为 ZrO_2 陶瓷插芯硬度，$H_c=18360\text{MPa}$。

由式(9.12)可以看出，当研磨对象一定时，影响磨粒对光纤的切深 d 只有研磨压力 P 以及磨料粒度 D_m 两个因素。由于在其他因素确定的情况下，切深与磨料粒度线性相关，而与研磨压力的立方根线性相关，因此磨料粒度 D_m 主导了磨粒对光纤的切深 d。将表 9.1 中材料性能值、名义研磨面积 A_0 以及由第 8 章试验得到研磨压力 P 的取值范围代入式(9.12)，得到不同粒度磨料的切削深度，如图 9.12及表 9.3 所示。

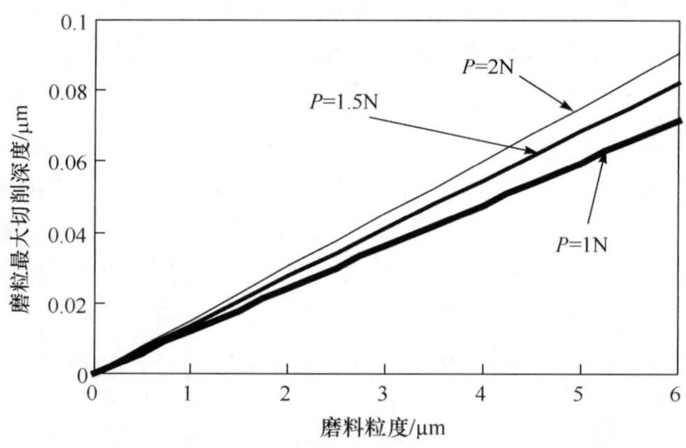

图 9.12 金刚石磨粒对光纤切深与磨料粒度及研磨压力的关系

表 9.3 不同粒度金刚石磨料对光纤的最大切削深度

磨料粒度 D_m/μm	切削深度 d/μm		
	P=1N	P=1.5N	P=2N
6	0.072	0.082	0.090
3	0.036	0.041	0.045
1	0.012	0.014	0.015
0.5	0.006	0.007	0.008

对照表 9.3 所示的不同粒度金刚石磨料对光纤的最大切削深度，设定研磨压力 P 为 1～2N，金刚石磨料平均粒度为 6μm 时，最大磨粒的切削深度约为 0.08μm，远大于临界切深 d_c=0.023μm，光纤材料将以脆性断裂模式去除；当磨料平均粒度为 3μm 时，磨粒的最大切削深度约为 0.04μm，与临界切削深度 d_c 相近，但是，实际上有部分磨粒尺寸小于 3μm，从而使这部分磨粒的切削深度小于临界切深，因而材料去除应表现为半脆性半塑性；当磨料平均粒度小于 1μm 时，磨粒的最大切削深度远小于临界切深，光纤表面材料将以塑性模式去除。因此，在研磨光纤连接器端面时，实现光纤塑性域研磨加工的基本条件就是应使用粒度小于 3μm 的金刚石砂纸作为研磨介质。

9.2.3　连接器端面研磨加工时光纤材料去除模式的试验

选用磨粒大小为 6μm、3μm、1μm、0.5μm 的固着金刚石磨料砂纸分别研磨光纤连接器端面 60s；单颗插针体的研磨压力 P 为 1～2N。研磨完成后，将清洗干净的光纤连接器置于扫描电子显微镜(SEM)下进行表面形貌观察。

图 9.13 所示为用不同粒度金刚石砂纸研磨的光纤端面表面形貌的 SEM 图像。图 9.13(a)是平均粒度为 6μm 金刚石砂纸研磨得到的光纤表面形貌，光纤加工表面为无光泽的漫反射表面，有大量的断裂型凹坑存在，呈现出片状剥落形式，这是光纤在金刚石磨粒作用下因脆性破裂崩碎后留下的微破碎面，表明光纤材料去除为脆性断裂模式，该模式是以光纤材料裂纹的生成、扩展和交叉而形成崩碎切屑来完成材料去除的。图 9.13(b)是用平均粒度为 3μm 金刚石砂纸研磨得到的光纤表面形貌，其上存在裂纹及断续的研磨条纹，与脆性断裂模式相比较，体现出光纤材料去除过程中的塑性变形成分增加，从而可认为光纤材料是以半脆性半塑性模式去除的。图 9.13(c)及(d)是平均粒度分别为 1μm、0.5μm 金

(a) 6μm金刚石磨料砂纸研磨后的光纤表面形貌

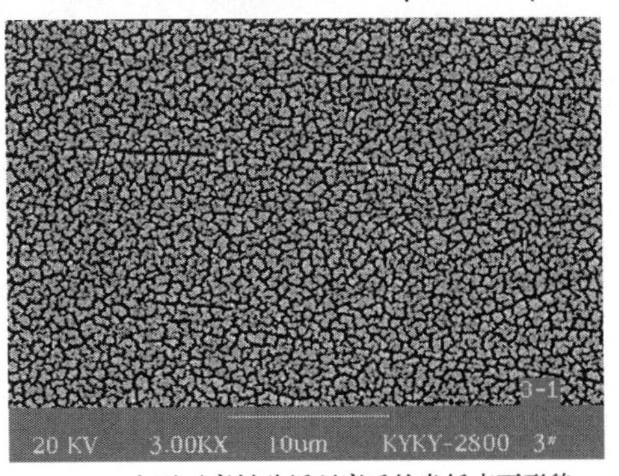

(b) 3μm金刚石磨料砂纸研磨后的光纤表面形貌

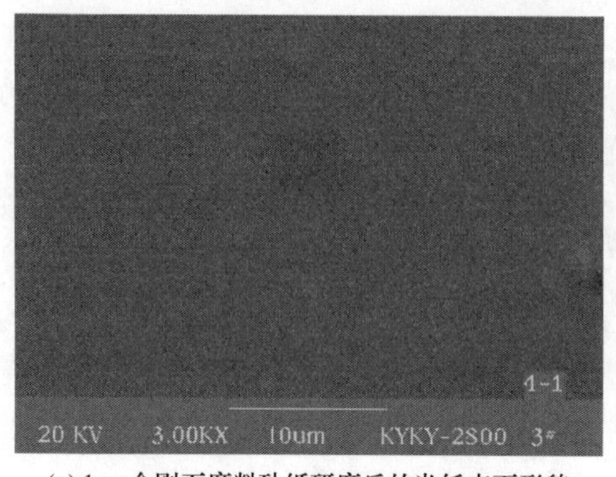

(c) 1μm金刚石磨料砂纸研磨后的光纤表面形貌

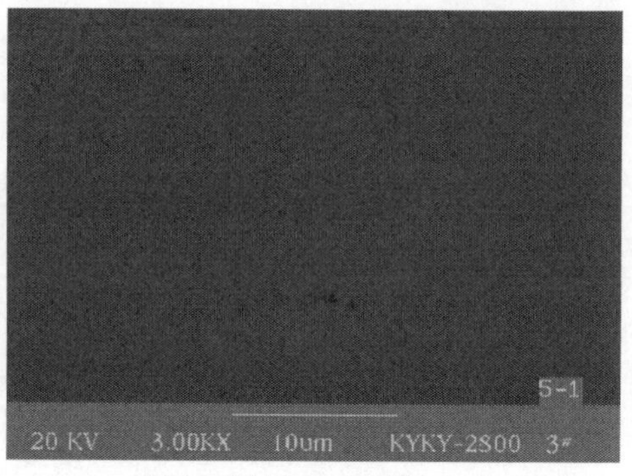

(d) 0.5μm金刚石磨料砂纸研磨后的光纤表面形貌

图 9.13　光纤端面研磨后的表面形貌 SEM 图像(研磨压力 P=1.5N)

刚石砂纸研磨得到的光纤表面形貌，放大 3000 倍后其上看不到微裂纹及划痕缺陷，表面完整光洁，表明微细颗粒的磨料使光纤表层材料产生了剪切变形，其切屑形成与塑性材料类似，即剪应力超过材料的剪切强度，切屑是在塑性状态下以剪切的方式被磨粒从基体上切除下来形成的，光纤的加工层材料去除为塑性模式。可见，用平均粒度为 0.5～6μm 金刚石砂纸对光纤进行粗研磨、半精研磨、精研磨时，的确对应存在三种材料去除模式：脆性断裂模式、半脆性半塑性模式和塑性模式。

通过非接触式光学表面轮廓仪(WYKO)测量由不同粒度砂纸研磨后光纤表面的粗糙度，得到金刚石磨料粒度与表面粗糙度 R_a 的关系曲线如图 9.14 所示，光

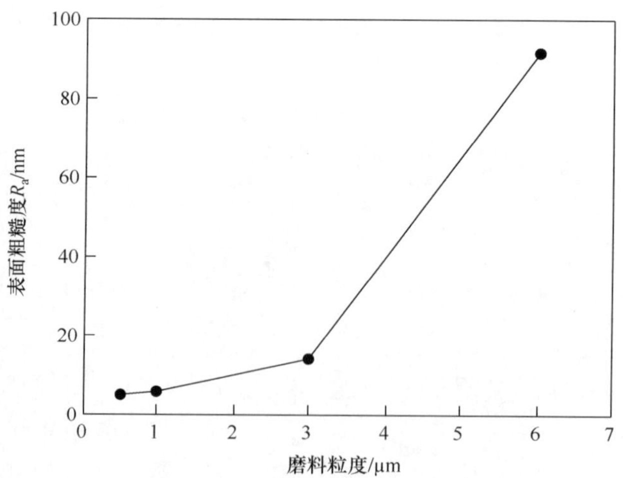

图 9.14　金刚石磨料粒度与光纤表面粗糙度的关系

纤研磨表面的粗糙度与磨粒尺寸并非线性关系。随着材料去除模式从脆性断裂去除到塑性去除的转变，表面粗糙度在半脆性半塑性去除模式的临界点处(磨料粒度为 3m)存在一个转折点，由此可知，光纤表面粗糙度受材料去除模式的影响较为明显。以脆性模式研磨光纤时，光纤表面粗糙度值 R_a 高达到 90nm；以塑性模式研磨光纤时，光纤表面粗糙度值 R_a 可低至 5nm，且表面看不到划痕。

9.2.4　讨论

当施加于单颗连接器插针体的研磨压力 $P=1.5$N 时，根据式(9.9)计算出单颗磨粒施加丁光纤表面的载荷 P_m 列于表 9.4。

表 9.4　单颗金刚石磨粒施加于光纤表面的载荷($P=1.5$N)

磨料粒度 D_m/μm	6	3	1	0.5
单磨粒施加载荷 P_m/mN	4.35	1.09	0.012	0.003

由式(9.3)计算出的光纤材料产生裂纹的临界载荷 $P_c=46$mN。用 6μm 金刚石砂纸研磨光纤时，$P_m=4.35\text{mN}\ll P_c$，理论上应不会产生裂纹或破碎，但由图 9.13 (a)可知，此时光纤完全以脆性断裂方式去除，出现矛盾。

事实上，在研磨过程中，磨粒与光纤表面接触的瞬间会产生较大的冲击作用。Kalthoff[24] 对冲击载荷作用下材料断裂韧性的研究表明：静态断裂韧性 K_{IC} 不能正确反映材料在冲击载荷作用下的动态断裂特征。Clifton 等[25] 利用平板冲击式样研究了玻璃、陶瓷等脆性材料的动态断裂韧性 K_{ID}，动态断裂韧性 K_{ID} 大约为静态断裂韧性 K_{IC} 的 30%，甚至更低。研磨时磨粒对光纤的冲击作用与压痕试验中缓慢加载形成压痕过程相比，在形状和尺寸上均会截然不同。因此，应对式(9.3)进行修正，用动态断裂韧性 K_{ID} 代替静态断裂韧性 K_{IC}，计算出的临界载荷才更加符合实际研磨过程，即

$$P_{cd}=\lambda_0\left(\frac{K_{ID}}{H_v}\right)^3 K_{ID} \tag{9.13}$$

式中，P_{cd} 为产生裂纹的动态临界载荷，N；K_{ID} 为光纤的动态断裂韧性，$K_{ID}\approx 0.3K_{IC}$。

代入光纤材料的性能参数，计算得到光纤材料的动态临界载荷 $P_{cd}=0.37$mN。当金刚石磨料平均粒度为 6μm 时，单磨粒载荷 $P_m=4.35$mN，远大于动态临界载荷 $P_{cd}=0.37$mN，光纤材料以脆性断裂模式去除；当金刚石磨料平均粒度为 3μm 时，单磨粒载荷 $P_m=1.09$mN，与动态临界载荷 P_{cd} 相近，材料去除表现为半脆性半塑性；当金刚石磨料平均粒度小于 1μm 时，单磨粒载荷 P_m 远小于动态临界载荷 P_{cd}，因此，光纤表面材料以塑性模式去除。

9.3 光纤端面研抛变质层的红外光谱测试

9.3.1 光纤红外光谱特征峰波数与其微观结构的关系

1. 测试样品准备

制作光纤连接器的光纤为康宁 SMF28 单模光纤，纤芯折射率为 1.463，包层直径为 125μm，涂覆层直径为 250μm。红外光谱测试用的光纤连接器样品如表 9.5 所示。其中样品 A 经研磨抛光加工后，采用 HF 及 H_2SO_4 体积比各占 35％的水溶液将样品端面研磨变质层腐蚀去除，得到无变质层的光纤表面，以便与光纤研磨抛光后的端面红外光谱特征峰波数进行对比。光纤连接器端面的研磨抛光工艺见表 9.6。应用椭圆偏振光谱仪测得光纤端面变质层的折射率如图 9.15 所示。

表 9.5 光纤研磨抛光端面红外光谱测试样品

编号	研抛工艺方案	光纤端面的特殊处理	数量
A	1	变质层腐蚀去除	4
B	1	—	4
C	2	—	4
D	3	—	4
E	4	—	4

表 9.6 光纤连接器端面研磨抛光工艺方案(研抛压力 $P=1.5\text{N}$)

<table>
<tr><th>工艺</th><th>第 1 步</th><th>第 2 步</th><th>第 3 步</th><th>第 4 步</th><th>第 5 步</th></tr>
<tr><td>1</td><td rowspan="4">6μm 颗粒金刚石砂纸＋蒸馏水＋60s 研磨</td><td rowspan="4">3μm 颗粒金刚石砂纸＋蒸馏水＋60s 研磨</td><td>1μm 颗粒金刚石砂纸＋蒸馏水＋30s 研磨</td><td>0.5μm 颗粒金刚石砂纸＋蒸馏水＋30s 研磨</td><td>0.05μm 颗粒 Al_2O_3 砂纸＋蒸馏水＋15s 抛光</td></tr>
<tr><td>2</td><td>1μm 颗粒金刚石砂纸＋蒸馏水＋30s 研磨</td><td>0.5μm 颗粒金刚石砂纸＋蒸馏水＋30s 研磨</td><td>—</td></tr>
<tr><td>3</td><td>1μm 颗粒金刚石砂纸＋蒸馏水＋30s 研磨</td><td>—</td><td>—</td></tr>
<tr><td>4</td><td>—</td><td>—</td><td>—</td></tr>
</table>

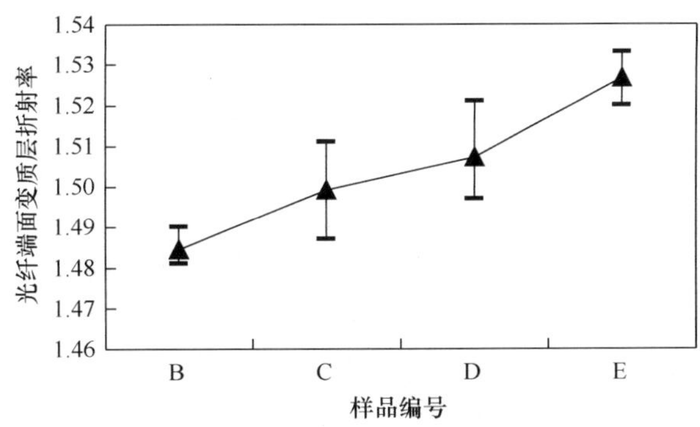

图 9.15　由椭圆偏振光谱仪测量所得的光纤端面变质层折射率

2. 测试方法

试验采用 Nicolet 公司生产的 Magna-IR 750 傅里叶变换红外光谱仪，配备红外显微镜附件，主要技术指标如下：

最高分辨率为 0.125cm^{-1}；

红外显微镜附件测量范围为 4000～650cm^{-1}；

红外显微光斑尺寸为 20μm×30μm；

红外显微镜反射角为 28°。

因为光纤横截面直径仅为 125μm，所以必须使用红外显微镜附件。光纤固定在陶瓷插芯中，红外光束照射到光纤端面，且光斑尽量对准光纤中心位置，如图 9.16 所示。在波数为 1600～700cm^{-1}范围内 15 次扫描后经平均得到红外反射光谱。

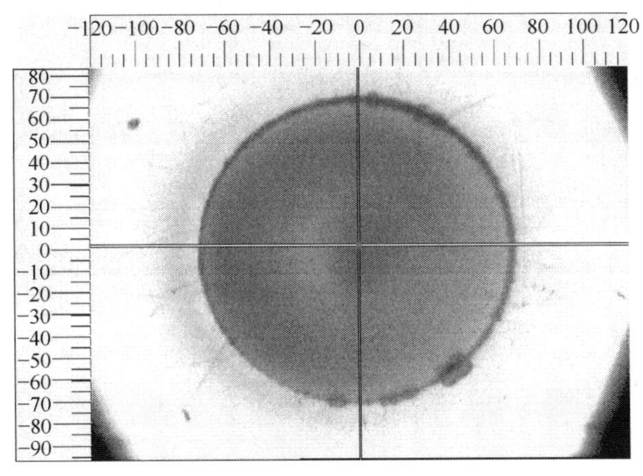

图 9.16　光纤端面红外光谱测试(图中深色圆形为光纤横截面)

3. 测试结果与分析

所有光纤端面的红外反射光谱形状基本相似，图 9.17 所示为标准光纤样品 A4 的红外反射光谱曲线。从图中可看出，在 700～1600cm^{-1}范围内有两个明显的特征峰，分别在 800cm^{-1}和 1100cm^{-1}左右的位置。800cm^{-1}左右的特征峰归属于 Si—O—Si 键的对称伸缩振动，1100cm^{-1}左右的特征峰归属于 Si—O—Si 键的反对称伸缩振动[26]。将 Si—O—Si 键的反对称伸缩振动对应的红外光谱特征峰波数 1109.73cm^{-1} 代入式(9.14)，计算得到试验所用标准光纤的折射率为 $n_0=1.4589$。该结果与标准光纤折射率的实际值 1.463 非常接近，证明基于红外光谱理论测试 SiO_2 玻璃光纤微观结构变化的方法正确。

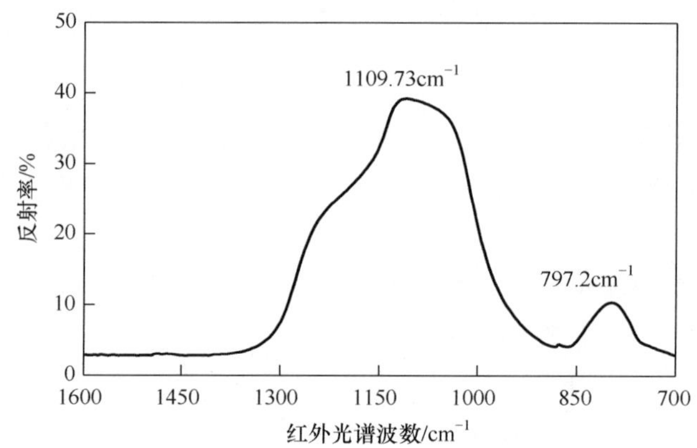

图 9.17 标准光纤纤芯的红外反射光谱

SiO_2 玻璃光纤折射率与其红外光谱特征峰波数的关系为

$$\frac{n^2-1}{4\pi+b(n^2-1)}=\frac{\alpha'(1310.2-\sigma)}{5460} \tag{9.14}$$

式中，n 为光纤材料的折射率；b 为电子分布重叠系数，$b=1.3$；α'为莫尔极化率，$\alpha'=2.19307\text{cm}^3/\text{mol}$；$\sigma$ 为光纤红外光谱的特征峰波数，cm^{-1}。

9.3.2 光纤端面研抛变质层红外光谱测试

不同研磨抛光工艺的光纤端面的红外光谱 1100cm^{-1}特征峰波数如图 9.18 所示。与标准光纤的红外特征峰波数相比，研磨抛光后光纤端面的红外特征峰波数从高波数移向了低波数。光纤端面的红外光谱特征峰波数反映了其微观结构的特征，红外特征峰之所以发生偏移是由于光纤端面变质层微观结构变化所致，证明了光纤端面经研磨抛光加工后的确产生了变质层。

将图 9.18 中所示的光纤端面变质层红外光谱 1100cm^{-1} 特征峰波数代入式(9.14)，计算得到变质层的折射率如图 9.19 所示。其结果与图 9.15 所示通过

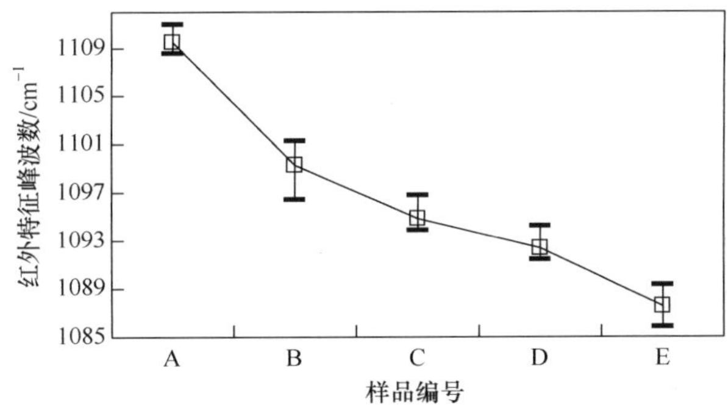

图9.18　不同研磨抛光工艺的光纤端面红外反射光谱 $1100cm^{-1}$ 特征峰偏移

椭圆偏振光谱仪测得的变质层折射率稍有差异，但它们的变化趋势一致，具体结果可参见表 9.7。可以看出，光纤端面经研磨、抛光加工后产生的变质层的折射率与标准光纤的折射率相比都有所增大；研磨加工时所用砂纸的金刚石颗粒越粗，所产生变质层的折射率也越高。当用 3μm 金刚石颗粒的砂纸研磨抛光光纤连接器端面时，变质层的折射率与标准光纤的折射率相比约提高了 3%；经精密研磨后的光纤连接器端面，再用 Al_2O_3 砂纸＋蒸馏水抛光 15s，抛光后的变质层折射率与标准光纤的折射率相比仍提高了约 1.3%。

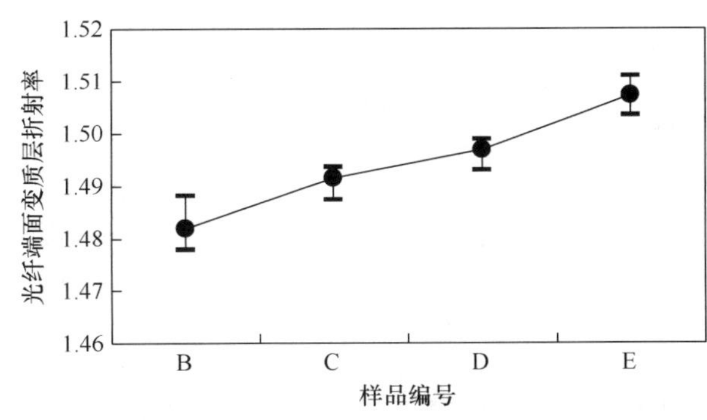

图9.19　光纤端面变质层经红外光谱测试计算所得的折射率

表 9.7　光纤连接器端面变质层折射率、体积变化率及变质层厚度的试验数据

样品编号		红外光谱测量计算数据			椭圆偏振仪测量数据	
		红外波数/cm^{-1}	(变质层)折射率	变质层体积变化率	变质层折射率	变质层厚度/μm
A	1	1110.95	1.4569	—	—	—
	2	1108.57	1.462			
	3	1108.79	1.4615			
	4	1109.73	1.4589			
	平均	1109.51	1.460	0		

续表

样品编号		红外光谱测量计算数据			椭圆偏振仪测量数据	
		红外波数/cm^{-1}	(变质层)折射率	变质层体积变化率	变质层折射率	变质层厚度/μm
B	1	1096.41	1.4882	−6.4%	1.481	0.042
	2	1101.25	1.4778	−4.13%	1.485	0.048
	3	1100.12	1.4802	−4.67%	1.482	0.032
	4	1099.36	1.4818	−5.03%	1.490	0.025
	平均	1099.286	1.482	−5.06%	1.485	0.037
C	1	1096.76	1.4874	−6.24%	1.498	0.057
	2	1094.29	1.4927	−7.36%	1.501	0.063
	3	1093.87	1.4936	−7.54%	1.487	0.073
	4	1094.48	1.4923	−7.27%	1.511	0.058
	平均	1094.85	1.4915	−7.1%	1.499	0.063
D	1	1091.41	1.4989	−8.63%	1.521	0.087
	2	1092.18	1.4973	−8.29%	1.498	0.101
	3	1091.66	1.4984	−8.52%	1.497	0.085
	4	1094.19	1.493	−7.4%	1.513	0.082
	平均	1092.36	1.4969	−8.21%	1.507	0.089
E	1	1088.66	1.5048	−9.98%	1.520	0.160
	2	1089.33	1.5034	−9.52%	1.533	0.181
	3	1085.82	1.5109	−11.0%	1.530	0.156
	4	1086.35	1.5098	−10.78%	1.524	0.169
	平均	1087.54	1.5072	−10.32%	1.527	0.167

将不同研磨抛光工艺的光纤端面红外反射光谱 1100cm^{-1} 特征峰波数代入式(9.15),可得到研磨抛光工艺与光纤端面变质层 Si—O—Si 键的键角 θ 的关系,如图 9.20 所示。所用砂纸的金刚石颗粒越粗,变质层的 Si—O—Si 键角越小,与未研磨抛光的标准光纤相比,用 3μm 颗粒的金刚石砂纸研磨光纤 60s 后,其变质层的 Si—O—Si 键角约减小了 11°。光纤连接器端面变质层在微观结构上表现为 Si—O—Si 键的键角 θ 减小,对应就是光纤端面变质层的 SiO_2 分子体积减小,即光纤表层在磨粒反复作用下,对光纤表层材料产生了致密化效果,并且使其体积产生不可逆压缩,这是产生光纤研抛变质层的根本原因。将表 9.7 中的不同研磨抛光工艺的光纤端面红外反射光谱 1100cm^{-1}特征峰波数代入式(9.16),得到研磨抛光工艺与光纤端面变质层体积变化率的关系如图 9.21 所示。与未研磨抛光的标准光纤相比,分别用 3μm、1μm、0.5μm 粒度的金刚石砂纸研磨、用 0.05μm 粒度的氧

化铝砂纸湿抛光光纤连接器插针体端面后，光纤端面变质层的分子体积约分别压缩了 10%、8%、7%、5%。

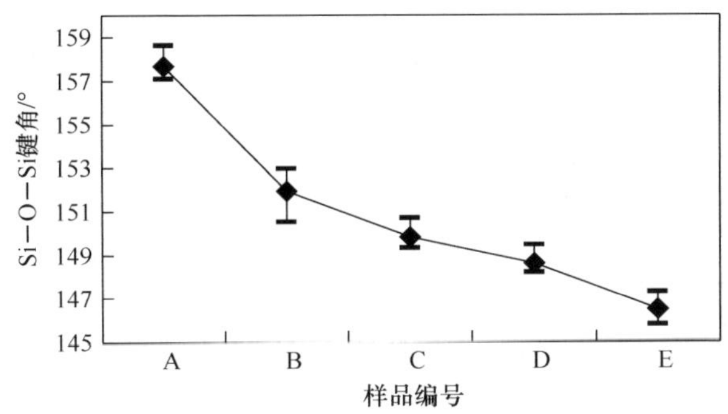

图 9.20　研磨抛光工艺与变质层的 Si—O—Si 键角的关系

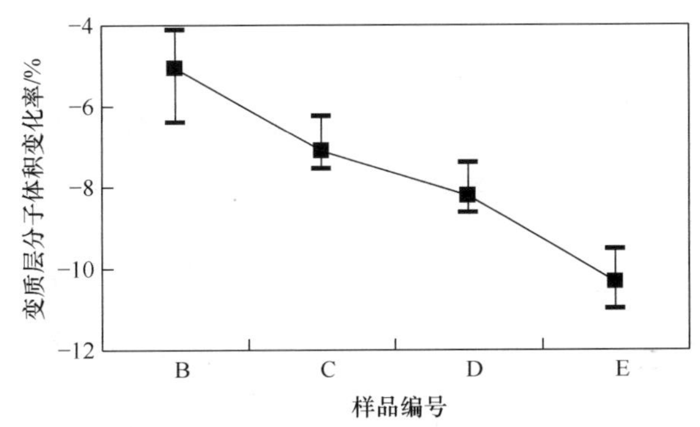

图 9.21　研磨抛光工艺与变质层分子体积变化率的关系

SiO_2 玻璃光纤的 Si—O—Si 键反对称伸缩振动的红外特征峰波数与 Si—O—Si 键角的关系为

$$\sigma=\frac{1}{2\pi c}\sqrt{\frac{2}{m}\left(\alpha\sin^2\frac{\theta}{2}+\beta\cos^2\frac{\theta}{2}\right)} \tag{9.15}$$

式中，σ 为红外光谱的特征峰波数，cm^{-1}；c 为光速，$c=3\times10^{10}$ cm/s；m 为 O 原子的质量，$m=2.6577\times10^{-26}$ kg；θ 为 Si—O—Si 键角，°；α 为伸缩力常数，$\alpha=600$N/m；β 为摇摆力常数，$\beta=100$N/m。

SiO_2 玻璃光纤红外光谱特征峰波数与 SiO_2 分子体积的关系为

$$\sigma=1301.2-\frac{5460}{N_A V} \tag{9.16}$$

式中，V 为单个 SiO_2 分子的体积，cm^3；N_A 为阿伏伽德罗常数，$N_A=6.022045\times10^{23}$ mol^{-1}；σ 为光纤的红外光谱特征峰波数，cm^{-1}。

9.4 小　结

本章以压痕试验为基础,分析了光纤表面在不同载荷作用下发生变形的过程,找到了实现光纤塑性域研磨加工的依据,计算出了光纤材料产生裂纹的临界载荷 P_c。当施加载荷大于临界载荷时,尖锐压头在光纤材料表面引起裂纹;当施加载荷小于临界载荷时,尖锐压头在光纤材料表面仅产生塑性凹坑。根据 Bifano 法则,得到实现光纤由脆性去除转变到塑性去除的临界切深 $d_c=0.023\mu m$,并建立了光纤研磨加工的材料去除模型,当金刚石磨粒切削深度小于光纤材料的临界切削深度时,光纤材料的去除就会发生脆-塑转变,从而实现了光纤材料的塑性域研磨加工。

依据 Hertz 接触理论,本章建立了研磨连接器陶瓷插芯与光纤组合端面时的磨粒对光纤切深的计算模型,发现磨料粒度主导了磨粒对光纤的切深。当研磨压力 P 为 1～2N 时,粒度为 6μm 的金刚石磨粒的最大切削深度远大于光纤的临界切深,光纤以脆性断裂模式去除;粒度为 3μm 的金刚石磨粒的最大切削深度与光纤的临界切削深度相近,光纤以半脆性半塑性模式去除;粒度为 1μm 的金刚石磨粒的最大切削深度远小于光纤的临界切深,光纤表面材料以塑性模式去除。

光纤连接器端面研磨实验证明了理论分析与计算模型的正确。采用平均粒度为 6～0.5μm 金刚石砂纸,研磨压力为 1～2N 时,研磨加工光纤时存在脆性断裂、半脆性半塑性、塑性三种材料去除模式。当以塑性模式去除时,可得到纳米级的表面粗糙度,光纤表面在 3000 倍 SEM 图像下观察不到明显缺陷;当以脆性断裂模式去除时,光纤表面呈现出片状剥落,其表面粗糙度仅为亚微米级,加工表面为无光泽的漫反射表面,在 3000 倍 SEM 图像下观察到有较多的凹坑。

在分析了 SiO_2 玻璃的分子振动模式后,以其红外光谱特征峰波数与 Si—O—Si键的键角之间的关系为基础,建立了光纤红外光谱 $1100cm^{-1}$ 特征峰波数与其分子体积及折射率的数学模型。当光纤红外光谱 $1100cm^{-1}$ 特征峰波数从高波数移向低波数时,光纤材料的分子体积减小、折射率增大;反之,当特征峰从低波数移向高波数时,光纤材料的分子体积增大、折射率减小。

应用显微红外光谱测试仪,对光纤研抛变质层进行了测试,与标准光纤的红外光谱 $1100cm^{-1}$ 特征峰波数比较后,发现研磨抛光加工后的光纤端面的红外光谱 $1100cm^{-1}$ 特征峰波数降低,在微观结构上表现为 Si—O—Si 键的键角减小,分子体积被压缩;在宏观上,表现为光纤端面变质层材料折射率增大。查明研磨、抛光加工后出现变质层的根本原因在于,光纤加工表层材料在磨粒的作用下产生了不可逆体积压缩。

研磨抛光加工所用砂纸的颗粒越粗,变质层材料受到的压缩越严重,其折射率也越高。当用 3μm 金刚石颗粒的砂纸研磨抛光光纤连接器端面时，变质层材料的分子体积压缩了约 10%；经精密研磨后的光纤连接器端面，再用 Al_2O_3 砂纸＋蒸馏水抛光 15s，抛光后的光纤端面变质层材料的分子体积仍压缩了约 5%。

参考文献

[1] 扎齐斯基. 玻璃与非晶态材料. 干福熹译. 北京：科学出版社，2001.

[2] Hetcht J. 光纤光学. 贾东方译. 北京：人民邮电出版社，2004.

[3] Ong N S, Venkatsh V C. Semi-ductile grinding and polishing of pyrex glass. Materials Processing Technology, 1998, 83: 261-266.

[4] Zhou M, Wang X J, Ngoi B K A, et al. Brittle-ductile transition in the diamond cutting of glasses with the aid of ultrasonic vibration. Journal of Material Processing Technology, 2002, 121: 243-251.

[5] Yan J W, Syoji K, Kuriyagawa T, et al. Ductile regime turning at large tool feed. Journal of Material Processing Technology, 2002, 121: 363-372.

[6] 姜峰，李剑锋，孙杰，等. 硬脆材料塑性加工技术的研究现状. 工具技术，2007，41(8)：3-8.

[7] 郝建华. 实现塑性状态下切削非金属硬脆材料的思考. 新技术新工艺，2000，(6)：14-16.

[8] Blackey P, Scattergood R. Ductile-regime machining of germanium and silicon. Journal of America Ceramic Society, 1990, 73(40): 949-957.

[9] 金宗哲，包亦望. 脆性材料力学性能评价与设计. 北京：中国铁道出版社，1996.

[10] 袁巨龙. 功能陶瓷的超精密加工技术. 哈尔滨：哈尔滨工业大学出版社，2000.

[11] 左敦稳. 现代加工技术. 北京：北京航空航天大学出版社，2005.

[12] 龚江宏. 陶瓷材料断裂力学. 北京：清华大学出版社，2001.

[13] 冯西桥. 脆性材料的细观损伤理论与和损伤结构的安定分析[博士学位论文]. 北京：清华大学，1995.

[14] 杨小云. 脆性材料球磨过程中微观结构的演变及合成机理研究[博士学位论文]. 北京：中国科学院，2000.

[15] Bridgman P W, Simon I. Effects of very high pressures on glass. Journal of Applied Physics, 1953, 24: 405-413.

[16] Marsh D M. Plastic flow in glass. Proceeding of Royal Society of London, Series A, Mathematical and Physical Science, 1964, 279(1378): 420-435.

[17] Zhang W, Subhas G. An elastic-plastic-cracking model for finite element analysis of indentation cracking in brittle materials. International Journal of Solids and Structures, 2001, 38: 5893-5913.

[18] Zhang L, Mahdi M. The plastic behaviour of silicon subjected to micro-indentation. Journal of Materials Science, 1996, 31: 5671-5676.

[19] Care G, Fischer-Cripps A C. Elastic-plastic indentation stress fields using the finite-element method. Journal of Material Science, 1997, 32: 5653-5659.

[20] Lawn B, Wilshaw R. Review indentation fracture: principles and application. Journal of Ma-

terials Science, 1975, 10:1049-1081.

[21] Bifano T G, Dow T A, Scattergood R O. Ductile-Regime grinding: A new technology for machining brittle materials. Journal of Engineering for Industry, 1991, 113(5): 184-189.

[22] Wang A G, Hutchings I M. The number of particle contacts in two-body abrasive wear of metals by coated abrasive papers. Wear, 1989, 129: 23-35.

[23] Johnson K L. 接触力学. 徐秉业译. 北京:高等教育出版社.

[24] Kalthoff J F. On the measurement of dynamic fracture toughnesses-a review of recent work. International Journal of Fracture, 1985, 27(3-4): 277-298.

[25] Clifton R J, Simonson E R, Jones A H, et al. Determination of the critical-stress-intensity factor from internally pressurized thick-wall vessels. Experimental Mechanics, 1976, 233-238.

[26] 翁诗甫. 傅立叶变换红外光谱仪. 北京:化学工业出版社, 2005.

第 10 章 光纤端面研磨变质层形成的有限元仿真

经典材料屈服准则——Mises 屈服准则是基于体积应力只产生弹性体积变形而不产生塑性体积变形这一原则建立起来的，即认为体积应力不影响材料的屈服，材料是否屈服完全是根据等效剪应力判定的[1,2]。而 Bridgman 和 Simon[3] 及 Cohen和 Roy[4] 等的试验表明，SiO_2 玻璃在静水压力作用下（此时体积应力不为 0，而等效剪应力为 0），体积产生了不可逆压缩变形，即 SiO_2 玻璃在静水压力作用下发生了塑性体积屈服；Cohen 和 Roy[4] 还通过对发生了塑性体积屈服的 SiO_2 玻璃进行红外光谱实验，发现其材料分子结构的 Si—O—Si 键角变小。如第 9 章所述，应用显微红外光谱仪对光纤端面的变质层进行测试时亦发现，材料分子结构的 Si—O—Si 键角也变小了，即光纤端面变质层的分子体积也出现了不可逆的体积压缩，类似于 SiO_2 玻璃在静水压力作用下产生的塑性体积屈服现象。因此，应用有限元系统仿真光纤端面研磨变质层的形成时，如采用传统的处理金属材料的弹塑性本构模型将无法准确解释光纤材料的某些独特性能和行为，应找到一种更加符合光纤材料客观规律的弹塑性本构模型。

首先，针对精研磨光纤端面时其材料去除为塑性去除，且其表层材料出现了不可逆的体积压缩的事实，本章推论出光纤材料的屈服是体积应力与等效剪应力共同作用的结果，据此选择 Drucker-Pager 准则[1,2]（该准则同时考虑了体积应力与等效剪应力对材料屈服的作用）作为光纤材料的屈服准则并导出了光纤材料的弹塑性本构方程；然后，应用后向欧拉法推导了光纤材料弹塑性本构模型应用在研磨过程中的应力更新算法，借用通用有限元平台 ABAQUS 的用户自定义材料 UMAT 接口，编写出了相应的计算程序，并将光纤材料弹塑性本构模型的应力更新算法纳入通用有限元分析系统中，应用于光纤研磨过程的仿真分析，模拟了变质层的形成。

10.1 光纤材料的弹塑性本构模型

由第 9 章可知，光纤端面在用金刚石磨料研磨时，其材料去除存在脆性断裂、半脆性半塑性以及塑性等三种模式。要得到光学性能好的光纤连接器，光纤材料只能以塑性模式去除，此时研磨表面的形成是光纤材料塑性去除的结果，而不是脆性断裂形成的。因此，本章将光纤材料视为等向强化弹塑性材料，而不考虑其脆性性质。另外，光纤属于典型的非晶态玻璃，其材料性质为各向同性[5]。

10.1.1 光纤材料的弹性本构关系[1,2]

当应力足够小时，在应力空间中的应力状态点将处于屈服面的内部，材料处于弹性状态，其应力-应变关系（广义 Hooke 定律）为

$$\varepsilon_{ij}=\frac{1+\nu}{E}\sigma_{ij}-\frac{3\nu}{E}\sigma_{\mathrm{m}}\delta_{ij} \tag{10.1a}$$

或者

$$\sigma_{ij}=3\lambda\varepsilon_{\mathrm{m}}\delta_{ij}+2G\varepsilon_{ij} \tag{10.1b}$$

其中

$$\sigma_{\mathrm{m}}=\frac{1}{3}\sigma_{kk}=\frac{1}{3}\Theta=\frac{1}{3}I_1 \tag{10.2}$$

$$\varepsilon_{\mathrm{m}}=\frac{1}{3}\varepsilon_{kk}=\frac{1}{3}\theta \tag{10.3}$$

$$\delta_{ij}=\begin{cases}1, & i=j\\ 0, & i\neq j\end{cases} \tag{10.4}$$

式中，ε_{ij} 为应变张量；σ_{ij} 为应力张量；δ_{ij} 为克罗内克符号，亦称为单位球张量；σ_{m} 为平均正应力；Θ 为体积应力；I_1 为第一应力不变量；ε_{m} 为平均正应变；θ 为体积应变；E 为弹性模量；ν 为泊松比；G 为剪切模量，$G=\dfrac{E}{2(1+\nu)}$；λ 为 Lame 弹性常数，$\lambda=\dfrac{\nu E}{(1+\nu)(1-2\nu)}$。

将式(10.1a)的三个正应变相加，可得到体积应力 Θ 与体积应变 θ 的关系为

$$\Theta=3K\theta \tag{10.5}$$

其中

$$K=\frac{E}{3(1-2\nu)} \tag{10.6}$$

式中，K 为体积弹性模量。

定义偏应力张量 s_{ij} 及偏应变张量 e_{ij} 分别为

$$s_{ij}=\sigma_{ij}-\frac{\delta_{ij}}{3}\Theta=\sigma_{ij}-\sigma_{\mathrm{m}}\delta_{ij} \tag{10.7}$$

$$e_{ij}=\varepsilon_{ij}-\frac{\delta_{ij}}{3}\theta=\varepsilon_{ij}-\varepsilon_{\mathrm{m}}\delta_{ij} \tag{10.8}$$

式中，s_{ij} 为偏应力张量（应力偏量），它只改变材料的形状而不改变材料体积；e_{ij} 为偏应变张量（应变偏量），只与材料单元体的剪切变形有关；$\sigma_{\mathrm{m}}\delta_{ij}$ 为球应力张量，它表示各方向承受相同拉（压）应力而没有剪应力的情况，只改变材料的体积而不改变材料形状，相对应的应力状态称为静水应力状态；$\varepsilon_{\mathrm{m}}\delta_{ij}$ 为球应变张量。

用应变偏量 e_{ij} 表示应力偏量 s_{ij}，则广义 Hooke 定律式(10.1)可进一步简化为

$$s_{ij}=2Ge_{ij} \tag{10.9}$$

但由于 $s_{kk}=0$，式(10.9)中只有五个方程是独立的，需要补充式(10.5)，才同式(10.1)等价，合并后称为广义 Hooke 定律的 K-G 形式，简称为 K-G 模型，即

$$\begin{cases}\Theta=3K\theta \\ s_{ij}=2Ge_{ij}\end{cases} \tag{10.10}$$

10.1.2　光纤材料在研磨加工时的屈服准则

所谓屈服就是材料承受多大的应力才开始产生塑性变形。经典的 Mises 屈服准则主要针对金属材料建立起来的，Mises 屈服准则[1, 2]可表述为：当等效剪应力 τ_{eff} 达到一定值时，材料发生屈服，即

$$\tau_{\mathrm{eff}}=\sqrt{J_2}=\sqrt{\frac{1}{2}s_{ij}s_{ij}}=C \tag{10.11}$$

式中，J_2 为偏应力张量的第二不变量，反映剪应力大小，与球应力张量无关；C 为材料的屈服应力(与加载历史有关)。

应用 Mises 屈服准则时，不考虑材料的塑性体积屈服，一般有如下假设[1, 2]：

(1) 当材料受到静水压力的作用时，静水压力与材料的体积改变之间近似地服从线性弹性规律。若卸去压力，体积的变化可以恢复，即各向均压时体积变化是弹性的，或者说塑性变形不引起体积的变化，认为在塑性变形阶段材料是不可压缩的。

(2) 材料进入塑性状态后，单元体的体积变形仍是弹性的，且只与球应力张量有关，与偏应力张量无关；而与形状改变有关的塑性变形只与偏应力张量有关，与球应力张量无关。

但是，利用红外光谱对光纤研磨表面的测试表明：研磨变质层的光纤材料出现了不可逆的体积压缩变形，即产生了塑性体积屈服。Cohen 和 Roy[4]、Devine 等[6, 7]的试验结果也证明，当静水压力达到 2GPa 时，非晶 SiO_2 玻璃出现了塑性体积屈服的现象，即单纯的静水压力也可使光纤材料产生屈服。而在静水压力状态下，等效剪应力 $\tau_{\mathrm{eff}}=0$，因此，如果对光纤材料应用 Mises 屈服准则，则光纤材料在静水压力作用下不可能发生屈服，这与 Cohen 和 Roy[4]、Devine 等[6, 7]的试验结果矛盾。因此，应用有限单元法仿真光纤研磨变质层的形成时，针对金属材料建立起来的 Mises 屈服准则并不适用，有必要寻找其他适用于光纤材料的屈服准则。

Ziemath 和 Herrmann[8]等研究了 SiO_2 玻璃的塑性变形与致密化问题。他们首先应用维氏金刚石压头在玻璃上印压出一些无裂纹压痕，通过原子力显微镜(AFM)观察发现压痕周围材料存在堆积现象，然后通过对压痕试验后的玻璃试样进行退火处理，发现压痕尺寸变小，由此证明 SiO_2 玻璃压痕形成过程既有形状变

化(剪应变)又有体积变化(体积应变)。由第 9 章的光纤研磨试验可知,光纤研磨加工时在一定条件下材料可以实现塑性方式去除;由第 9 章的光纤变质层红外光谱测试试验可知,光纤加工表层材料的分子体积受到了不可逆压缩。由此,综合文献[8]对 SiO_2 玻璃的压痕试验结果与本书对光纤研磨及红外测试试验结果,可推论出光纤材料的塑性应变由体积应变及形状变化两部分组成,即光纤在研磨加工时,材料屈服不仅与产生剪切变形的等效剪应力 τ_{eff} 有关,还与产生材料体积变化的体积应力 Θ(第一应力不变量 I_1)有关。综合考虑体积应力与剪切应力对材料屈服产生影响的最常用准则为 Drucker-Prager 准则,该准则是在 Mises 准则基础上推广而来,亦称为广义 Mises 准则。因此,应用有限单元法仿真光纤研磨变质层的形成时,可选择 Drucker-Prager 准则作为光纤材料在研磨加工时的屈服准则。Drucker-Prager 准则为[1, 2]

$$f(\sigma_{ij},H)=\xi\Theta+\tau_{eff}-\sigma_{s0}-H(\bar{\varepsilon}^{p})=\xi I_1+\sqrt{J_2}-\sigma_{ys}(\bar{\varepsilon}^{p})=0 \quad (10.12)$$

式中,ξ 为描述 Θ 对材料屈服贡献大小的参数,称为体积应力因子;σ_{s0} 为材料的初始屈服应力,研究脆性材料时应采用微压屈服应力;$H(\bar{\varepsilon}^{p})$ 为硬化参数,与塑性变形及其历史有关;$\bar{\sigma}$ 称为引起材料屈服的等效应力,

$$\bar{\sigma}=\xi\Theta+\tau_{eff}=\xi I_1+\sqrt{J_2} \quad (10.13)$$

$\sigma_{ys}(\bar{\varepsilon}^{p})$ 为材料现时的屈服应力,它是等效塑性应变 $\bar{\varepsilon}^{p}$ 的函数[1],即

$$\sigma_{ys}(\bar{\varepsilon}^{p})=\sigma_{s0}+H(\bar{\varepsilon}^{p}) \quad (10.14)$$

$$\bar{\varepsilon}^{p}=\int_0^{\varepsilon_{ij}^{p}}\mathrm{d}\bar{\varepsilon}^{p} \quad (10.15)$$

$$\mathrm{d}\bar{\varepsilon}^{p}=\sqrt{\frac{2}{3}\mathrm{d}\varepsilon_{ij}^{p}\mathrm{d}\varepsilon_{ij}^{p}} \quad (10.16)$$

$\bar{\varepsilon}^{p}$ 为等效塑性应变;$\mathrm{d}\bar{\varepsilon}^{p}$ 为等效塑性应变增量。

当 $\xi=0$ 时,光纤屈服准则式(10.11)退化为 Mises 屈服准则,材料屈服只与等效剪应力 τ_{eff} 有关。光纤材料的体积应力因子 ξ 的准确值应通过试验确定。

当将光纤视为理想弹塑性材料时,不存在硬化问题,则其硬化参数 H 为 0。也就是说,后继屈服面与初始屈服面重合。

当将光纤视为各向同性强化材料时,光纤材料在发生塑性变形后,其后继弹性范围的边界是变化的,即后继屈服面不断变化。此时,光纤材料的硬化参数 H 与其塑性应变历史(或加载历史)有关,且在塑性加载的过程中逐渐增大,H 可表示为式(10.15)等效塑性应变的函数。当塑性应变为 0 时,硬化还未发生,故 $H=0$,式(10.12)退化为初始屈服条件。

10.1.3 光纤材料的塑性体积应变

塑性本构关系与弹性本构关系的最大区别在于应力与应变之间不再存在一一

对应关系，一般只能建立应力与应变增量之间的关系，这种用增量形式表示的塑性本构关系，称为增量理论或流动理论[1]。当材料变形进入塑性阶段且为加载状态时，应力增量产生的应变增量 $d\varepsilon_{ij}$ 可以分解为弹性应变增量和塑性应变增量两部分，即

$$d\varepsilon_{ij}=d\varepsilon_{ij}^{e}+d\varepsilon_{ij}^{p} \tag{10.17}$$

式中，$d\varepsilon_{ij}^{e}$ 为弹性应变增量；$d\varepsilon_{ij}^{p}$ 为塑性应变增量。

弹性应变增量与应力增量之间仍服从式(10.1)所示的广义 Hooke 定律，即

$$d\varepsilon_{ij}^{e}=\frac{1+\nu}{E}d\sigma_{ij}-\frac{3\nu}{E}d\sigma_{m}\delta_{ij}=\frac{1+\nu}{E}ds_{ij}+\frac{1-2\nu}{E}d\sigma_{m}\delta_{ij} \tag{10.18}$$

或者

$$d\sigma_{ij}=3\lambda d\varepsilon_{m}^{e}\delta_{ij}+2Gd\varepsilon_{ij}^{e}=3Kd\varepsilon_{m}^{e}\delta_{ij}+2Gde_{ij}^{e} \tag{10.19}$$

另外，根据式(10.8)，在塑性变形阶段的加载过程中，有

$$d\varepsilon_{ij}=de_{ij}+d\varepsilon_{m}\delta_{ij} \tag{10.20}$$

其中

$$d\varepsilon_{m}=d\varepsilon_{m}^{e}+d\varepsilon_{m}^{p} \tag{10.21}$$

$$de_{ij}=de_{ij}^{e}+de_{ij}^{p} \tag{10.22}$$

因此，也可将广义 Hooke 定律的 K-G 形式[式(10.10)]写成以下增量形式，即

$$\begin{cases} d\Theta=3Kd\theta^{e} \\ ds_{ij}=2Gde_{ij}^{e} \end{cases} \tag{10.23}$$

式中，θ^{e} 为弹性体积应变。

根据相关连流动法则，塑性应变增量 $d\varepsilon_{ij}^{p}$ 为

$$d\varepsilon_{ij}^{p}=d\varepsilon_{m}^{p}\delta_{ij}+de_{ij}^{p}=d\lambda\frac{\partial f}{\partial\sigma_{ij}} \tag{10.24}$$

式中，$d\lambda$ 为非负比例系数，加载时 $d\lambda>0$；中性变载和卸载时 $d\lambda=0$；$d\varepsilon_{m}^{p}$ 为平均塑性应变。

根据光纤屈服准则式(10.12)，并注意到硬化参数 H 与 σ_{ij} 并无直接联系，于是有

$$\frac{\partial f}{\partial\sigma_{ij}}=\frac{\partial\bar{\sigma}}{\partial\sigma_{ij}}=\xi\delta_{ij}+\frac{1}{2}\frac{s_{ij}}{\sqrt{J_{2}}} \tag{10.25}$$

根据式(10.24)可得

$$d\varepsilon_{ij}^{p}=d\lambda\left(\xi\delta_{ij}+\frac{1}{2}\frac{s_{ij}}{\sqrt{J_{2}}}\right) \tag{10.26}$$

且有

$$\begin{cases} d\varepsilon_{ij}^{p}=0 & （中性变载或卸载） \\ d\varepsilon_{ij}^{p}>0 & （加载） \end{cases} \tag{10.27}$$

由于偏应力张量的第一不变量 $s_{kk}=0$，则可根据式(10.26)计算出相应的塑性体积应变增量 $\mathrm{d}\theta^{\mathrm{p}}$ 为

$$\mathrm{d}\theta^{\mathrm{p}}=3\xi\mathrm{d}\lambda \tag{10.28}$$

式中，θ^{p} 为塑性体积应变。

加载时，由于 $\mathrm{d}\lambda>0$，当体积应力因子 $\xi<0$ 时，光纤塑性体积应变增量$\mathrm{d}\theta^{\mathrm{p}}<0$，这与光纤压痕试验及光纤研磨变质层红外光谱测试试验所得结果相一致，证明根据光纤可压缩这一情况所选择的 Drucker-Prager 准则可应用于光纤研磨变质层形成的有限元仿真。

10.2 光纤材料本构模型在通用有限元系统 ABAQUS 中的实现

Drucker-Prager 材料模型多应用于岩土塑性力学，其体积应力因子 ξ 由材料的黏聚力和内摩擦角等多个性能参数转化而来[9]，目前流行的有限元分析系统应用 Drucker-Prager 材料模型时，除黏聚力和内摩擦角等两个性能参数外，还需其他较多的材料参数，但在现有资料中难以找到与光纤材料相对应的材料参数，因此不能直接应用有限元系统中的 Drucker-Prager 材料模型，需在现有的有限元系统中进行二次开发。通用有限元系统 ABAQUS 擅长非线性分析，具有各种类型的开放式接口程序，广泛应用于各种工程及学术问题[10,11]。因此，本节按照 ABAQUS 系统提供的用户自定义材料接口子程序 UMAT 来实现以上定义的光纤材料的弹塑性本构模型。

为便于在有限元系统 ABAQUS 中的应用，材料的弹塑性本构模型一般写成矩阵向量形式。应变列阵 $\boldsymbol{\varepsilon}$、应力列阵 $\boldsymbol{\sigma}$ 分别为

$$\boldsymbol{\varepsilon}=[\varepsilon_x \quad \varepsilon_y \quad \varepsilon_z \quad \gamma_{xy} \quad \gamma_{yz} \quad \gamma_{zx}]^{\mathrm{T}} \tag{10.29}$$

$$\boldsymbol{\sigma}=[\sigma_x \quad \sigma_y \quad \sigma_z \quad \tau_{xy} \quad \tau_{yz} \quad \tau_{zx}]^{\mathrm{T}} \tag{10.30}$$

应力增量产生的应变增量 $\mathrm{d}\boldsymbol{\varepsilon}$ 可以分解为弹性应变增量和塑性应变增量两部分[1]，即

$$\mathrm{d}\boldsymbol{\varepsilon}=\mathrm{d}\boldsymbol{\varepsilon}^{\mathrm{e}}+\mathrm{d}\boldsymbol{\varepsilon}^{\mathrm{p}} \tag{10.31}$$

弹性应变增量为

$$\mathrm{d}\boldsymbol{\varepsilon}^{\mathrm{e}}=\boldsymbol{D}_{\mathrm{e}}^{-1}\mathrm{d}\boldsymbol{\sigma} \tag{10.32}$$

式中，$\boldsymbol{D}_{\mathrm{e}}$ 为弹性矩阵；$\mathrm{d}\boldsymbol{\varepsilon}$ 为工程应变增量列阵；$\mathrm{d}\boldsymbol{\sigma}$ 为应力增量列阵。

各向同性材料的弹性矩阵 $\boldsymbol{D}_{\mathrm{e}}$ 为

$$\boldsymbol{D}_{\mathrm{e}}=\begin{bmatrix}\lambda+2G & \lambda & \lambda & 0 & 0 & 0\\ & \lambda+2G & \lambda & 0 & 0 & 0\\ & & \lambda+2G & 0 & 0 & 0\\ & 对 & & G & 0 & 0\\ & & 称 & & G & 0\\ & & & & & G\end{bmatrix}\tag{10.33}$$

根据相关连流动法则式(10.24)，塑性应变增量 $\mathrm{d}\boldsymbol{\varepsilon}^{\mathrm{p}}$可改写为

$$\mathrm{d}\boldsymbol{\varepsilon}^{\mathrm{p}}=\mathrm{d}\lambda\frac{\partial f}{\partial\boldsymbol{\sigma}}\tag{10.34}$$

将式(10.32)及式(10.34)代入式(10.30)得

$$\boldsymbol{D}_{\mathrm{e}}\mathrm{d}\boldsymbol{\varepsilon}=\mathrm{d}\boldsymbol{\sigma}+\mathrm{d}\lambda\boldsymbol{D}_{\mathrm{e}}\frac{\partial f}{\partial\boldsymbol{\sigma}}\tag{10.35}$$

应力增量与应变增量的关系为[1]

$$\mathrm{d}\boldsymbol{\sigma}=(\boldsymbol{D}_{\mathrm{e}}-\boldsymbol{D}_{\mathrm{p}})\mathrm{d}\boldsymbol{\varepsilon}=\boldsymbol{D}_{\mathrm{ep}}\mathrm{d}\boldsymbol{\varepsilon}\tag{10.36}$$

式中，$\boldsymbol{D}_{\mathrm{ep}}$为材料的弹塑性矩阵；$\boldsymbol{D}_{\mathrm{p}}$ 为材料的塑性矩阵，其表达式为[1]

$$\boldsymbol{D}_{\mathrm{p}}=\frac{\boldsymbol{D}_{\mathrm{e}}\dfrac{\partial f}{\partial\boldsymbol{\sigma}}\left(\dfrac{\partial f}{\partial\boldsymbol{\sigma}}\right)^{\mathrm{T}}\boldsymbol{D}_{\mathrm{e}}}{A+\left(\dfrac{\partial f}{\partial\boldsymbol{\sigma}}\right)^{\mathrm{T}}\boldsymbol{D}_{\mathrm{e}}\dfrac{\partial f}{\partial\boldsymbol{\sigma}}}\tag{10.37}$$

A 为硬化函数，其表达式为

$$A=-\frac{\partial f}{\partial H}\left(\frac{\partial H}{\partial\boldsymbol{\varepsilon}^{\mathrm{p}}}\right)^{\mathrm{T}}\frac{\partial f}{\partial\boldsymbol{\sigma}}\tag{10.38}$$

硬化函数 A 可根据单向拉伸试验确定。当将光纤材料模型简化为双线性等向强化模型时，硬化函数 A 等于材料的塑性模量 E_{p}，即

$$A=E_{\mathrm{p}}=\frac{EE_{\mathrm{T}}}{E-E_{\mathrm{T}}}\tag{10.39}$$

式中，E_{T} 为材料的切线模量。

10.2.1　光纤材料弹塑性本构模型的矩阵形式

选定光纤材料的屈服准则后，可根据增量理论的一般形式(10.36)推导出它的弹塑性矩阵。光纤屈服准则式(10.12)考虑了体积应力对屈服极限的影响，有

$$\frac{\partial f}{\partial\boldsymbol{\sigma}}=\xi\boldsymbol{\delta}+\frac{1}{2\sqrt{J_2}}\frac{\partial J_2}{\partial\boldsymbol{\sigma}}=\xi\boldsymbol{\delta}+\frac{1}{2\sqrt{J_2}}[s_x\quad s_y\quad s_z\quad 2s_{xy}\quad 2s_{yz}\quad 2s_{zx}]^{\mathrm{T}}\tag{10.40}$$

其中

$$\boldsymbol{\delta}=[1\quad 1\quad 1\quad 0\quad 0\quad 0]^{\mathrm{T}}\tag{10.41}$$

根据弹性矩阵 $\boldsymbol{D}_{\mathrm{e}}$ 的表达式(10.33)，并注意到体积模量 K 的表达式(10.6)，由式(10.40)可得

$$\boldsymbol{D}_e \frac{\partial f}{\partial \boldsymbol{\sigma}} = 3K\xi\boldsymbol{\delta} + \frac{G}{\sqrt{J_2}}\mathbf{S} \tag{10.42}$$

式中，$\boldsymbol{S}$ 为偏应力列阵，

$$\boldsymbol{S} = \boldsymbol{\sigma} - \sigma_{\mathrm{m}}\boldsymbol{\delta} = [s_x \quad s_y \quad s_z \quad s_{xy} \quad s_{yz} \quad s_{zx}]^{\mathrm{T}} \tag{10.43}$$

将式(10.40)和式(10.42)代入式(10.37)，并注意到

$$J_2 = \frac{1}{2}(s_x^2 + s_y^2 + s_z^2 + 2s_{xy}^2 + 2s_{yz}^2 + 2s_{zx}^2) \tag{10.44}$$

得到光纤材料的塑性矩阵 $\boldsymbol{D}_{\mathrm{p}}$ 为

$$\boldsymbol{D}_{\mathrm{p}} = \frac{1}{\mathrm{A} + 9K\xi^2 + G}\left[9K^2\xi^2\boldsymbol{\delta\delta}^{\mathrm{T}} + \frac{3K\xi G}{\sqrt{J_2}}(\boldsymbol{\delta S}^{\mathrm{T}} + \boldsymbol{S\delta}^{\mathrm{T}}) + \frac{G^2}{J_2}\boldsymbol{SS}^{\mathrm{T}}\right] \tag{10.45}$$

其中

$$\boldsymbol{\delta\delta}^{\mathrm{T}} = \begin{bmatrix} 1 & 1 & 1 & 0 & 0 & 0 \\ & 1 & 1 & 0 & 0 & 0 \\ & & 1 & 0 & 0 & 0 \\ & \text{对} & & 0 & 0 & 0 \\ & & \text{称} & & 0 & 0 \\ & & & & & 0 \end{bmatrix} \tag{10.46}$$

$$\boldsymbol{\delta S}^{\mathrm{T}} + \boldsymbol{S\delta}^{\mathrm{T}} = \begin{bmatrix} 2s_x & s_x + s_y & s_x + s_z & s_{xy} & s_{yz} & s_{zx} \\ & 2s_y & s_y + s_z & s_{xy} & s_{yz} & s_{zx} \\ & & 2s_z & s_{xy} & s_{yz} & s_{zx} \\ & \text{对} & & 0 & 0 & 0 \\ & & \text{称} & & 0 & 0 \\ & & & & & 0 \end{bmatrix} \tag{10.47}$$

$$\boldsymbol{SS}^{\mathrm{T}} = \begin{bmatrix} s_x^2 & s_x s_y & s_x s_z & s_x s_{xy} & s_x s_{yz} & s_x s_{zx} \\ & s_y^2 & s_y s_z & s_y s_{xy} & s_y s_{yz} & s_y s_{zx} \\ & & s_z^2 & s_z s_{xy} & s_z s_{yz} & s_z s_{zx} \\ & \text{对} & & s_{xy}^2 & s_{xy} s_{yz} & s_{xy} s_{zx} \\ & & \text{称} & & s_{yz}^2 & s_{yz} s_{zx} \\ & & & & & s_{zx}^2 \end{bmatrix} \tag{10.48}$$

将式(10.33)及式(10.45)代入式(10.36)即可得到求解一般三维空间弹塑性问题的光纤材料的增量形式的应力应变关系。

10.2.2　光纤材料的弹塑性增量计算

由于光纤材料的弹塑性行为与加载以及变形的历史有关，在进行有限元分析时首先需要将载荷分成若干增量，然后对于每一载荷增量，将非线性的弹塑性方程线性化，以便于求解。所谓弹塑性增量计算，就是假设对应于 t 时刻的载荷、位移、应力、应变等已经求得，当时间过渡到 $t+\Delta t$ 时（在静力分析且不考虑时间效应的情况下，t 和 $t+\Delta t$ 都只表示载荷的施加过程），求出载荷、位移、应力、应变等的增量[12,13]。对于每一时间增量步，都要线性化弹塑性本构关系，并形成增量有限元方程；积分本构方程以决定新的应力状态，检查平衡条件，并决定是否进行新的迭代。

1. 流动法则

根据式(10.20)～式(10.22)以及相关流动法则式(10.24)，塑性应变增量 $\mathrm{d}\varepsilon_{ij}^{\mathrm{p}}$ 可写成通式[14,15]

$$\mathrm{d}\varepsilon_{ij}^{\mathrm{p}}=\mathrm{d}e_{ij}^{\mathrm{p}}+\mathrm{d}\varepsilon_{\mathrm{m}}^{\mathrm{p}}\delta_{ij}=\mathrm{d}\bar{e}^{\mathrm{p}}n_{ij}+\frac{1}{3}\mathrm{d}\theta^{\mathrm{p}}\delta_{ij} \tag{10.49}$$

其中

$$n_{ij}=\frac{\sqrt{3}}{2}\frac{s_{ij}}{\tau_{\mathrm{eff}}} \tag{10.50}$$

$$\mathrm{d}\bar{e}^{\mathrm{p}}=\frac{1}{\sqrt{3}}\mathrm{d}\lambda\frac{\partial f}{\partial\tau_{\mathrm{eff}}} \tag{10.51}$$

式中，n_{ij} 为塑性流动方向；$\mathrm{d}e_{ij}^{\mathrm{p}}$ 为塑性应变偏量增量；$\mathrm{d}\bar{e}^{\mathrm{p}}$ 为等效塑性应变偏量增量；$\mathrm{d}\theta^{\mathrm{p}}$ 为塑性体积应变增量。

由光纤材料的屈服准则式(10.12)对 τ_{eff} 求偏导数，可得

$$\frac{\partial f}{\partial\tau_{\mathrm{eff}}}=1 \tag{10.52}$$

联立式(10.51)及式(10.30)消除 $\mathrm{d}\lambda$，并将式(10.52)代入，得

$$\mathrm{d}\theta^{\mathrm{p}}-3\sqrt{3}\xi\mathrm{d}\bar{e}^{\mathrm{p}}=0 \tag{10.53}$$

2. 状态变量方程

进行增量形式的弹塑性有限元分析时，弹塑性矩阵 $\boldsymbol{D}_{\mathrm{ep}}$ 的确定是基于已经求得的上一增量步的应力 $\boldsymbol{\sigma}|_t$、应变 $\boldsymbol{\varepsilon}|_t$ 及等效塑性应变 $\bar{\varepsilon}^{\mathrm{p}}|_t$，为了进行下一增量步的计算，需要根据本步计算得到的位移增量确定 $\Delta\boldsymbol{\sigma}$、$\Delta\boldsymbol{\varepsilon}$、$\Delta\bar{\varepsilon}^{\mathrm{p}}$，以得到本步的弹塑性状态，即 $\boldsymbol{\sigma}|_{t+\Delta t}$、$\boldsymbol{\varepsilon}|_{t+\Delta t}$、$\bar{\varepsilon}^{\mathrm{p}}|_{t+\Delta t}$，这一过程称为状态决定。对于每一增量步，在求得应变增量 $\Delta\boldsymbol{\varepsilon}$ 以后，决定新的弹塑性状态的基本步骤如下[12]：

(1) 按弹性关系计算应力增量的预测值 $\Delta\boldsymbol{\sigma}^{\mathrm{pr}}$以及应力的预测值$\boldsymbol{\sigma}^{\mathrm{pr}}\big|_{t+\Delta t}$,即

$$\Delta\boldsymbol{\sigma}^{\mathrm{pr}}=\boldsymbol{D}_{\mathrm{e}}\Delta\boldsymbol{\varepsilon} \tag{10.54}$$

$$\boldsymbol{\sigma}^{\mathrm{pr}}\big|_{t+\Delta t}=\boldsymbol{\sigma}\big|_{t}+\Delta\boldsymbol{\sigma}^{\mathrm{pr}} \tag{10.55}$$

(2) 计算屈服函数的值 $f(\boldsymbol{\sigma}^{\mathrm{pr}}\big|_{t+\Delta t},\bar{\varepsilon}^{\mathrm{p}}\big|_{t})$,区分加载或卸载情况,分为弹性加载、塑性按弹性卸载、由弹性进入塑性的过渡加载以及塑性继续加载 4 种情况,根据不同加卸载情况可计算出本增量步的$\boldsymbol{\sigma}\big|_{t+\Delta t}$、$\boldsymbol{\varepsilon}\big|_{t+\Delta t}$、$\bar{\boldsymbol{\varepsilon}}^{\mathrm{p}}\big|_{t+\Delta t}$。

下面推导在本构关系积分时要用到的等效塑性应变增量 $\mathrm{d}\bar{\boldsymbol{\varepsilon}}^{\mathrm{p}}$ 的状态方程的计算方法。塑性功增量 $\mathrm{d}W^{\mathrm{pl}}$可根据应力与塑性应变增量定义为

$$\mathrm{d}W^{\mathrm{pl}}=\sigma_{ij}\,\mathrm{d}\varepsilon_{ij}^{\mathrm{p}} \tag{10.56}$$

也可根据等效应力与等效塑性应变增量定义为

$$\mathrm{d}W^{\mathrm{pl}}=\sigma_{\mathrm{ys}}(\bar{\varepsilon}^{\mathrm{p}})\,\mathrm{d}\bar{\varepsilon}^{\mathrm{p}} \tag{10.57}$$

将式(10.49)代入式(10.56),并根据式(10.7)及式(10.50),得到

$$\mathrm{d}W^{\mathrm{pl}}=\sigma_{ij}\,\mathrm{d}\varepsilon_{ij}^{\mathrm{p}}=\frac{1}{3}\sigma_{ij}\delta_{ij}\,\mathrm{d}\theta^{\mathrm{p}}+\sigma_{ij}n_{ij}\,\mathrm{d}\bar{e}^{\mathrm{p}}=\frac{\Theta}{3}\mathrm{d}\theta^{\mathrm{p}}+\sqrt{3}\tau_{\mathrm{eff}}\,\mathrm{d}\bar{e}^{\mathrm{p}} \tag{10.58}$$

联立式(10.57)及式(10.58),得到

$$\mathrm{d}\bar{\varepsilon}^{\mathrm{p}}=\frac{\Theta\mathrm{d}\theta^{\mathrm{p}}+3\sqrt{3}\tau_{\mathrm{eff}}\,\mathrm{d}\bar{e}^{\mathrm{p}}}{3\sigma_{\mathrm{ys}}(\bar{\varepsilon}^{\mathrm{p}})} \tag{10.59}$$

3. 光纤材料弹塑性本构关系的积分

本构关系积分的目的就是在有限元计算过程中对各个计算步的应力进行更新,因此本构关系的积分算法也称为应力更新算法。精确、稳健的本构关系积分算法可以保证有限元计算精度高、收敛速度快。这也是为 ABAQUS 有限元系统编写用户材料子程序(UMAT)的重点和难点[10]。本构关系的积分通常有前向欧拉法、后向欧拉法以及广义中点法[12]。后向欧拉法也称为切向预测径向返回子增量法,虽然比较复杂,但其求解精度高、算法稳定可靠[14,15],因此,选用后向欧拉法对光纤材料弹塑性本构方程进行积分。

应用后向欧拉法分别对方程式(10.19)、式(10.49)进行积分,得到以下增量方程:

$$\sigma_{ij}\big|_{t+\Delta t}=\sigma_{ij}^{\mathrm{pr}}-2G\Delta\bar{e}^{\mathrm{p}}n_{ij}\big|_{t+\Delta t}-K\Delta\theta^{\mathrm{p}} \tag{10.60}$$

$$\Delta\varepsilon_{ij}^{\mathrm{p}}=\Delta\bar{e}^{\mathrm{p}}n_{ij}\big|_{t+\Delta t}+\frac{1}{3}\Delta\theta^{\mathrm{p}}\delta_{ij} \tag{10.61}$$

式中,$\sigma_{ij}^{\mathrm{pr}}$为按弹性关系计算的应力预测值(以下式中的上标“pr”均表示按弹性关系计算的预测值)。

流动方向 $n_{ij}\big|_{t+\Delta t}$ 可根据按弹性关系计算的应力预测值 $\sigma_{ij}^{\mathrm{pr}}$ 计算,这样式(10.50)可写为[14,15]

$$n_{ij}\big|_{t+\Delta t}=\frac{\sqrt{3}}{2}\frac{s_{ij}\big|_{t+\Delta t}}{\tau_{\text{eff}}\big|_{t+\Delta t}} \tag{10.62}$$

其中,应力偏量可表示为

$$s_{ij}\big|_{t+\Delta t}=\frac{s_{ij}^{\text{pr}}}{1+\dfrac{\sqrt{3}G\Delta\bar{e}^{\text{p}}}{\tau_{\text{eff}}\big|_{t+\Delta t}}} \tag{10.63}$$

可以看出,如果是单向拉伸,$s_{ij}\big|_{t+\Delta t}$ 与 s_{ij}^{pr} 共线,即 $n_{ij}\big|_{t+\Delta t}=n_{ij}^{\text{pr}}$[14,15]。将式(10.63)代入式(10.62),得

$$n_{ij}\big|_{t+\Delta t}=\frac{\sqrt{3}}{2}\frac{s_{ij}^{\text{pr}}}{\tau_{\text{eff}}\big|_{t+\Delta t}+\sqrt{3}G\Delta\bar{e}^{\text{p}}}=n_{ij}^{\text{pr}}=\frac{\sqrt{3}}{2}\frac{s_{ij}^{\text{pr}}}{\tau_{\text{eff}}^{\text{pr}}} \tag{10.64}$$

由式(10.64)可得

$$\tau_{\text{eff}}\big|_{t+\Delta t}=\tau_{\text{eff}}^{\text{pr}}-\sqrt{3}G\Delta\bar{e}^{\text{p}} \tag{10.65}$$

将式(10.60)两侧同乘以 δ_{ij},得

$$\Theta\big|_{t+\Delta t}=\Theta^{\text{pr}}-3K\Delta\theta^{\text{p}} \tag{10.66}$$

为阅读及求解方便,将式(10.12)、式(10.53)、式(10.59)、式(10.65)、式(10.66)进行适当改写,并略去下标“$t+\Delta t$”,集合于下:

$$\xi\Theta+\tau_{\text{eff}}-\sigma_{\text{ys}}(\bar{\varepsilon}^{\text{p}})=0 \tag{10.67}$$

$$\Delta\theta^{\text{p}}-3\sqrt{3}\xi\Delta\bar{e}^{\text{p}}=0 \tag{10.68}$$

$$\Delta\bar{\varepsilon}^{\text{p}}=\frac{\Theta\Delta\theta^{\text{p}}+3\sqrt{3}\tau_{\text{eff}}\Delta\bar{e}^{\text{p}}}{3\sigma_{\text{ys}}(\bar{\varepsilon}^{\text{p}})} \tag{10.69}$$

$$\tau_{\text{eff}}=\tau_{\text{eff}}^{\text{pr}}-\sqrt{3}G\Delta\bar{e}^{\text{p}} \tag{10.70}$$

$$\Theta=\Theta^{\text{pr}}-3K\Delta\theta^{\text{p}} \tag{10.71}$$

通过以上 5 式可求解出 Θ、τ_{eff}、$\Delta\theta^{\text{p}}$、$\Delta\bar{e}^{\text{p}}$、$\Delta\bar{\varepsilon}^{\text{p}}$。将式(10.70)代入式(10.67),再联立式(10.67)、式(10.68)及式(10.71)求得体积应力 Θ 为

$$\Theta=\frac{G\Theta^{\text{pr}}-9K\xi\tau_{\text{eff}}^{\text{pr}}+9K\xi\sigma_{\text{ys}}(\bar{\varepsilon}^{\text{p}})}{G+9K\xi^2} \tag{10.72}$$

将式(10.72)代入式(10.67)得到等效剪应力 τ_{eff} 为

$$\tau_{\text{eff}}=-\frac{G\xi\Theta^{\text{pr}}+9K\xi^2\tau_{\text{eff}}^{\text{pr}}+G\sigma_{\text{ys}}(\bar{\varepsilon}^{\text{p}})}{G+9K\xi^2} \tag{10.73}$$

将式(10.72)代入式(10.71)得到塑性体积应变增量 $\Delta\theta^{\text{p}}$ 为

$$\Delta\theta^{\text{p}}=\frac{3\xi[\xi\Theta^{\text{pr}}+\tau_{\text{eff}}^{\text{pr}}-\sigma_{\text{ys}}(\bar{\varepsilon}^{\text{p}})]}{G+9K\xi^2} \tag{10.74}$$

将式(10.73)代入式(10.70)得到等效塑性应变偏量增量 $\Delta\bar{e}^{\text{p}}$ 为

$$\Delta \bar{e}^{\mathrm{p}}=\frac{\xi\Theta^{\mathrm{pr}}+\tau_{\mathrm{eff}}^{\mathrm{pr}}-\sigma_{\mathrm{ys}}(\bar{\varepsilon}^{\mathrm{p}})}{\sqrt{3}(G+9K^{\xi 2})} \tag{10.75}$$

将式(10.72)～式(10.75)代入式(10.69)得到等效塑性应变的增量 $\Delta\bar{\varepsilon}^{\mathrm{p}}$ 为

$$\Delta \bar{\varepsilon}^{\mathrm{p}}=\frac{\xi\Theta^{\mathrm{pr}}+\tau_{\mathrm{eff}}^{\mathrm{pr}}-\sigma_{\mathrm{ys}}(\bar{\varepsilon}^{\mathrm{p}})}{G+9K\xi^2} \tag{10.76}$$

对于非线性等向强化弹塑性材料，方程式(10.76)需用牛顿迭代法求解 $\Delta\bar{\varepsilon}^{\mathrm{p}}$ 及 $\sigma_{\mathrm{ys}}(\bar{\varepsilon}^{\mathrm{p}})$，其迭代方法为

$$\Delta \bar{\varepsilon}^{\mathrm{p}}\big|_{i+1}=\frac{\xi\Theta^{\mathrm{pr}}+\tau_{\mathrm{eff}}^{\mathrm{pr}}-\sigma_{\mathrm{ys}}(\bar{\varepsilon}^{\mathrm{p}}|_t+\Delta\bar{\varepsilon}^{\mathrm{p}}|_i)}{G+9K\xi^2} \tag{10.77}$$

式中，下标 $i, i+1$ 分别表示第 $i, i+1$ 步迭代。

对于双线性等向强化弹塑性材料，无需采用迭代方法求解 $\Delta\bar{\varepsilon}^{\mathrm{p}}$ 及 $\sigma_{\mathrm{ys}}(\bar{\varepsilon}^{\mathrm{p}})$，可直接采用以下简化公式[14,15]

$$\Delta \bar{\varepsilon}^{\mathrm{p}}=\frac{\xi\Theta^{\mathrm{pr}}+\tau_{\mathrm{eff}}^{\mathrm{pr}}-\sigma_{\mathrm{ys}}(\bar{\varepsilon}^{\mathrm{p}})|_t}{G+9K\xi^2+A} \tag{10.78}$$

$$\sigma_{\mathrm{ys}}(\bar{\varepsilon}^{\mathrm{p}})=\sigma_{\mathrm{s0}}+A\,\bar{\varepsilon}^{\mathrm{p}}\big|_{t+\Delta t}=\sigma_{\mathrm{s0}}+(\bar{\varepsilon}^{\mathrm{p}}|_t+\Delta\bar{\varepsilon}^{\mathrm{p}})A \tag{10.79}$$

式中，A 为材料的硬化函数，参见式(10.39)。

在求解出 $\sigma_{\mathrm{ys}}(\bar{\varepsilon}^{\mathrm{p}})$ 后，方程式(10.72)～式(10.75)用直接替换法求解即可。塑性应变增量 $\Delta\varepsilon_{ij}^{\mathrm{p}}$ 以及应力 σ_{ij} 分别采用下列算式计算：

$$\Delta\varepsilon_{ij}^{\mathrm{p}}=\Delta\,\bar{e}^{\mathrm{p}}n_{ij}+\frac{1}{3}\Delta\theta^{\mathrm{p}}\delta_{ij} \tag{10.80}$$

$$\sigma_{ij}=\frac{1}{3}\Theta\delta_{ij}+s_{ij}=\frac{1}{3}\Theta\delta_{ij}+\frac{2}{\sqrt{3}}\tau_{\mathrm{eff}}n_{ij} \tag{10.81}$$

4. 雅可比(Jacobian)矩阵

增量法弹塑性有限元计算的基本问题就是：已知第 n 步的应力 σ_n、应变 ε_n，然后根据分析条件计算出一个应变增量 $\Delta\varepsilon_{n+1}$，再根据式(10.36)计算出相应的应力增量 $\Delta\sigma_{n+1}$，最后给出第 $n+1$ 步的应力 σ_{n+1}、应变 ε_{n+1}。

在上述的后向欧拉法中，由于材料屈服时存在突然从弹性转化为塑性的行为，连续体的弹塑性切线模量 $\boldsymbol{D}_{\mathrm{ep}}$ 可能引起伪加载或伪卸载，而使得计算收敛困难或无法收敛[16,17]。为避免收敛困难或者为加快收敛速度，一般需求解材料本构模型的一致切线模量(consistent tangent modulus)，也称为算法模量，它是与线性化本构关系积分算法过程相对应的应力对应变的偏导。采用一致切线模量后，可保证ABAQUS 主体程序采用的 NEWTON 迭代算法具有二次收敛速度。但一致切线

模量的推导过程通常非常复杂，可以用连续体的弹塑性切线模量 $\boldsymbol{D}_{\mathrm{ep}}$ 代替一致切线模量，如果计算收敛，则其计算结果也是正确的，因为该矩阵只影响计算的收敛速度，而不影响计算结果的准确性[18,19]。

在 ABAQUS UMAT 子程序中，称材料本构模型的一致切线模量或弹塑性切线模量 $\boldsymbol{D}_{\mathrm{ep}}$ 为雅可比矩阵 $\boldsymbol{J}$。本书采用材料本构模型的弹塑性切线模量 $\boldsymbol{D}_{\mathrm{ep}}$ 作为雅可比矩阵 $\boldsymbol{J}$，即

$$\boldsymbol{J}=\frac{\partial\Delta\sigma}{\partial\Delta\varepsilon}=\boldsymbol{D}_{\mathrm{ep}} \tag{10.82}$$

根据式(10.36)、式(10.45)，光纤材料的雅可比矩阵 $\boldsymbol{J}$ 为

$$\boldsymbol{J}=\boldsymbol{D}_{\mathrm{e}}-\frac{9K^2\xi^2\boldsymbol{\delta\delta}^{\mathrm{T}}+\dfrac{3K\xi G}{\tau_{\mathrm{eff}}}(\boldsymbol{\delta S}^{\mathrm{T}}+\boldsymbol{S\delta}^{\mathrm{T}})+\dfrac{G^2}{\tau_{\mathrm{eff}}^2}\boldsymbol{SS}^{\mathrm{T}}}{A+9K\xi^2+G} \tag{10.83}$$

实践证明，本书中用连续体的弹塑性切线模量 $\boldsymbol{D}_{\mathrm{ep}}$ 代替一致切线模量后，计算收敛的速度也较快，且非常可靠。

10.2.3 光纤材料本构模型子程序 UMAT 的实现

用户材料子程序(user-defined material mechanical behavior，UMAT)通过与 ABAQUS 主求解程序的接口实现与 ABAQUS 的数据交流。UMAT 子程序具有强大的功能，可以定义材料的本构关系，使用 ABAQUS 材料库中没有包含的材料进行计算，扩充程序功能。

基于以上所述的光纤材料弹塑性本构模型和应力更新算法，参照 ABAQUS 用户材料子程序的接口规范，进行 UMAT 的编程。由于 UMAT 在单元的积分点上调用，增量步开始时，主程序路径将通过 UMAT 的接口进入 UMAT，单元当前积分点必要变量的初始值将随之传递给 UMAT 的相应变量。在 UMAT 结束时，变量的更新值将通过接口返回主程序。

应用该 UMAT 子程序时一共有 5 个材料常数需要给定，它们表示的物理含义如表 10.1 所示。整个 UMAT 的流程如图 10.1 所示。另外，在分析三维问题时需要申请一个有 28 个存储单元的状态变量矩阵；而在分析平面应变或轴对称问题时需要申请一个有 22 个存储单元的状态变量矩阵。

表 10.1 UMAT 中光纤材料弹塑性本构模型参数的定义

PROPS(K)	$K=1$	$K=2$	$K=3$	$K=4$	$K=5$
材料常数	杨氏模量 E	泊松比 ν	体积应力因子 ξ	初始屈服应力 σ_{s0}	材料切线模量 E_{T}

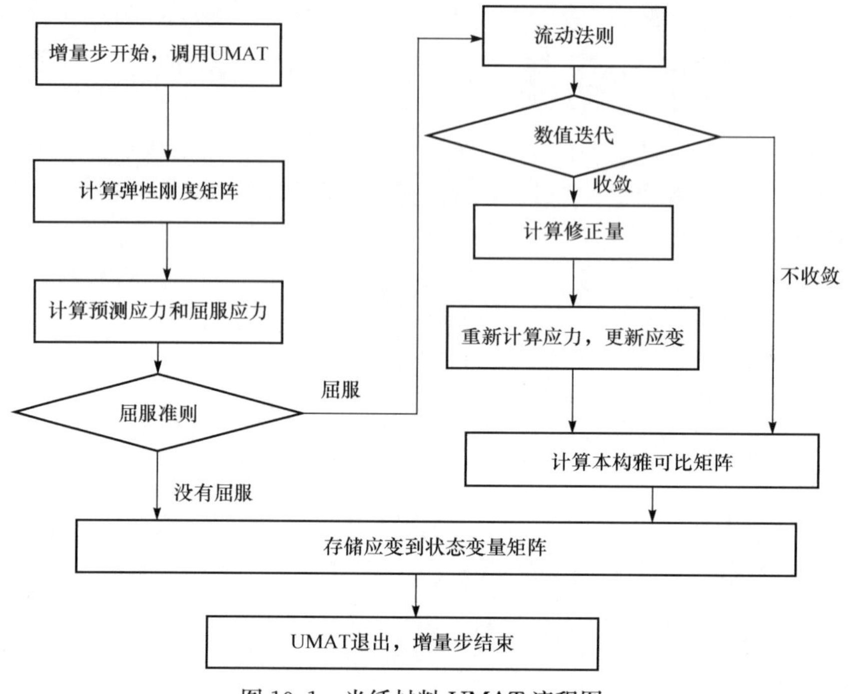

图 10.1　光纤材料 UMAT 流程图

10.3　光纤材料弹塑性本构模型参数的获取

10.3.1　光纤在维氏压头作用下的"载荷-压深"关系测量

由表 10.1 可知，光纤压痕或研磨过程进行有限元仿真计算时，需要提供光纤的 5 个材料常数，其中杨氏模量 E、泊松比 ν 以及初始屈服应力 σ_{s0} 容易从现有的参考文献中查得；而体积应力因子 ξ 以及切线模量 E_T 未见文献报道，必须通过试验确定。由于光纤为脆性材料，很难像对待金属材料那样通过单向拉伸或压缩试验得到它的塑性性能。压痕试验与有限元技术的结合，为这一问题提供了有效的解决途径[20,21]。压痕试验是一种简单、高效的评价材料力学性能的手段，诸如材料的杨氏模量、硬度等都可以通过压痕试验测出[22]。目前，先进的纳米压痕仪可以给出整个加、卸载过程的载荷-压深曲线，再结合有限元分析技术，就可得到材料的各种弹塑性力学性能。

光纤在维氏压头作用下的载荷-压深关系的测量试验是在 MTS XP 型纳米压痕仪上进行的，该压痕仪的位移分辨率及载荷分辨率分别为 0.01nm、50nN。由于本章将光纤看成为弹塑性材料，不涉及压痕裂纹的形成，因此所施加的载荷应小于光纤的临界载荷 $P_c=46$mN（参见第 9 章）。图 10.2 所示为光纤在最大压痕载荷 $P_{max}=20$mN 作用下的加卸载过程的载荷-压深曲线，当载荷 $P=P_{max}=20$mN 时，最大压深

$d_{max}=0.367\mu m$。图 10.3 所示为光纤在最大压痕载荷 $P_{max}=35mN$ 作用下的加卸载过程的载荷-压深曲线，当载荷 $P=P_{max}=35mN$ 时，最大压深 $d_{max}=0.48\mu m$。

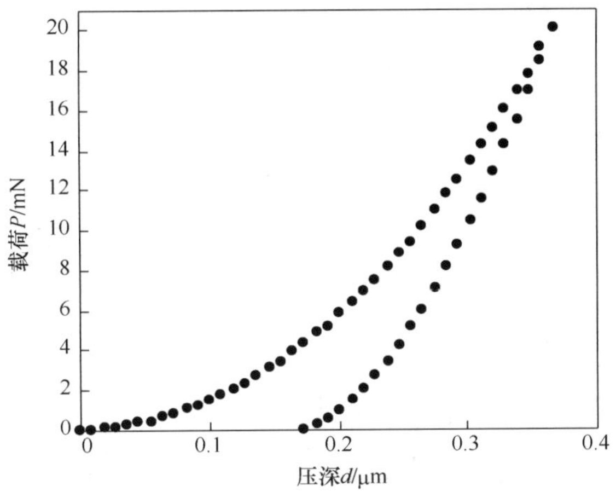

图 10.2　光纤在维氏压头加载卸载作用下的载荷-压深曲线（$P_{max}=20mN$）

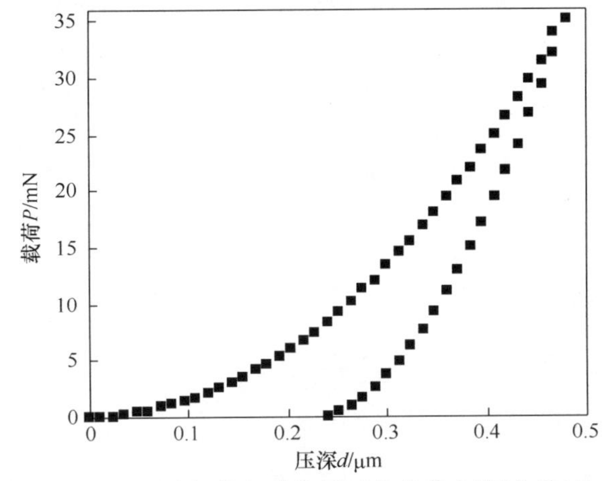

图 10.3　光纤在维氏压头加载卸载作用下的载荷-压深曲线（$P_{max}=35mN$）

10.3.2　光纤维氏压痕过程的有限元仿真

1. 维氏压痕过程的有限元计算模型

如第 9 章图 9.2 所示，维氏压头端部呈四角正棱锥形。要准确仿真维氏压头的压痕过程，应建立三维几何模型，但由于维氏压头存在尖锐的棱边使得进行有限元计算时造成收敛困难，因此可将维氏压头简化为顶角为 α 圆锥压头，如图 10.4 所示。当两者压入的深度 d 相等时，令它们与光纤的接触面积相等，容易求得圆锥压头的顶角 $\alpha=140.6°$。压痕过程的有限元仿真是材料非线性、几何非线性以及接触条件非线性的耦合问题，计算过程复杂，容易造成计算的收敛困难[12]。因此，在保证计算精度的前提下，应尽可能简化计算模型。以等效的圆锥压头代替维氏压头，可将求解压痕过程的三维有限元计算模型简化为轴对称计算模型使得计算简化，还可保证求解的精度[23]。

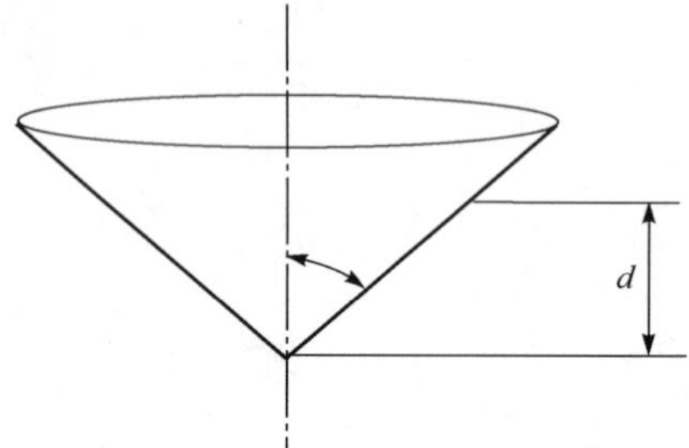

图 10.4　与维氏压头等效的圆锥压头

由于压头材料为金刚石，其硬度远大于光纤材料，可将其简化为解析刚体，无需离散。光纤的单元类型为非协调模式的 4 节点四边形双线性轴对称单元(CAX4I)，其网格划分参见图 10.5。模型的宽度 W 及高度 H 为最大压入深度 d_{max} 的 8～10 倍。模型底边的 y 方向位移及左侧边的 x 方向位移设为零。定义以压头外侧面为主面、以光纤上表面为从面的接触对，忽略压头与光纤接触面的摩擦，接触对之间的滑移为有限滑移。共设置两个分析步，每个分析步又分为 40 个时间增量步；第一个分析步为加载过程，压头从光纤上表面开始沿 y 方向向下运动到最大压深处；第二个分析步为卸载过程，压头从最大压深处沿 y 方向向上运动到光纤上表面；为确保计算的收敛，必须消除压头的不必要刚体运动。

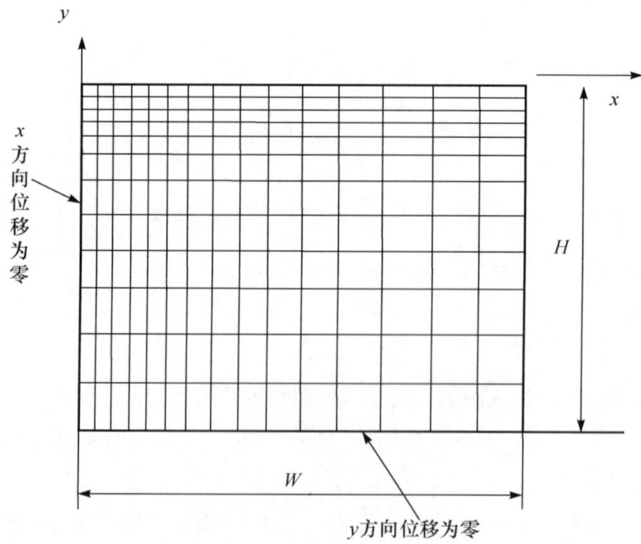

图 10.5　压痕过程仿真的轴对称有限元模型的网格划分及边界条件示意图

2. 光纤材料弹塑性本构模型参数的获取

有限元计算时，将光纤看成为双线性强化弹塑性材料。图 10.6 所示为光纤材料力学性能参数说明。由参考文献查得光纤材料的杨氏模量 E=72.1GPa[5,24]、泊松比 ν=0.17[5,24]以及初始微压屈服应力 σ_{s0}=3.9GPa[25]，而体积应力因子 ξ 及切线模量 E_T 这两个参数的确定方法为：应用有限元仿真软件，模拟光纤的压痕过程，通过比较有限元计算所得的载荷-压深曲线和压痕试验所得的载荷-压深曲线，反复修正光纤材料的体积应力因子 ξ 以及切线模量 E_T，直到有限元计算所得的载荷-压深曲线与压痕试验所得的载荷-压深曲线一致时，就可得到光纤材料的体积应力因子 ξ 以及切线模量 E_T。

仿真计算时，首先采用单一因素法控制体积应力因子 ξ 以及切线模量 E_T 的变化，得到体积应力因子 ξ 以及切线模量 E_T 的大致范围。图 10.7 所示为保持体积应力因子 ξ 不变、逐步调整切线模量 E_T 得到的加卸载过程的载荷-压深曲线与试验所得的载荷-压深曲线的对比；图 10.8 所示为保持切线模量 E_T 不变、逐步调整体积应力因子 ξ 得到的加卸载过程的载荷-压深曲线与试验所得的载荷-压深曲线的对比。然后，反复修正光纤材料的体积应力因子 ξ 以及切线模量 E_T，发现当体积应力因子 ξ=−0.18 及切线模量 E_T=8.9GPa 时，有限元计算所得的载荷-压深曲线与压痕试验所得的载荷-压深曲线比较一致，如图 10.9、图 10.10 所示。

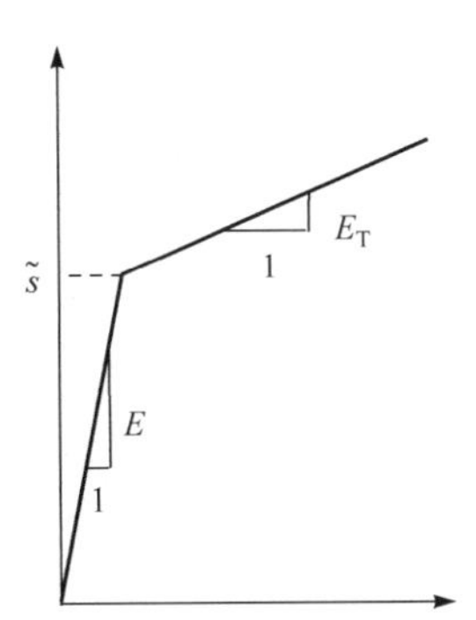

图 10.6　光纤材料力学性能参数说明

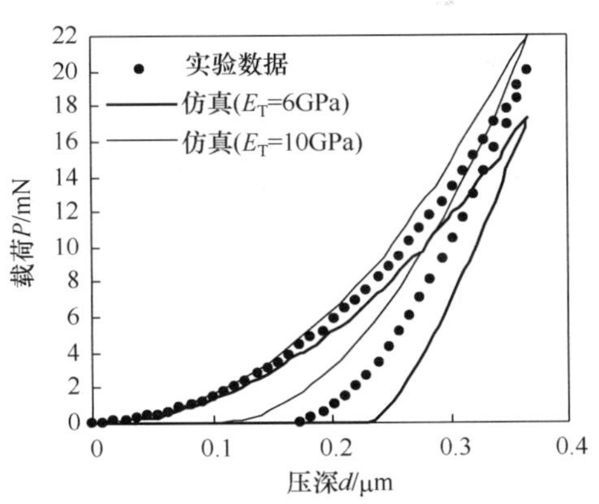

图 10.7　光纤在维氏压头加载卸载作用下的载荷-压深曲线随切线模量 E_T 的变化（压痕深度 d_{max}=0.367μm，E=72.1GPa，ν=0.17，σ_{s0}=3.9GPa，ξ=−0.1）

至此,用有限元法仿真光纤研磨过程所需的 5 个弹塑性本构模型参数全部确定,如表 10.2 所示。

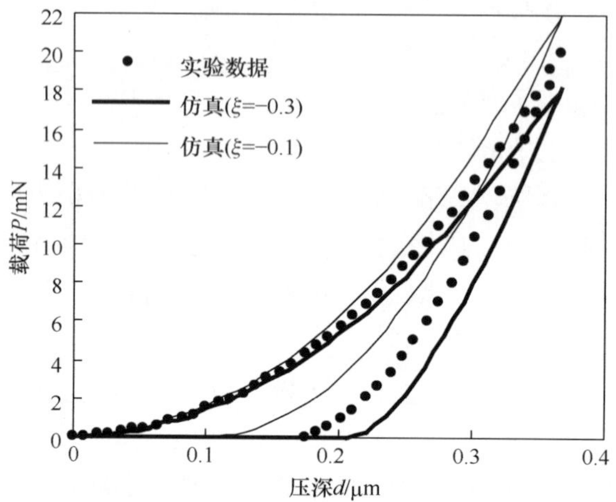

图 10.8 光纤在维氏压头加载卸载作用下的载荷-压深曲线随体积应力因子 ξ 的变化
(压痕深度 $d_{max}=0.367\mu m$, $E=72.1GPa$, $\nu=0.17$, $\sigma_{s0}=3.9GPa$, $E_T=10.0GPa$)

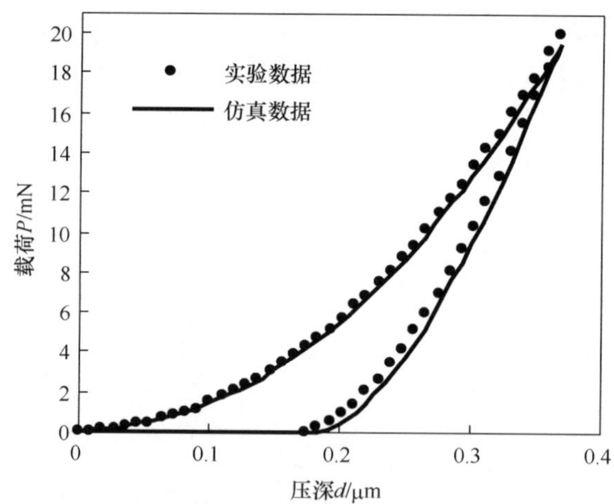

图 10.9 光纤在维氏压头加载卸载作用下的载荷-压深曲线的仿真结果与试验结果的对比
(压痕深度 $d_{max}=0.367\mu m$, $E=72.1GPa$, $\nu=0.17$, $\sigma_{s0}=3.9GPa$, $E_T=8.9GPa$, $\xi=-0.18$)

表 10.2 光纤材料的弹塑性本构模型参数

杨氏模量 E /GPa	泊松比 ν	体积应力因子 ξ	初始屈服应力 σ_{s0} /GPa	材料切线模量 E_T /GPa
72.1	0.17	−0.18	3.9	8.9

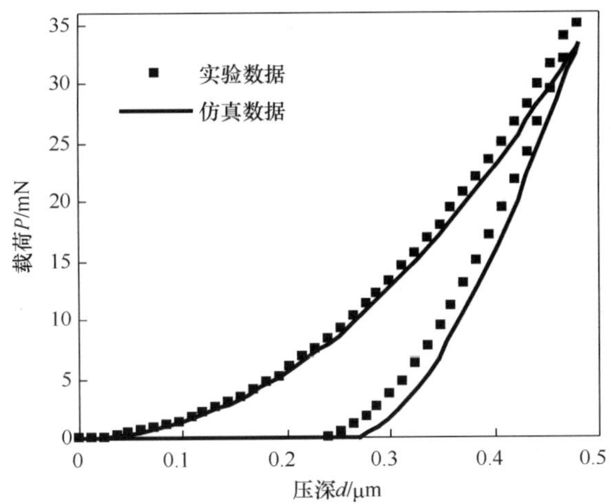

图 10.10　光纤在维氏压头加载卸载作用下的载荷-压深曲线的仿真结果与试验结果的对比
（压痕深度 $d_{max}=0.48\mu m$，$E=72.1GPa$，$\nu=0.17$，$\sigma_{s0}=3.9GPa$，$E_T=8.9GPa$，$\xi=-0.18$）

10.4　光纤研磨过程的三维有限元仿真

10.4.1　光纤研磨过程的三维有限元仿真计算模型

由第 9 章表 9.3 可知，研磨压力相同时，采用不同粒度的金刚石砂纸研磨光纤时，单颗金刚石磨粒的切深随磨料粒度的不同而不同，且只有当磨粒直径小于 3μm 时，材料才以延性方式去除。因此，只仿真磨粒直径为 3μm、1μm、0.5μm 三种情况下的光纤研磨过程。由于金刚石磨粒的弹性模量及硬度均比光纤的弹性模量及硬度大得多，因此仿真时可将磨粒简化为球形解析刚体。建立如图 10.11 所示的长方体形状的光纤模型，为缩短计算时间并保证计算精度，针对第 9 章表 9.3 所列出的不同大小磨粒对应的不同切深，设定研磨压力 $P=1.5N$。光纤的有限元模型尺寸参见表 10.3。光纤的单元类型为非协调模式的 8 节点线性六面体单元(C3D8I)，其网格划分如图 10.12 所示，将磨粒经过的局部进行网格细分。给光纤模型的 xOz 面施加固支边界条件，给图 10.12 所示的 $CDEF$ 面施加对称边界条件，并要注意消除磨粒的不必要的刚体运动。定义以磨粒外表面为主面、以光纤模型的上表面为从面的接触约束关系，接触滑移类型为有限滑移。光纤材料的力学性能参数参见表 10.2。如图 10.13 所示，光纤研磨过程的仿真分析分为 5 个分析步：

第 1 步，磨粒切入过程，磨粒沿 y 轴负方向从 F 点运动到 M 点，$FM=d$（磨粒切削深度）；

第 2 步，磨粒沿 x 轴正方向从 M 点运动到 N 点；

第 3 步，磨粒沿 z 轴负方向从 N 点运动到 S 点，$NS=d$；

第 4 步，磨粒沿 x 轴负方向从 S 点运动到 T 点；

第 5 步，磨粒沿 y 轴正方向从 T 点运动到光纤模型上表面，研磨仿真结束。各个分析步均定义为大变形几何非线性分析。

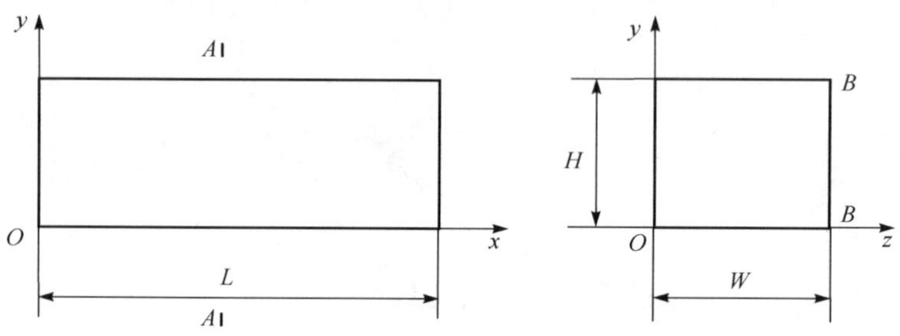

图 10.11　光纤研磨过程有限元仿真计算模型尺寸示意图

表 10.3　光纤研磨过程有限元仿真计算模型尺寸

磨料粒度 $D_m/\mu m$	磨粒切削深度 $d/\mu m$	模型长度 $L/\mu m$	模型宽度 $W/\mu m$	模型高度 $H/\mu m$
3	0.041	0.9	0.46	0.46
1	0.014	0.4	0.15	0.15
0.5	0.007	0.24	0.1	0.1

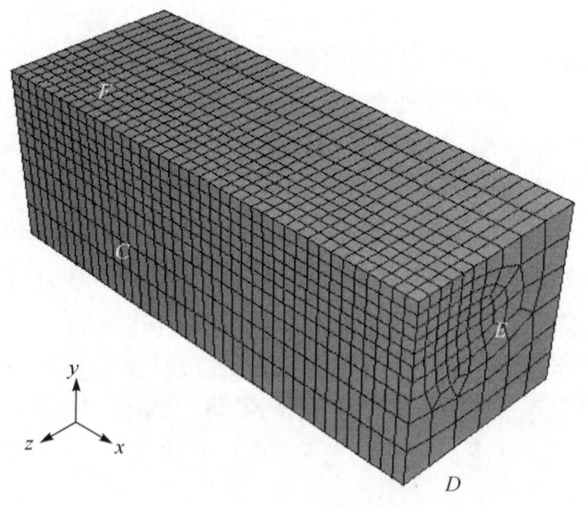

图 10.12　光纤研磨过程有限元仿真模型的网格划分

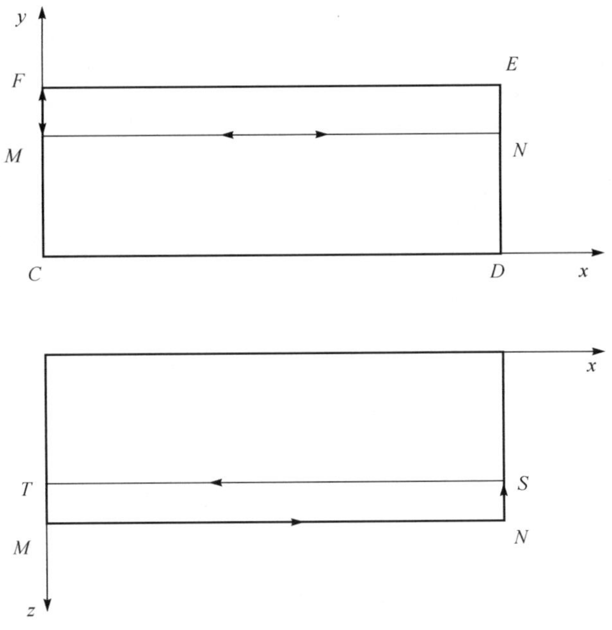

图 10.13　光纤研磨过程有限元仿真的分析步示意图

10.4.2　光纤研磨过程的三维有限元仿真计算结果

图 10.14 所示为第 4 分析步磨粒运动到图 10.11 所示的 A-A 截面位置时，A-A截面上的平均正应力 σ_m 的云图，可以看到，磨粒附近的光纤表层材料受到的平均压应力超过 5GPa。图 10.15 为 1μm 金刚石磨粒研磨光纤过程中的三个主应力云图，可见磨粒附近光纤材料三个方向均受到压应力作用。图 10.16 所示为磨粒运动到第 4 分析步的中间位置时，A-A 截面上的引起光纤屈服的等效应力 $\bar{\sigma}$ 的云图，可以看到，磨粒附近的光纤材料受到的等效应力已超过初始微压屈服应力 σ_{s0}，材料发生了屈服，从而使材料产生不可逆体积压缩。图 10.17 所示为整个研磨过程有限元仿真计算结束后，图 10.11 中 A-A 截面 BB 线段上的总体积应变 θ 以及塑性体积应变 θ^p 随距光纤上表面深度的变化曲线。图 10.18、图 10.19 分别为 A-A截面的总体积应变 θ 以及塑性体积应变 θ^p 的云图，据图可以发现，研磨结束后，光纤表层的塑性体积应变 θ^p 在总体积应变中占据主导地位，残余的弹性体积应变 θ^e 基本可以忽略；总体积应变 θ 及塑性体积应变 θ^p 均小于 0，说明光纤表层材料的分子体积的确受到不可逆压缩，即体积缩小。另外，光纤表层的体积应变随距光纤上表面的深度的增大而逐渐变小。

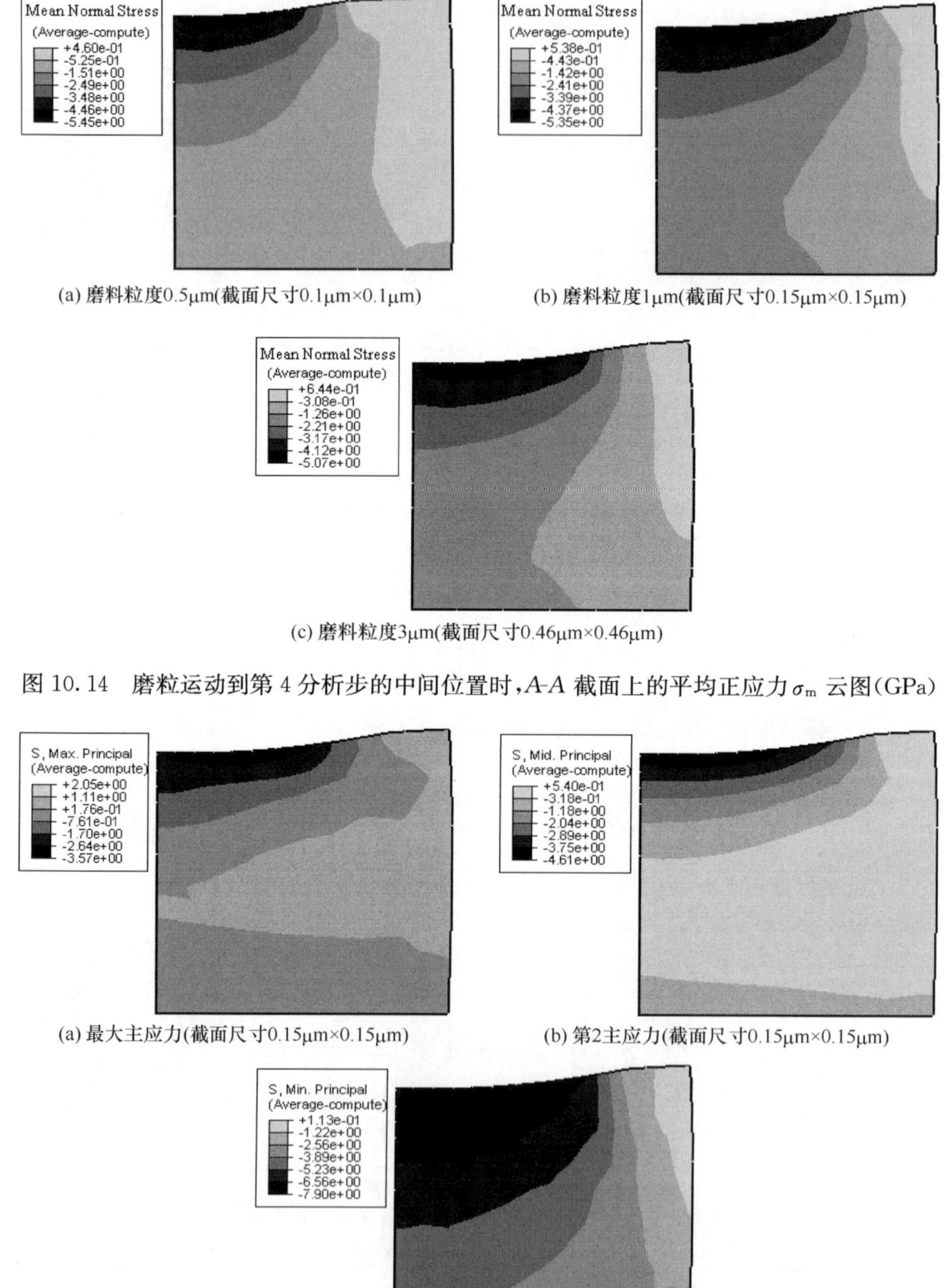

(a) 磨料粒度0.5μm(截面尺寸0.1μm×0.1μm)　　(b) 磨料粒度1μm(截面尺寸0.15μm×0.15μm)

(c) 磨料粒度3μm(截面尺寸0.46μm×0.46μm)

图 10.14　磨粒运动到第 4 分析步的中间位置时，A-A 截面上的平均正应力 σ_m 云图(GPa)

(a) 最大主应力(截面尺寸0.15μm×0.15μm)　　(b) 第2主应力(截面尺寸0.15μm×0.15μm)

(c) 最小主应力(截面尺寸0.15μm×0.15μm)

图 10.15　粒度为 1μm 磨粒运动到第 4 分析步的中间位置时，A-A 截面上的三个主应力云图(GPa)

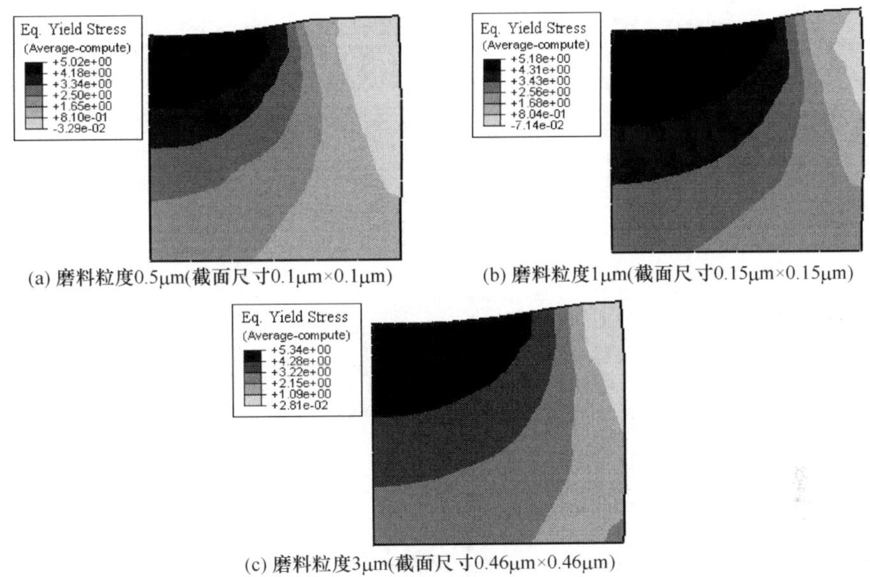

(a) 磨料粒度0.5μm(截面尺寸0.1μm×0.1μm)　(b) 磨料粒度1μm(截面尺寸0.15μm×0.15μm)

(c) 磨料粒度3μm(截面尺寸0.46μm×0.46μm)

图 10.16　磨粒运动到第 4 分析步的中间位置时，A-A 截面上引起光纤屈服的等效应力 $\bar{\sigma}$ 云图(GPa)

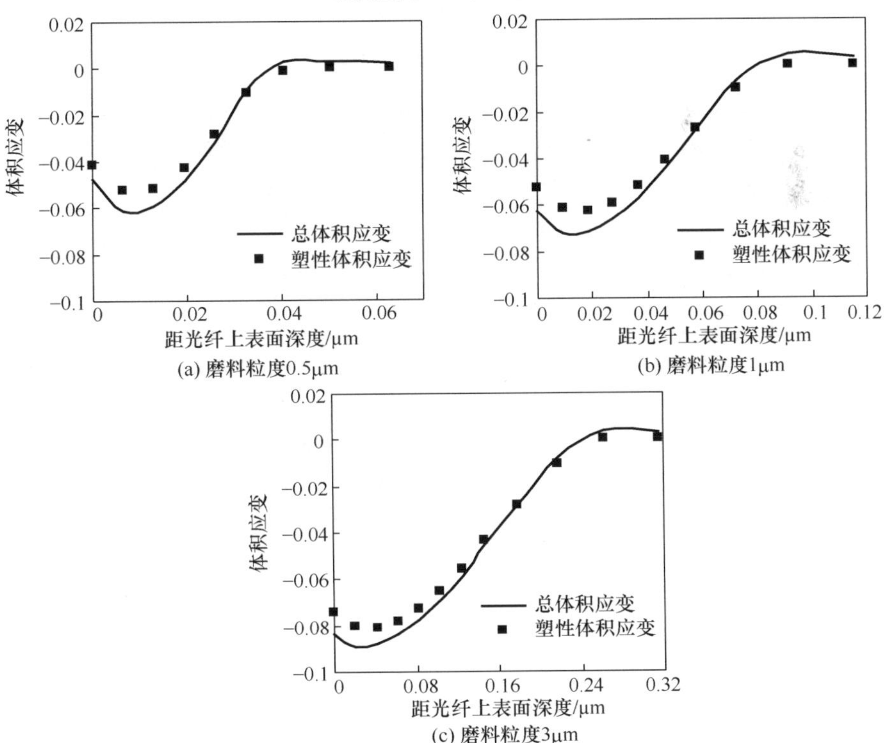

(a) 磨料粒度0.5μm　(b) 磨料粒度1μm

(c) 磨料粒度3μm

图 10.17　研磨结束后，A-A 截面 BB 线上的总体积应变 θ 以及塑性体积应变 θ^p 曲线

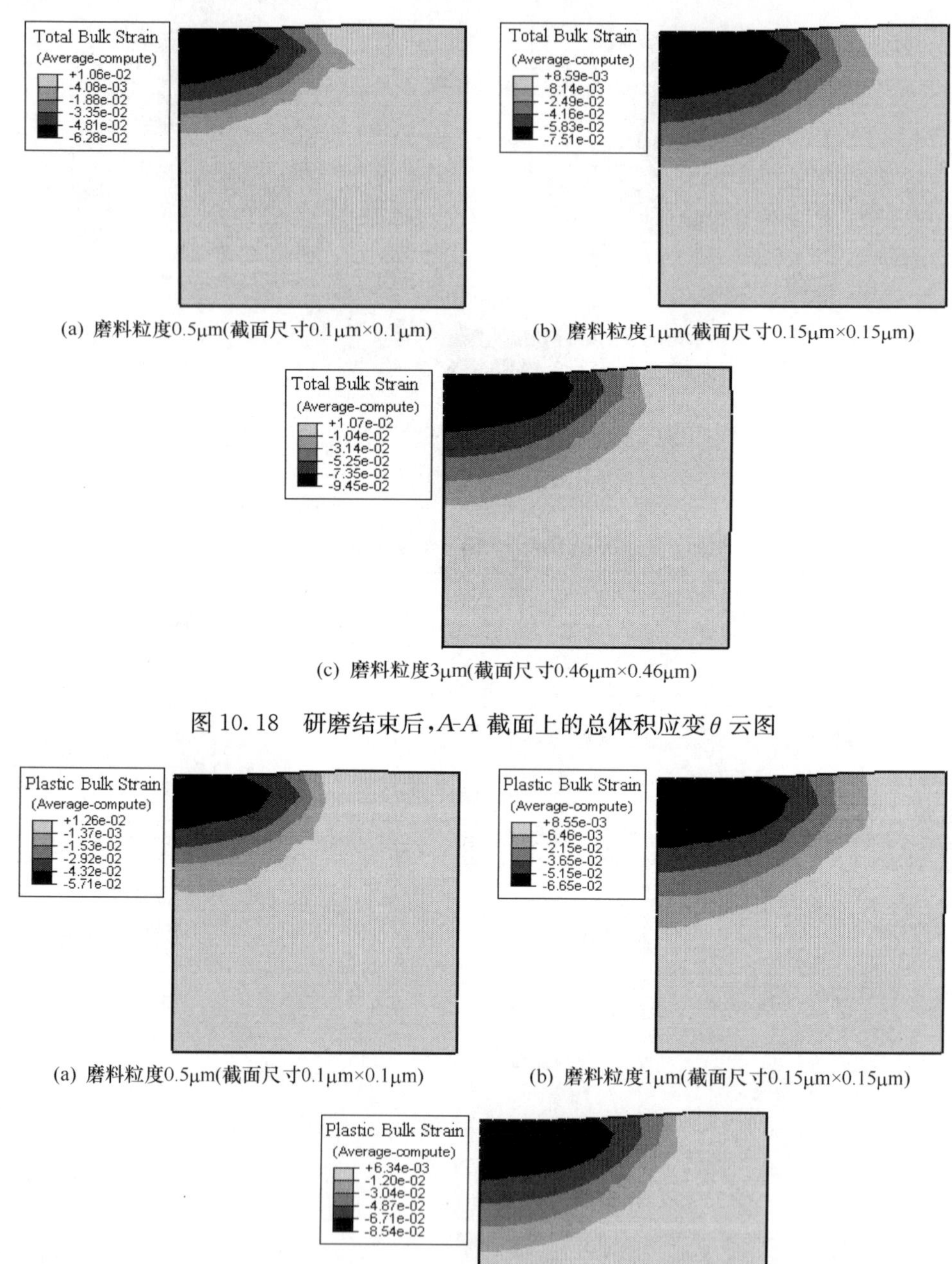

(a) 磨料粒度0.5μm(截面尺寸0.1μm×0.1μm)　(b) 磨料粒度1μm(截面尺寸0.15μm×0.15μm)

(c) 磨料粒度3μm(截面尺寸0.46μm×0.46μm)

图 10.18　研磨结束后，*A*-*A* 截面上的总体积应变 θ 云图

(a) 磨料粒度0.5μm(截面尺寸0.1μm×0.1μm)　(b) 磨料粒度1μm(截面尺寸0.15μm×0.15μm)

(c) 磨料粒度3μm(截面尺寸0.46μm×0.46μm)

图 10.19　研磨结束后，*A*-*A* 截面上的塑性体积应变 θ^{p} 云图

将第 9 章表 9.5 所列的光纤端面变质层的体积变化率以及变质层厚度试验数据，与有限元仿真计算所得的光纤端面变质层体积变化率及变质层厚度数据一起列于表 10.4，可以看到，有限元仿真计算所得的光纤端面变质层体积变化率及变质层厚度与试验所得的数据吻合较好。需要说明的是，在第 8 章及第 9 章中测量光纤端面变质层的折射率、变质层厚度等参数时，均假设整个变质层具有等折射率；而有限元仿真计算所得的光纤变质层的体积变化率是渐变的，即仿真所得的变质层的折射率也是渐变的。

表 10.4　试验所得与有限元仿真所得的光纤端面变质层体积变化率与厚度的对比

磨料粒度 D_m/μm	试验数据		有限元仿真数据	
	变质层体积变化率/%	变质层厚度/μm	变质层体积变化率最大值/%	变质层厚度/μm
0.5	−7.1	0.063	−6.28	0.041
1	−8.2	0.089	−7.51	0.073
3	−10.32	0.167	−9.45	0.217

光纤研磨后，其表层一般存在残余应力，使得光纤表层产生残余弹性体积应变 θ^e。为证明光纤端面研磨变质层的根本原因并非由残余弹性体积应变引起，假设光纤材料与金属材料一样，体积应力不产生塑性体积应变而只产生弹性体积应变，即假设光纤材料的体积应力因子 $\xi=0$，此时光纤屈服准则式(10.12)退化为 Mises 屈服准则，光纤材料的其他力学性能参数与表 10.2 中所列出的参数一致；光纤研磨过程的有限元计算模型与 10.4.1 节所述完全一致。计算后得到图 10.11 所示 A-A 截面 BB 线段上的总体积应变 θ 以及残余弹性体积应变 θ^e 随距光纤上表面深度的变化曲线如图 10.20 所示，A-A 截面上的总体积应变 θ 的云图如图 10.21 所示。因为此时的塑性体积应变 $\theta^p=0$，所以总体积应变 θ 就是残余弹性体积应变 θ^e。采用假想体积应力因子 $\xi=0$ 计算所得的结果表明，在光纤表面层甚至出现了轻微的体积膨胀现象，虽然光纤次表层体积也出现了压缩现象，但不管是采用 3μm、1μm 还是 0.5μm 粒度的磨料，光纤次表层的最大体积压缩率仅为 1%左右，与表 10.4 所示的红外光谱试验测得的光纤端面变质层的体积压缩率相差太大。因此，以上有关体积应力不引起光纤材料塑性体积应变的假设不正确，证明本章选择 Drucker-Prager 准则作为光纤材料的弹塑性屈服准则及由此导出的光纤材料的弹塑性本构模型真实地反映了光纤材料在研磨时的规律，符合实际情况。

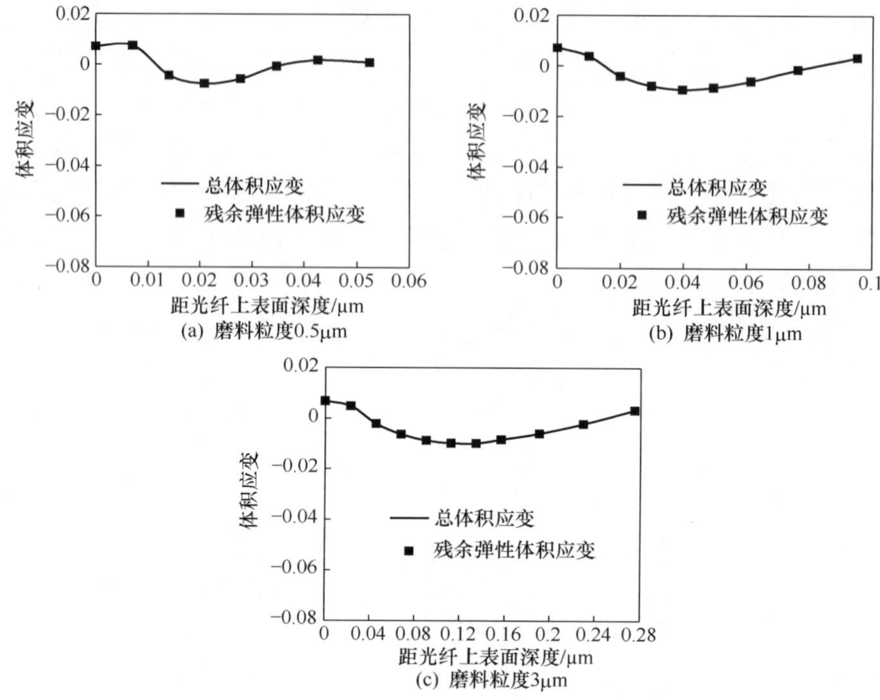

图 10.20 假设体积应力仅使光纤产生弹性体积应变(体积应力因子 $\xi=0$)，研磨结束后，A-A 截面 BB 线上的残余总体积应变 θ 以及残余弹性性体积应变 θ^{e} 曲线

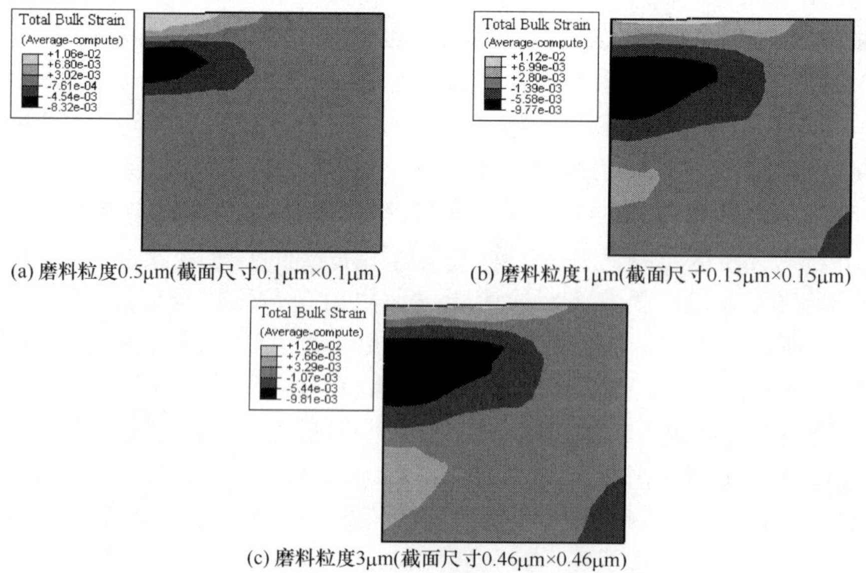

图 10.21 假设体积应力仅使光纤产生弹性体积应变(体积应力因子 $\xi=0$)，研磨结束后，A-A 截面的残余总体积应变 θ 云图

10.5 小　　结

本章针对精研磨光纤端面时其材料去除为塑性去除和表层材料出现了不可逆的体积压缩的事实,推论出光纤材料的屈服是体积应力与等效剪应力共同作用的结果。根据光纤材料的屈服准则,建立了计入体积应力引起不可逆体积变形为特点的光纤材料弹塑性本构模型。应用后向欧拉法,推导了在有限元系统中实现光纤本构模型的应力更新算法。通过有限元系统 ABAQUS 的用户自定义材料接口子程序 UMAT,编写出了相应的计算程序,将光纤材料弹塑性木构模型的应力更新算法纳入到了通用有限元分析系统中。通过对光纤的压痕试验并结合有限元仿真方法,得到光纤材料的体积应力因子 $\xi=-0.18$,切线模量 $E_T=8.9$GPa。利用导出的光纤材料弹塑性本构方程的应力更新算法,对光纤研磨过程进行了三维有限元仿真,仿真再现了光纤端面研磨变质层的形成。计算结果表明,研磨过程中磨粒附近光纤材料三向均受到压应力使得其体积产生了较大的不可逆压缩,这是光纤经研磨加工后表层产生使折射率增大的变质层的根本原因。当研磨压力为 1.5N 时,分别用 3μm、1μm、0.5μm 粒度的金刚石砂纸研磨光纤端面,经有限元仿真计算,得到其表层体积的最高压缩率分别为 9.45%、7.51%、6.28%,变质层厚度分别为 0.217μm、0.073μm、0.041μm。有限元仿真计算结果与试验测试结果基本吻合,证明所选择的材料本构模型真实地表达了光纤研磨时的客观规律。

参 考 文 献

[1] 薛守义. 弹塑性力学. 北京:中国建材工业出版社,2005.

[2] 余同希. 塑性力学. 北京:高等教育出版社,1989.

[3] Bridgman P W, Simon I. Effects of very high pressures on glass. Journal of Applied Physics, 1953,24:405-413.

[4] Cohen H M, Roy R. Densification of glass at very high pressure. Physics and Chemistry of glass,1965,6(5):149-161.

[5] 扎齐斯基. 玻璃与非晶态材料. 干福熹译. 北京:科学出版社,2001.

[6] Devine R A B, Dupree R, Farnan I, et al. Pressure-induced bond-angle variation in amorphous SiO_2. Physical Review B,1987,35(5):2560-2562.

[7] Devine R A B. Ion implantation-and radiation-induced structural modifications in amorphous SiO_2. Journal of Non-Crystalline Solids,1993,152:50-58.

[8] Ziemath E C, Herrmann P S P. Densification and residual stress induced in glass surfaces by Vickers indentations. Journal of Non-Crystalline Solids,2000,273:19-24.

[9] 张学言. 岩土塑性力学. 北京:人民交通出版社,1993.

[10] 庄茁,张帆,岑松. ABAQUS 非线性有限元分析与实例. 北京:科学出版社,2005.

[11] 石亦平,周玉蓉. ABAQUS有限元分析实例详解. 北京:机械工业出版社,2006.
[12] 王勖成. 有限单元法. 北京:清华大学出版社,2003.
[13] 蒋友谅. 非线性有限元法. 北京:北京工业学院出版社,1988.
[14] Aravas N. On the numerical integration of a class of pressure-dependent plasticity models. International Journal for Numerical Methods in Engineering,1987,24:1395-1416.
[15] Muhlich U,Brocks W. On the numerical integration of a class of pressure-dependent plasticity models including kinematic hardening. Computational Mechanics,2003,31:479-488.
[16] Simo J C, Taylor R L. Consistent tangent operators for rate-independent elastoplasticity. Computer Methods in Applied Mechanics and Engineering,1985,48:101-118.
[17] Alfano G,Rosati L. A general approach to the evaluation of consistent tangent operators for rate-independent elastoplasticity. Computer Methods in Applied Mechanics and Engineering,1998,167:75-89.
[18] ABAQUS Inc. ABAQUS Theory Manual 6. 5-1. Boca Raton:ABAQUS Incorperation Press,2004.
[19] ABAQUS Inc. ABAQUS User Subroutines References Manual 6. 5-1. Amreica:ABAQUS Incorperation Press,2004.
[20] 汪久根,Rymuza Z. 硅晶体纳米压痕试验与应力场分析. 摩擦学学报,2001,21(6):488-490.
[21] 牛小燕,林江,树学锋. 镁碱沸石FER单晶弹塑性双线性本构关系的实验研究与有限元确定. 太原理工大学学报,2005,36(6):682-685.
[22] 谭孟曦. 利用纳米压痕加载曲线计算硬度-压入深度关系及弹性模量. 金属学报,2005,41(10):1020-1024.
[23] Sakai M,Akatsu T,Numata S. Finite element analysis for conical indentation unloading of elastoplastic materials with strain hardening. Acta Materialia,2004,52:2359-2364.
[24] 王玉芬,刘连城. 石英玻璃. 北京:化学工业出版社,2007.
[25] Qian L M,Li M,Zhou Z R,et al. Comparison of nano-indentation hardness to microhardness. Surface Coatings & Technology,2005,195:264-271.